“工学结合、校企合作”高等职业教育改革创新教材

铸造合金及熔炼

主　编　马春来

副主编　万荣春

参　编　魏洪洁　熊　伟

主　审　王贵斗

机械工业出版社

本书分为四个项目，包括常用铸造合金熔炼设备、铸铁及熔炼、铸钢及熔炼、铸造非铁金属合金及熔炼。在每个项目中都以典型任务为载体，按学习目标、任务描述、相关知识、任务实施、拓展与提高、复习与思考题的顺序来完成典型任务。全书采用最新国家标准，内容充实、实用。

为了便于教学，本书配备了电子课件，选择本书作为教材的教师可来电（010-88379197）索取，或登录 www. cmpedu. com 网站注册、免费下载。

本书可作为高等职业院校材料成型与控制专业（铸造方向）的教学用书，也可供中等专业学校、成人教育学校及工厂培训使用，还可作为工厂技术人员的参考用书。

图书在版编目（CIP）数据

铸造合金及熔炼/马春来主编. —北京：机械工业出版社，2014.7
(2022.1 重印)
“工学结合、校企合作”高等职业教育改革创新教材
ISBN 978-7-111-47036-6

Ⅰ.①铸… Ⅱ.①马… Ⅲ.①铸造合金及熔炼-高等职业教育-教材
Ⅳ.①TB553

中国版本图书馆 CIP 数据核字（2014）第 100978 号

机械工业出版社（北京市百万庄大街 22 号 邮政编码 100037）
策划编辑：齐志刚 责任编辑：齐志刚 杨 旋
版式设计：霍永明 责任校对：刘志文
封面设计：张 静 责任印制：郜 敏
北京富资园科技发展有限公司
2022 年 1 月第 1 版第 5 次印刷
184mm×260mm · 14.25 印张 · 340 千字
2801—3800 册
标准书号：ISBN 978-7-111-47036-6
定价：46.00 元

电话服务 网络服务
客服电话：010-88361066 机 工 官 网：www. cmpbook. com
010-88379833 机 工 官 博：weibo. com/cmp1952
010-68326294 金 书 网：www. golden-book. com

机工教育服务网：www. cmpedu. com

前　言

本书是高等职业教育材料成型与控制专业（铸造方向）教育改革创新教材，是根据高等职业教育对该专业教学改革的要求而编写的。全书分为常用铸造合金熔炼设备、铸铁及熔炼、铸钢及熔炼、铸造非铁金属合金及熔炼四个项目。在每个项目中都以典型任务为载体，按学习目标、任务描述、相关知识、任务实施、拓展与提高、复习与思考题的顺序来完成典型任务。通过本课程的学习，使学生掌握各类铸造合金的成分、组织与性能之间的关系，并学会熔炼设备的选择、合理的成分设计与配料、正确的熔炼操作与炉前、炉后检验等技能。

本书紧密结合职业教育的办学特点和教学目标，强调实践性、应用性和创新性，体现理论与技能训练一体化的教学改革成果，力求反映科学技术的最新成果。同时，本书采用最新的国家标准，使其内容更加规范化，更适合于职业教育培养应用型、技能型人才的需要。

本书由渤海船舶职业学院马春来、万荣春、熊伟和中冶葫芦岛有色金属集团有限公司魏洪洁共同编写。马春来任主编并负责统稿，编写了绪论、项目一、项目二中的任务一、任务二；万荣春编写了项目三、项目四；魏洪洁编写了项目二中的任务三；熊伟编写了项目二中的任务四。本书由渤海船舶职业学院王贵斗主审。

由于编者水平有限，书中难免有疏漏和不足之处，恳请读者给予批评和指正。

编　者

目　录

绪　论

铸造合金是重要的工程材料，在国民经济和日常生活中都占有相当重要的地位，特别是在机械制造业中。

人类社会的发展历史，以其使用的材料和器具不同可分为石器时代、陶器时代、青铜器时代和铁器时代。当今，人类正进入人工合成材料和复合材料的新时代。

商周时代，中国进入青铜器发展的鼎盛时期，技术水平处于世界的前列。春秋时期，我国已能对青铜冶铸技术做出规律性的总结，如《周礼·考工记》中“金有六齐”的叙述是世界上最早的有关金属材料的成分、性能和用途的总结。司母戊大方鼎和越王勾践剑便是这一时期青铜器发展的例证。湖北随州出土的青铜乐器编钟，总重量达2.5t，共64件，铸造精巧，音律准确，音色优美，是青铜文化时期的杰出代表。

由于我国古代青铜铸造技术的高度发达，在商代时的炉温就可达1200℃以上。公元前6世纪的春秋时期，我国已开始使用铸铁，比欧洲各国早约2000年，如河北武安出土的战国时期的铁锹，经金相检验相当于今天的可锻铸铁。隋唐以后，铸造技术得到进一步发展，向大型和特大型铸件发展，如著名的北京明永乐大钟（图0-1），重约46t，全高6.75m，钟口外径3.3m，钟体内外铸经文227 000余字，声音幽雅悦耳，可传15～20km。

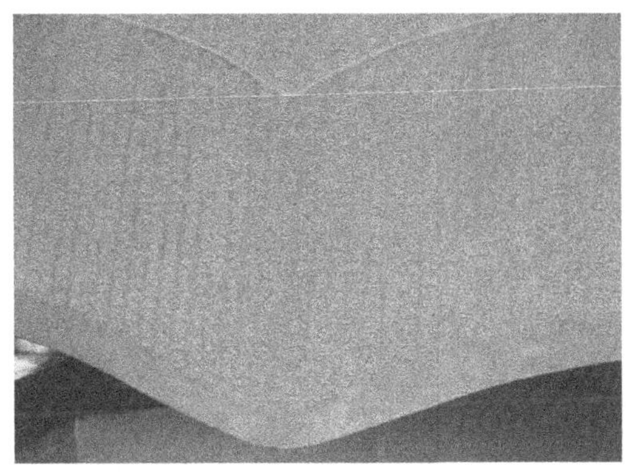

图0-1　明永乐大钟

现代铸造合金及熔炼技术的飞速发展主要是在20世纪50年代以后，如铸铁的孕育处理、球墨铸铁和蠕墨铸铁的成功研制、可锻铸铁的退火周期大幅缩短、电炉成功用于铸铁熔炼等。

随着改革开放的深入，我国国民经济取得了持续的发展，各类铸件的总产量稳居世界第一，铸造企业的装备条件有了很大的改善。我国大多数骨干企业的产品质量已达到国际水平，还有不少企业已具备达到国际先进水平的条件。但是我们也应该清醒地看到，目前我国铸造生产方面还存在很多问题，如装备水平落后、废品率高、环境污染严重、后备人才短缺、劳动强度大等。为此，认真学好铸造专业知识，提高我国铸造生产的技术水平、装备水平和产品质量，是广大铸造生产者义不容辞的责任。

本课程理论性、实用性较强，在学习过程中要密切结合生产实际，加强实习、实验、现场教学等实践教学环节。在学习时应认真听讲，在记忆的基础上，注重理解、分析和应用，并注意前后内容的衔接与综合应用。除本课程的理论学习外，还要注意密切联系生产实际，运用专业杂志、互联网、企业生产案例等各种学习方式，广泛涉猎相关知识。

项目一 常用铸造合金熔炼设备

铸造是将金属熔炼成符合一定要求（成分、温度等）的液体并浇进铸型，经凝固、清整处理后得到有预定形状、尺寸和性能的铸件的工艺过程。铸造毛坯因近终成形，而达到免除或减少机械加工的目的，降低了制造成本。

金属熔炼设备很多，常用的有冲天炉、三相电弧炉和感应电炉等。

任务一 冲天炉

➢【学习目标】

1）掌握冲天炉的基本结构。

2）掌握冲天炉熔炼原理。

3）掌握冲天炉的操作方法。

4）掌握强化冲天炉熔炼的措施。

➢【任务描述】

用于铸铁熔炼的熔炉类型较多，最常用的有冲天炉和感应电炉。冲天炉是铸铁熔炼中应用最广泛的一种炉子。它具有结构简单、设备费用少、能耗低，生产率高、成本低、操作和维修方便，并能连续进行生产等优点。

冲天炉的基本结构虽大致相同，但炉型较多，炉内冶金反应复杂。要想熔炼出合格的高质量铁液，必须对冲天炉的基本结构、熔炼原理及操作有清楚的了解。另外，由于冲天炉熔炼时的环境污染较大，在熔炼时必须加以适当控制。

➢【相关知识】

一、冲天炉的基本结构

冲天炉是以焦炭为燃料的竖式化铁炉，由炉底、炉身、烟囱、前炉及供风系统等部分组成，如图 1-1 所示。图 1-2 所示为冲天炉的实物图。

炉底部分由炉基、炉腿、炉底板和炉底门组成。对于中小型冲天炉，为方便修炉，可做成可移动式炉底。

炉体由炉底、炉缸和炉身组成，是冲天炉的熔炼部分。自加料口下沿至第一排风口中心线之间的炉体称为炉身，其内部的空腔称为炉膛。炉身的高度称为有效高度，是冲天炉的主要工作区域。

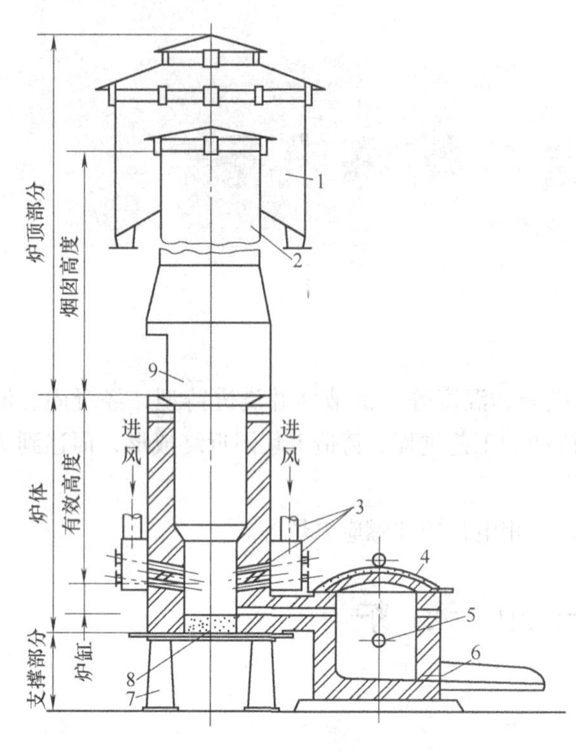

图 1-1　冲天炉的基本结构示意图

1—除尘器　2—烟囱　3—供风系统　4—前炉　5—出渣口

6—出铁口　7—支柱　8—炉底板　9—加料口

图 1-2　冲天炉

自第一排风口中心线至炉底砂床的上表面之间的炉体内腔称为炉缸。带有前炉的冲天炉的炉缸，其主要作用是保护炉底，使之免受高温气流的直接冲刷，并汇聚铁液与炉渣进入前炉；有的炉缸还有调节铁液增碳的作用，有的炉缸直接对铁液起过热作用。对于无前炉的冲天炉，炉缸主要起储存铁液的作用。炉缸侧壁上一般还开有工作门，以便于修筑炉底、点火以及打炉操作。无前炉的冲天炉，其炉缸侧壁上还开有出铁口和出渣口，并相应地设置出铁槽和出渣槽。

炉缸底与前炉的连接通道称为过桥，是冲天炉中铁液进入前炉的唯一通道。

冲天炉各主要部分的结构特点和作用见表 1-1。

表 1-1　冲天炉各主要部分的结构特点和作用

名　称	作　用	结 构 特 点
炉底部分	承受冲天炉及加入炉料的重量，并满足打炉清理余料的修炉要求	炉底部分由炉基、炉腿、炉底板和炉底门组成。炉底门有单扇和双扇两种结构形式
炉底	构成炉缸的底部	在炉底板的上面，由废干砂打结而成
炉身	容纳炉料，并确保熔炼过程在其中正常进行	炉身由钢板制成的外壳和用耐火材料砌制的炉衬两部分组成。为避免炉壁加热变形，并减少热量损失，一般在外壳与炉衬之间留有间隙，填入砂子或炉渣材料。根据熔炼工艺要求，炉身部分还分别开设加料口、风口、过桥口、修炉工作门及点火洞等。对于热风冲天炉，其密筋炉胆安装在炉身内

（续）

名　称	作　用	结构特点
烟囱	将冲天炉内的气体、粉尘、焦炭碎料和火花等引至炉顶，并加以收集	烟囱是炉身的延伸部分，由钢板制成的外壳和耐火砖砌制的炉衬两部分组成，顶部设有火花捕集器
前炉	储存铁液，并均匀铁液的化学成分和温度，减少铁液与焦炭的接触时间，防止铁液增碳、增硫	前炉安装在炉身之前，通过过桥与炉身相连。前炉由钢板制成的外壳和耐火材料砌制的炉衬两部分组成。前炉还设有出铁口和出渣口
供风系统	根据冲天炉的熔炼要求，供应足够量、具有一定压力的空气，送入炉膛	供风系统一般由风箱、风管和风口等部分构成

二、冲天炉的常用炉型及炉型分析

根据冲天炉的炉型，我国铸造厂（车间）使用的冲天炉有多排小风口、两排大间距风口和中央送风三种类型。

1. 常用炉型介绍

（1）两排大间距风口冲天炉　两排大间距风口冲天炉炉型如图1-3所示。该炉型具有结构简单，操作简便，熔炼铁液温度高，炉况稳定，铁液不易氧化，硅、锰烧损正常的优点。其缺点是底焦偏高，焦炭消耗高。两排大间距风口冲天炉有主辅风口各一排，两排风口间距大。对于3～5t/h的冲天炉，风口间距为600～700mm。从下排辅助风口进入炉内的空气燃烧后，炉气上升，在上升过程中形成大量CO，出现第一还原区。当炉气到达主风口时，炉气中的CO迅速燃烧成CO_2而大量地发热，满足熔化带需要集中供热的要求。这种炉型因有两个明显的还原区，硅、锰烧损轻，结构简单，维修方便，颇受欢迎。两排大间距风口冲天炉的主要结构参数见表1-2。

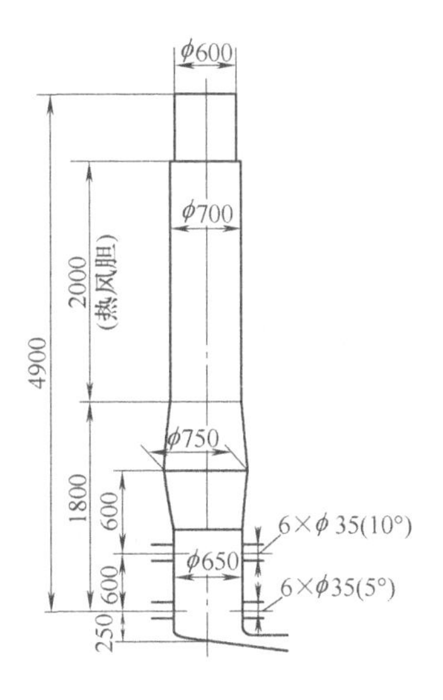

图1-3　3t/h两排大间距风口冲天炉炉型

表1-2　两排大间距风口冲天炉的主要结构参数

熔化率/t·h^{-1}			1	2	3	5	7
风口区炉膛内径 D/mm			400	500	650	850	950
熔化带炉膛内径 D/mm			500	600	750	950	1050
有效高度 H/mm			3500	4000	4900	5800	6300
炉缸高度 H_1/mm			250	250	250	300	300
前炉与冲天炉中心距 A/mm			1030	1200	1450	1600	2000
风口参数	排距 a/mm		450	500	600	700	800
	风口直径/mm×个数×角度	第一排	27×4×5°	27×6×5°	35×6×5°	45×6×5°	43×8×5°
		第二排	27×4×10°	27×6×10°	35×6×10°	45×6×10°	27×4×10°
	风口比（%）		3	3	3	3	3
前炉	内径 d/mm		570	700	800	970	1080
	有效容积 V/m^3		0.71	1.5	2.0	3.5	5.9

（2）多排小风口冲天炉　多排小风口冲天炉炉型如图 1-4 所示。风口一般为 3 ~ 5 排或更多，主风口布置在第三或第二排。除主风口外，还布置有 2 ~ 5 排辅助风口，其风口面积小，风速高，使整个底焦燃烧剧烈。这些小风口可减轻气流的附壁效应，提高熔化率。但由于风口排数多，送风分散，不能集中燃烧与集中放热，易造成炉气最高温度较低和炉气的氧化性较高，使铁液过热不足，氧化也较严重。多排小风口冲天炉的主要结构参数见表 1-3。

表 1-3　多排小风口冲天炉的主要结构参数

熔化率/$t \cdot h^{-1}$			1	2	3	5	7
主风口区炉膛内径 D_1/mm			310	450	540	690	850
熔化带炉膛内径 D/mm			450	600	700	900	1050
有效高度 H/mm			3500	3900	4800	5700	6000
炉壳外径 D_2/mm			750	900	1200	1400	1550
前炉与冲天炉中心距 A/mm			1030	1200	1450	1600	2000
炉缸高度 H_1/mm			200	200	220	280	300
第一排风口至炉胆下沿距离 L/mm			1300	1400	1600	1780	2250
风口参数	排距 a/mm		450	500	600	700	800
	风口直径/mm×个数×角度	第一排	14×4×0°	14×4×0°	12×6×0°	14×8×5°	20×8×5°
		第二排	20×4×0°	23×4×5°	16×6×0°	16×8×5°	40×8×5°
		第三排	16×4×0°	14×4×5°	30×6×10°	32×8×10°	25×8×5°
		第四排	12×4×0°	14×4×5°	12×6×0°	14×8×5°	20×8×5°
		第五排	—	—	12×6×0°	12×8×5°	—
	各排风口排距/mm		150 ~ 200	150 ~ 200	150 ~ 200	150 ~ 250	150 ~ 250
前炉	内径 d/mm		570	700	800	970	1080
	有效容积 V/m^3		0.71	1.5	2.0	3.5	5.7
热风炉胆尺寸	高度 h/mm		1500	1600	1800	2000	2200
	上部直径 d_1/mm		350	4450	550	800	1000
	下部直径 d_2/mm		400	500	600	800	1000

（3）底吹式（中央送风）冲天炉　底吹式（中央送风）冲天炉炉型如图 1-5 所示。这

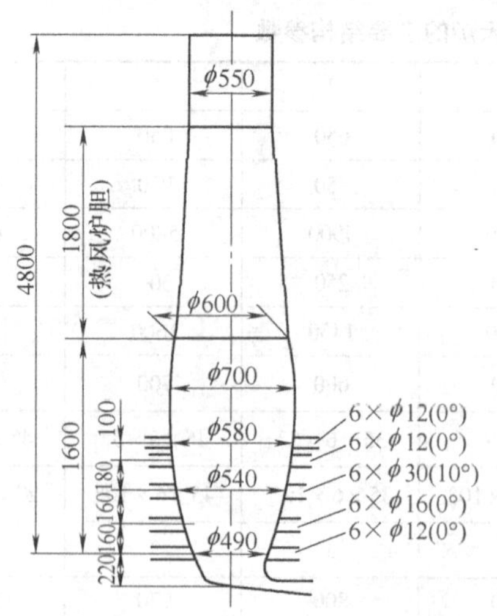

图 1-4　3t/h 多排小风口冲天炉炉型

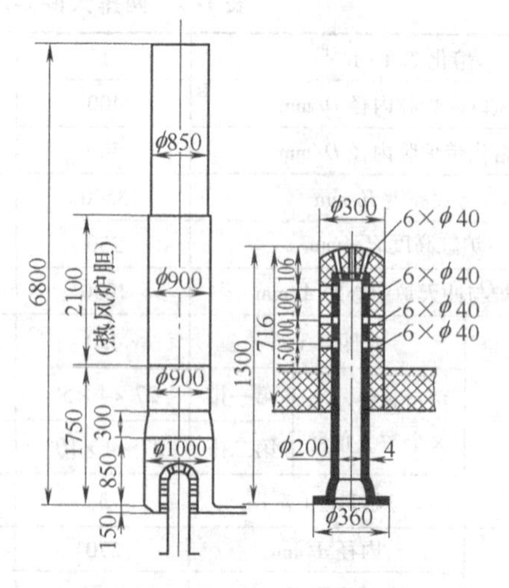

图 1-5　中央送风冲天炉炉型图

种炉型装有中央风嘴，风嘴中间是钢制风管，外壳用耐火材料捣制，开出数个排风口，主要在大型（8～10t/h）冲天炉上使用。

底吹式（中央送风）冲天炉的特点是风由炉底中心吹入，送风均匀，使炉中心燃烧较好，在一定范围内克服了侧吹送风时不易吹入炉中心的缺点；使炉内高温区趋向炉中心，减轻炉衬的热负荷和局部过热，因而减轻炉衬侵蚀。此外，这种炉子修炉简单，不需要像侧吹式那样进入炉膛内修葺风口；由于风从中央风嘴吹入，用一般的鼓风机即可满足要求，不需要使用高风压送风的方法迫使风吹入炉中心。

底吹式（中央送风）冲天炉的缺点是铁液氧化严重，硅、锰烧损较大，熔化过程中若发生风口结渣则不能排除，影响正常熔化。中央送风同样有"附壁"现象发生，这对于较大炉径的冲天炉更为突出，故大型冲天炉也有用底吹加侧吹的进风方法。

2. 炉型分析

（1）冲天炉的炉膛形状　冲天炉的炉膛形状和尺寸对熔炼过程影响很大。早期冲天炉使用的是直筒形炉膛，现大多改为曲线炉膛。曲线炉膛的形状很多，常用的是熔化带附近炉膛内径最大，风口区、预热区的炉膛内径较小，即所谓的"灯罩"式炉膛。采用这种曲线炉膛有以下优点。

1）提高送风强度。采用曲线炉膛使风口区炉膛直径减小，在送风量不变的情况下，相应地提高了燃烧区单位面积上的送风量，特别是对送风量不足的冲天炉，这一作用更为明显。

2）改善炉子中心的燃烧状况。在冲天炉中心的焦炭经常会出现燃烧不良的现象，若采用曲线炉膛，缩小了风口区炉膛的断面积，风口突入炉内，从而改善了炉中心焦炭的燃烧情况，使熔化带更集中平直，有利于铁液的过热。

3）可提高冲天炉的熔化率。曲线炉膛扩大了熔化带处的内径，使熔化带处的熔化面积增大，熔化率提高；使预热带容积加大，存铁量增加，这样就更有利于铁料预热。

但实践表明，曲线炉膛也带来了一些问题，如在风口区的炉膛较细，底焦容量少，若送风量过大，则底焦波动较大。

（2）冲天炉的风口设置　风口设置包括风口面积、形状、角度及分布等问题。

1）风口面积。风口面积指的是风口断面积总和，等于主风口和辅助风口断面积之和。现在许多冲天炉均采用小风口，其风口总面积一般为风口区炉膛断面积的3%～6%。

小风口冲天炉是为了适应焦炭含灰分较高、块度小且反应性较大的特点而发展起来的。一般认为小风口有以下特点：

①可以保证必要的送风速度，强化底焦燃烧，使风易于吹到炉子中心，有利于铁液过热。当焦炭块度小时，这一作用更为明显。据统计，一般小风口冲天炉的进风速度（按标准状态计算）为40～60m/s。为了达到必要的进风速度，就需要在保证风量的前提下，适当减少风口总面积，这样可提高风口的进风速度，增加进风动能，使风易射入炉中心，改善炉中心的燃烧状况。

②采用小风口送风，当焦炭灰分较高时，因进风速度高，可冲散焦炭表面上妨碍燃烧反应的灰分，强化底焦的燃烧。因灰分高的焦炭易于结渣，小风口送风可使焦炭直接接触冷风的区域减少，不易造成大面积结渣。

③由于小风口进风速度快，风易进入炉子中心，因而减轻了附壁效应，改变了炉壁

处炉温局部过高的状态，减轻了炉壁的侵蚀，延长了冲天炉的连续工作时间。但采用小风口也带来了另外一个问题：为了保证足够的送风量，就需要提高送风风压。这种高压送风的风压一般为7～14kPa，因此必须使用高压鼓风机，如罗茨风机或高压串联离心式鼓风机。若冲天炉仍采用风压较低的离心式鼓风机，改用过小的风口，则因风口阻力大，会使向炉内供风量减少，炉况反而恶化，故风口面积的大小要根据鼓风机的具体情况决定。采用小风口时，送风量增加，使鼓风机轴功率增加，鼓风机的动力消耗要比用大风口时大得多。

2）风口形状。现在一般中小型冲天炉的风口多为圆形。面积稍大的风口也有采用椭圆和矩形的，这种风口多用耐火材料砌出。

3）风口角度。风口角度是指风口进风方向与炉膛水平面所成的夹角，这一角度对炉内燃烧状况和炉气成分、温度的分布都有一定的影响。目前冲天炉风口角度大多向下，但也有水平和向上的。什么样的角度有利，需从空气进入炉内的状况来分析。

4）风口的分布。风口的分布包括风口排数及排距、每排风口个数及主风口的设置。在各排风口中，其风口总面积最大的一排风口称为主风口，其他各排风口称为辅助风口或副风口，最下面一排为第一排，依次上数。

三、冲天炉的主要工艺参数

由于目前大部分铸造厂以中、小型冲天炉为主，因此冲天炉的大小和结构参数的确定应根据车间的铸件产量、工作制度来确定。冲天炉的生产率是设计和确定冲天炉大小的依据，同时还要考虑熔化的延续时间、铁液的牌号及铸件质量的要求、所用金属炉料的类别、当地的气候条件和国家对环境保护的要求等。

1. 炉膛内径

对直筒形冲天炉是指其炉膛内径，对曲线炉膛是指熔化带处的内径。一般是根据冲天炉熔化率的要求和熔化强度来计算。

（1）计算公式

$$D = \sqrt{\frac{4Q}{\pi q}} = 1.12\sqrt{\frac{Q}{q}} \tag{1-1}$$

式中　D——炉膛内径，单位为mm；

Q——熔化率，单位为t/h；

q——熔化强度，单位为$t/(m^2 \cdot h)$。

熔化强度是指冲天炉单位炉膛断面积的熔化率，一般为$6 \sim 9t/(m^2 \cdot h)$，个别也有超过$10t/(m^2 \cdot h)$的，在设计曲线炉膛冲天炉时，熔化强度可按$6 \sim 9t/(m^2 \cdot h)$计算。

（2）经验数据　炉膛内径经验数据见表1-4。

表1-4　冲天炉炉膛内径经验数据（仅供参考）

熔化率/$t \cdot h^{-1}$	1	2	3	5	7	10	15
炉膛内径/mm	500	600	700	900	1000	1200	1500

2. 主风口处内径

国内多采用曲线炉膛，主风口处内径 D_1 一般小于熔化带处内径。通常 $D:D_1=1.1\sim1.4$。多排小风口炉型这一比值较大。采用两排大间距风口炉型时，一般 $D:D_1=1.1\sim1.2$，确定 D_1 时，可根据 $D:D_1$ 的值来计算。

3. 炉壳外径

(1) 炉壳外径　炉壳外径 D_2 的计算式为

$$D_2 = D + 2(B + \delta) \tag{1-2}$$

式中　D_2——炉壳外径，单位为 mm；

D——炉膛内径，单位为 mm；

B——冲天炉炉衬厚度，单位为 mm，3t/h 以下的小型炉取 180 ~ 250mm，5 ~ 7t/h 的中型炉取 250 ~ 350mm；

δ——绝热层厚度 + 钢板厚度，单位为 mm，取 20 ~ 40mm。

(2) 炉壳外径与炉壳钢板厚度经验数据　炉壳外径与炉壳钢板厚度经验数据见表 1-5。

表 1-5　炉壳外径与炉壳钢板厚度经验数据（仅供参考）

熔化率/$t\cdot h^{-1}$	1	2	3	5	7	10	15
炉壳外径/mm	810	1060	1160	1360	1600	1870	2200
炉壳钢板厚度/mm	6	6	6	8	8	10	10

4. 炉体高度

炉体高度 = 有效高度 + 炉缸高度 + 炉底厚度。

(1) 有效高度　有效高度一般指下排风口中心线至加料口下沿的距离。这段距离对冲天炉预热有很大影响。冲天炉要选择适当的有效高度才能保证充分预热，以节约燃料，提高熔化率。但此高度过高也会造成送风阻力过大和基建上的浪费。有效高度一般为炉膛内径的 5 ~ 7 倍，且炉径越大，该倍数越小。两排大间距双层送风时，由于底焦高度增高，故有效高度要增高 300 ~ 500mm，其经验数据可见表 1-6。

表 1-6　曲线炉膛冲天炉有效高度与熔化率的对应关系

熔化率/$t\cdot h^{-1}$	1	2	3	5	7	10	15
有效高度/mm	3500	4000	4900	5700	6100	6300	7600

(2) 炉缸高度　炉缸高度过低，冷风直吹炉底，降低铁液温度。炉缸高度过高，则铁液增碳严重，也容易造成过桥流通不畅。带有前炉的冲天炉炉缸高度，小型炉应为 200 ~ 280mm，中型炉应为 300 ~ 350mm；熔化低碳铁液时炉缸高度可小些，一般取 100 ~ 150mm。

(3) 炉底厚度　炉底厚度是指炉底板上表面到炉底面中心砂床的厚度。它与熔化率和工作时间有关，一般取 250 ~ 350mm。过薄易漏铁液，过厚则打炉困难。

5. 风口结构参数

风口结构参数包括风口排数、风口排距、每排风口个数、风口断面尺寸和风口角度等。

1）在确定炉型和风口分布类型的基础上，可参考该炉型的有关结构参数，确定风口排数和风口排距，见表1-2和表1-3。

2）确定每排风口个数（表1-7）。为使送风均匀，各风口应成品字形分布，上下不在同一条直线上。

表1-7　炉子大小与每排风口的个数

熔化率/$t \cdot h^{-1}$	1	2	3	5
风口个数/个	4~6	6	6~8	8

3）计算风口直径。

①确定风口比。风口比即风口总面积与主风口处炉膛断面积之比。

$$风口比 = \frac{\sum S}{A} \tag{1-3}$$

②计算风口总面积。

③采用两排风口时，主风口约占风口总面积的50%~60%。采用多排风口时，主风口占风口总面积的35%~45%。根据主、辅风口面积比，计算出每排风口总面积。根据每排风口个数，计算出单个风口面积和风口直径。

4）确定风口角度。参照各炉型的有关数据，确定风口角度。一般风口角度在0°（水平）~20°（下斜）范围内。但第一排风口的斜度一般不宜过大，以0°~5°为宜。

5）风箱容积及风箱尺寸。风箱的容积应能储存1s所需要的风量。风箱的容积越大，各风口的进风量也就越均匀，但过大会使风箱结构庞大。通常风箱外径为1.8~2.5倍炉膛内径；风箱高度为0.5~0.7倍炉膛内径，且大炉子取下限，小炉子取上限。

6. 前炉的工艺参数

（1）前炉容量　一般冲天炉都设有前炉，前炉的大小主要取决于冲天炉熔化率的高低，同时也应考虑到车间生产大件一次需要的铁液量。一般在生产中小铸件的车间，前炉能储存0.5~0.6h所熔化的铁液量即可满足生产要求，若需要适应生产大件等特殊情况，则可加大至能储存1h所熔化的铁液量。前炉容量可参考表1-8。

（2）前炉内径　前炉内径一般为1.0~1.3*D*。

表1-8　前炉容量

熔化率/$t \cdot h^{-1}$	2	3	5	7
前炉容量/t	1~2	2~3	3~5	5~7

（3）前炉外径　前炉外径一般与炉体外径相同或稍大些，为1~1.2*D*。前炉的炉衬厚度，在中小型冲天炉初砌时取150~200mm，在生产中可根据需要在修炉时进行调整。前炉的炉底厚度，中小型炉为250~300mm。

7. 烟囱

烟囱直径一般为炉壳直径的0.7~1.0倍，高度应高出厂房3m以上，一般应为有效高度的0.8~1.0倍。

以上所确定的冲天炉结构参数对冲天炉的熔炼影响较大。常用冲天炉的结构参数见表1-2和表1-3。

四、冲天炉熔炼原理

1. 冲天炉熔炼概述

熔炼时，在炉膛内先将焦炭加到风口以上一定高度并将其点燃（这部分焦炭称为底焦）。空气由风口吹入炉内，使焦炭激烈地燃烧。底焦上面加铁料，铁料被加热熔化，熔化后的铁液即沿底焦间隙向下流动。由于底焦温度高，铁液向下流动的过程中继续被加热，使铁液温度进一步提高，最后流入前炉储存。

一批铁料熔化后，由于底焦的燃烧消耗，必须补加一批焦炭，这时加入的焦炭称为层焦。在熔炼过程中，为了保证炉内焦炭的正常燃烧，应清除焦炭表面的杂质，这有利于炉内冶金反应的进行，因此需要随焦炭加入一定量的石灰石熔剂。加层焦后继续加铁料。为了使铁料在熔化前能够得到充分的预热，层焦和铁料应一批一批地不断向炉内加入，直到加料口下沿，使铁料料面稳定在一定的高度上。根据车间的生产要求，炉后不断加料，炉前不断出铁，直到熔化任务完成为止。

在冲天炉内，铁料主要的熔化区域称为"熔化带"。"熔化带"以上到加料口之间是铁料进行预热的地方，故称为"预热带"。熔化带以下到第一排风口之间是铁液进一步加热升温的地方，故称为"过热带"。

2. 冲天炉熔炼的技术要求

冲天炉熔炼是铸铁熔炼的主要方法之一。对冲天炉熔炼的技术要求是优质（铁液）、高产、低耗、长寿与操作便利五个方面。

（1）铁液质量要高　铁液质量包括铁液温度和铁液化学成分两个方面。

1）铁液温度高。在铸铁熔炼中，铁液温度通常作为一个基本的技术指标进行控制。铁液温度的高低对铸件质量影响很大。高温铁液流动性好，可以顺利地充满铸型，也有利于气体和杂质从铁液中排除，避免产生冷隔、气孔等缺陷。铁液温度根据铸铁的牌号、铸件结构、工艺特点等合理确定。

铁液温度的控制不仅要达到必要的高温，而且要保证必要的稳定性。因为温度的忽高忽低不仅给浇注工作带来困难，而且对铁液的成分、力学性能的稳定是不利的。

2）化学成分波动小。为了保证铸铁获得所需要的组织和性能，铁液必须准确地达到所要求的化学成分，因此冲天炉所熔化出的铁液的化学成分也应控制在规定的范围内。元素的损耗率可分为绝对损耗率和相对损耗率。例如，铁料中的化学成分为$w_{Si}=2.2\%$，$w_{Mn}=1.0\%$，熔化后化验铁液中的化学成分为$w_{Si}=2.0\%$，$w_{Mn}=0.75\%$，计算硅、锰成分的损耗率。

$$硅绝对损耗率=2.2\%-2.0\%=0.2\%$$

$$锰绝对损耗率=1.0\%-0.75\%=0.25\%$$

$$硅相对损耗率=\frac{2.2\%-2.0\%}{2.2\%}\times100\%=9\%$$

$$锰相对损耗率=\frac{1.0\%-0.75\%}{1.0\%}\times100\%=25\%$$

在冲天炉中熔化时，硅的相对损耗率为9%～20%，锰为15%～25%。在熔化时，硅、锰的损耗率应尽量低，否则浪费了铁料中的合金元素，同时也易造成由于化学成分的波动而引起的铸件性能的变化。碳、硫、磷及合金元素的损耗率，皆应根据铸铁的熔炼要求加以规定。

（2）冲天炉的熔化率要高　冲天炉的熔化率是指化铁炉每小时能够熔化金属炉料的质量，单位为t/h。冲天炉公称熔化率表示该冲天炉在正常工作时其平均熔化率的整数值，通常以此值代表该冲天炉的大小。冲天炉的公称熔化率为2t/h、3t/h、5t/h、8t/h。

为了便于比较不同大小冲天炉的熔化能力，常需算出冲天炉的熔化强度（每平方米炉膛面积每小时熔化金属炉料的质量）

$$q = \frac{Q}{A} \tag{1-4}$$

式中　q——熔化强度，单位为$t/(m^2 \cdot h)$；

Q——熔化率，单位为t/h；

A——冲天炉熔化带处断面积，单位为m^2。

冲天炉的熔化强度一般为6～9$t/(m^2 \cdot h)$，也有超过10$t/(m^2 \cdot h)$的。

（3）燃料的消耗率要低　冲天炉熔炼时，其燃料消耗的多少一般用铁焦比α来表示，计算式为

$$\alpha = \frac{m_{铁}}{m_{焦}} \tag{1-5}$$

式中　α——铁焦比；

$m_{铁}$——铁料质量；

$m_{焦}$——焦炭质量。

有时也用焦炭消耗率来表示焦炭消耗的多少，计算式为

$$\beta = \frac{m_{焦}}{m_{铁}} \tag{1-6}$$

国内冲天炉的铁焦比一般为8～10，即焦炭消耗率为10%～12.5%。在保证铁液质量的前提下，应努力提高铁焦比，降低焦炭消耗率。

（4）炉衬寿命长　延长炉衬寿命不仅有利于节约耐火材料，减少修炉工时，而且是提高熔炼设备利用率、便于实现熔炼操作机械化及稳定炉子工作过程的重要条件。

（5）操作条件要好　任何熔炼设备，要力求结构简单、操作方便、安全可靠，并尽量提高其机械化与自动化程度，尽量减少对环境的污染。

3. 冲天炉的燃烧过程原理

（1）焦炭的燃烧反应　在冲天炉内，焦炭由两大部分组成：一部分是底焦，即炉底以上1～2m厚的焦炭；另一部分是层焦，它与金属炉料及熔剂分批分层加入炉内。开始送风后，空气经风口进入炉内，只与底焦层中的焦炭发生燃烧反应，而层焦只处于预热、干燥及挥发物排出过程，未发生燃烧反应。层焦与底焦层接触后，一方面补充底焦，另一方面也开始发生燃烧反应。

在底焦层内，根据燃烧方式不同可分为氧化带及还原带，如图1-6所示。氧化带即风口平面至入炉空气中氧消耗到1%的区间。当空气由风口进入炉内时，即与炽热的焦炭中的碳

发生完全燃烧反应，即

$$C + O_2 = CO_2 + 408841 J/mol \quad (1\text{-}7)$$

在氧较少的部位，发生不完全燃烧反应，即

$$2C + O_2 = 2CO + 123218 J/mol \quad (1\text{-}8)$$

当不完全燃烧反应的产物 CO 与炉气中的氧接触时，即发生二次燃烧反应

$$2CO + O_2 = 2CO_2 + 285623 J/mol \quad (1\text{-}9)$$

由图 1-6 所示冲天炉炉气成分及温度曲线可知：冲天炉内的焦炭燃烧是在底焦层的氧化带和还原带内进行的，实质上是焦炭中的碳与入炉空气中的氧之间的反应，底焦燃烧所消耗的焦由层焦补充，以维持底焦层内的燃烧反应能够继续进行。

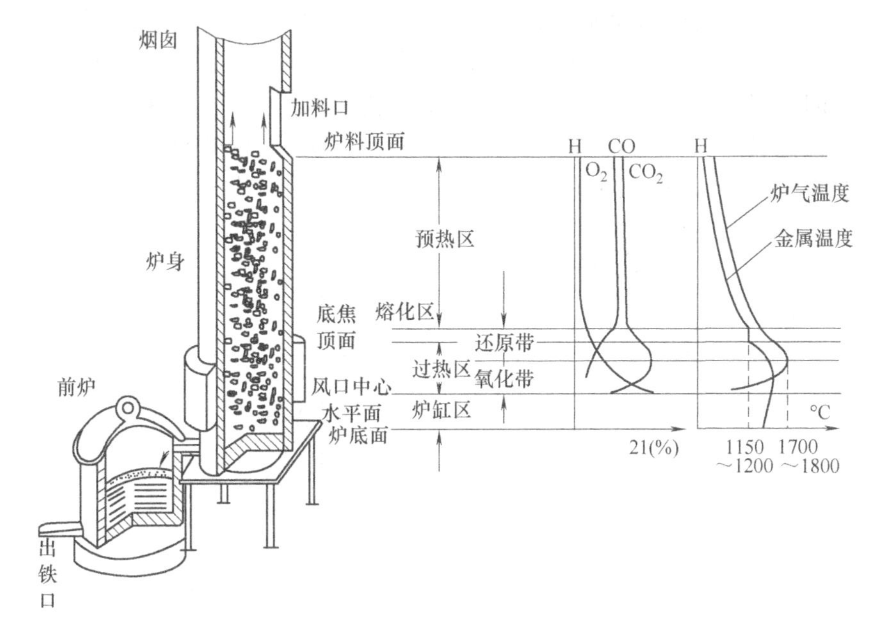

图 1-6　冲天炉炉气成分及温度分布曲线

因此，在氧化带内，由于炉气中有自由氧存在，焦炭中的碳与炉气中的氧直接或间接地发生反应，其结果是产生大量的热量，使得焦炭和炉气的温度急剧上升到 1800℃左右，甚至更高。与此同时，焦炭大量地被消耗，炉气中的氧含量从入炉空气含量的 21% 降到因化学反应平衡及热分解反应所限制的氧含量 1% 左右；而炉气中的 CO_2 则由燃烧反应形成，由 0% 升到 20% 左右，此时炉气带着大量的热量向上运动，进入还原带。

还原带从氧化带顶面开始，到炉气中 CO_2 降低至基本停止的区间。由于氧化带上升的炉气温度高，炉气中的 CO_2 与焦炭中的碳发生还原反应，即

$$CO_2 + C = 2CO - 162406 J/mol \quad (1\text{-}10)$$

式（1-10）是吸热反应，它从炉气中吸收大量的热量，使炉气温度急剧下降，炉气中的 CO_2 随还原反应的进行而减少，与此同时炉气中的 CO 随之上升。当炉气温度下降到 1200℃左右时，还原反应基本停止。当炉气继续上升时，其温度因炉料吸热而不断下降，但炉气中的 CO_2 和 CO 含量不会发生明显的变化，燃烧反应基本结束。

（2）焦炭的燃烧特点　焦炭是将配制的煤在隔绝空气的条件下，长时间（20h 左右）

高温（最高达1300℃左右）加热炼制而成的人工燃料。它具有较高的强度和较大的块度，其含硫量和灰分可通过配煤加以控制和调节，以满足使用要求。工业上使用的焦炭分为高炉炼铁用焦炭——冶金焦，占总焦量的90%以上；为满足冲天炉的特殊要求专门炼制用于冲天炉的焦炭——铸造焦。

一般铸造焦的固定碳的质量分数大于80%，灰分的质量分数为7%～14%，硫分的质量分数小于0.8%，挥发分的质量分数小于2%，其余为水分。焦炭的块度一般为60～80mm。块状焦炭在炉内燃烧时，无论是在氧化带内进行氧化反应，还是在还原带内进行还原反应，均属于多相反应，即固相的焦炭表面的碳与气相中的O_2或CO_2之间发生反应。其反应速度取决于焦炭表面进行化学反应的速度与气相中的反应物（即CO_2或O_2）向焦炭表面扩散速度之间的关系。若化学反应速度远大于扩散速度，则该反应的速度取决于扩散速度，该反应在扩散区进行；反之，反应在动力区内进行。对焦炭的氧化反应而言，扩散区的温度在800℃左右，而焦炭的着火点在700℃左右，因此氧化带的反应在扩散区内进行。

在扩散区内进行的燃烧反应速度取决于扩散速度，即炉气中的O_2或CO_2向炽热焦炭表面附面层的扩散速度，如图1-7所示，所以附面层厚度是影响其扩散速度的制约因素。

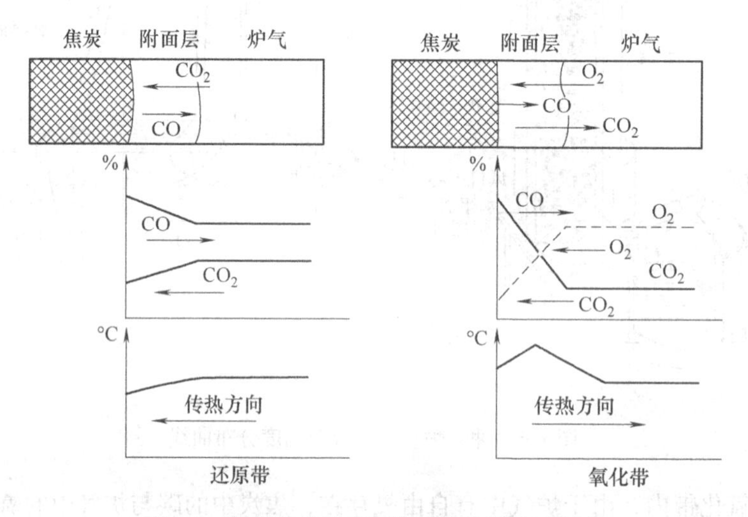

图1-7 燃烧的焦炭表面的气体及传热示意图

$$\delta = \frac{C}{\sqrt{Re}} \tag{1-11}$$

$$Re = \frac{\rho v d}{\eta} \tag{1-12}$$

式中 δ——附面层厚度，单位为mm；

C——常数，受气体成分等因素影响；

Re——雷诺数；

v——流体的流速，单位为m/s；

ρ——密度，单位为kg/m^3；

η——黏性系数，Pa·S；

d——特征长度，流体流过圆形管道时，d为管道直径。

由上述公式可知，减少附面层厚度的关键是增大雷诺数 Re 或提高气体流速 v，因此增大送风量对提高焦炭燃烧速度是有利的。应该注意的是，此处仅从气体流动特性来分析附面层的影响因素，而在实际的燃烧条件下，焦炭灰分的多少及性质等还会影响附面层的厚度，增加送风量往往只能在一定范围内有效。

（3）影响焦炭燃烧的因素　影响冲天炉内焦炭燃烧过程的因素，主要是送入炉内空气的数量和质量（即温度、含氧量等）、焦炭的质量（即灰分、块度等）。

1）焦炭质量的影响。焦炭灰分含量不仅影响焦炭中固定碳含量及发热值的大小，而且影响焦炭的燃烧速度，因此灰分成为铸造焦品质的主要指标之一。它具体反映在燃烧区的最高温度和温度分布曲线及气体分布曲线上，如图 1-8 所示。此外，焦炭的灰分含量还影响熔剂加入量和炉渣的排放量，因而也影响冲天炉的焦耗。焦炭块度也是影响燃烧过程的另一个因素，块度大小决定燃料的反应面积，故对燃烧区间大小和燃烧温度均有明显影响，一般随焦炭块度增大，氧化带扩大，燃烧温度增高。但焦炭块度过大，虽然还原反应受到一定的抑制，但燃烧过慢，高温区不集中，炉内最高温度下降，对铁液过热不利。焦炭块度过小，由于表面积增加，将促使还原反应加速，氧化区缩小，还原区扩大，使炉内高温区减少。同时，焦炭块度过小，会使送风阻力增大，空气难于深入炉子中心，炉内温度分布不均，造成铁液温度降低。

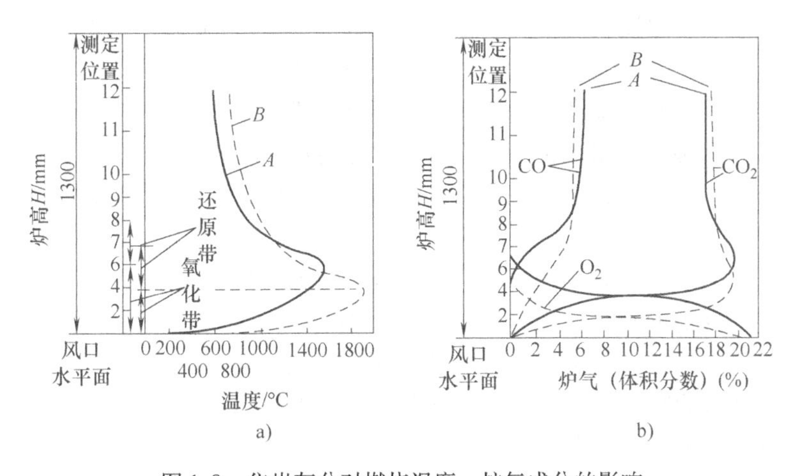

图 1-8　焦炭灰分对燃烧温度、炉气成分的影响

a）温度分布　b）炉气成分

A——焦炭灰分 10.77%，固定碳 84.7%　*B*——焦炭灰分 0.7%，固定碳 94.3%

焦炭的强度是焦炭质量的又一重要指标。焦炭投入冲天炉时，受冲击而破碎的可能性很大。焦炭的强度还影响底焦层内实际的焦炭块度大小，因此通常将强度与块度一并考虑。大量实践表明，焦炭强度对冲天炉熔炼过程的影响十分显著。按 GB/T 2006—2008 规定，焦炭的机械强度用转鼓试验进行测定。在专门的转鼓中，加入 50kg 块度在 80mm 以上的焦炭，以 25r/min 的速度转动 100r，然后过 40 目筛，称筛上的焦炭量。筛上的焦炭质量占加入焦炭质量的百分比即为转鼓强度（M40）。质量好的焦炭 M40 应在 75% ~80% 以上。

焦炭的反应能力是指焦炭与炉气中的 CO_2 反应生成 CO 的能力，因而也称焦炭的还原率。铸造用焦炭的反应能力要求控制在 15% ~25%，即要求反应能力要低，这与冶金焦是有区别的。

焦炭的气孔率是指焦炭内气孔的体积占包括气孔在内的焦炭体积的百分数。一般来说，焦炭的气孔率越大，反应能力也越大，可燃性就越强。我国铸造用焦的气孔率一般在35%～45%左右，最好要求<35%，着火温度一般为500～600℃。

2）空气对燃烧过程的影响。送入炉内的空气量对燃烧过程的影响尤为突出。送风量大小用送风强度来衡量，即每分钟每平方米炉膛截面积所送入的空气量，单位是$m^3/(m^2 \cdot min)$。因为空气中的氧是燃烧反应物之一，它一方面影响燃烧反应的速度，另一方面反应所形成的炉气又是燃烧反应产生热量的携带者。这两个相互制约的因素决定了冲天炉有一个最佳送风量的范围，即所谓“最佳送风强度”（或最惠送风强度）。

空气温度对燃烧过程的影响，一方面是空气带入的物理热，使反应的热量增大，从而提高燃烧温度，另一方面空气温度高有利于扩散、燃烧反应的进行和形成集中的高温区，并且减少风口前的低温区，使截面温度分布均匀，消除风口结渣现象。采用热风技术是提高出炉温度、改善冲天炉熔炼条件的重要方法之一。

提高入炉空气中的含氧量，一方面可增大燃烧速度，有利于形成集中的高温区，另一方面不参加燃烧反应的氮量和炉气总量减少，对提高燃烧温度有利。因此，富氧送风对燃烧过程的影响与预热送风的影响相似，只是作用机理不同而已。

送风湿度对燃烧的影响不能忽视。由于地区和季节的不同，空气中的含水量差异极大。如东北地区冬天空气的湿度在$2g/m^3$左右。而夏季南方地区的湿度往往在$25g/m^3$以上。对于碳的燃烧反应而言，最佳湿度为$5\sim7g/m^3$，低于或高于这一范围均不利于燃烧反应的进行。因此，地处寒带的前苏联将“增湿”作为冲天炉强化措施加以应用，而我国南方及沿海地区则应采取“除湿”技术。由于空气带入的水分极为可观，若以空气湿度为$25g/m^3$为例，每熔化1t铁液，带入的水分为15～20kg左右。空气带入的水分在高温条件下与碳发生水煤气反应，即

$$C + H_2O = CO + H_2 - 130720J/mol \tag{1-13}$$

式（1-13）为强烈的吸热反应，严重降低燃烧温度，而产生的H_2使铁液的含氢量增加，若其中一部分水分进入还原区内，则增加还原带的焦炭耗损。总之，过高的空气湿度会对燃烧过程带来严重的影响，而且恶化铁液质量。20世纪70年代以来，除湿技术在地处热带或海洋性气候的地区得到应用。

（4）焦炭燃烧计算　由于冲天炉内燃烧情况特殊，所以它的燃烧计算与一般加热炉的燃烧计算有显著区别，但计算的目的都是为了操作控制，为设备设计等提供相关依据。

焦炭的主要成分（质量分数）为固定碳70%～95%，硫0.3%～1.5%，灰分2.5%～3%，挥发物0.3%～2.0%。另外水分因储存、运输条件不同而变化，其质量分数为3%～15%。冲天炉内焦炭的燃烧在底焦层内进行，层焦从加料口加入炉内，经预热区约0.5h的高温气流的加热后到达底焦层时，其水分和挥发物已完全排出，硫也大部分排除，故降到底焦时只存在固定碳和灰分，其他组分甚微。所以在燃烧计算时，只需对碳进行计算，这是冲天炉燃烧计算与其他燃烧计算的主要区别。

空气的主要成分是氧气和氮气，忽略其他微量气体，按体积分数O_2为21%、N_2为79%进行工业燃烧计算。由于空气为可压缩气体，其体积因压力和温度变化而变化。为了便于计算，均以标准状态的空气量为准（即0℃，1atm）。这样计算的结果，足以满足误差要求，具体应用时再以实际状态进行换算。燃烧计算按化学反应式进行，以求出燃烧时所需的

空气量、气体产物量及其体积百分含量。完全燃烧的反应式为

$$C + O_2 = CO_2 \tag{1-14}$$

按此式计算得到1kg碳完全燃烧需要的氧为1.87m³，相应的空气量为8.9m³，CO_2 在产物中的体积分数为21%。

同理可求出碳不完全燃烧（$2C + O_2 = 2CO$）时，每千克碳需要的氧为0.935m³，需要的空气量为4.45m³，气体燃烧产物量为5.39m³，CO在产物中的体积分数为34.7%。实际上焦炭在冲天炉内的燃烧并非完全燃烧，这种不完全燃烧也是冶金过程的需要。冲天炉燃烧的完全程度可用燃烧比 η_v 来表示，即

$$\eta_v = \frac{CO_2}{CO_2 + CO} \times 100\% \tag{1-15}$$

式中，CO_2、CO为冲天炉炉气中的 CO_2、CO的体积分数。

若进行完全燃烧时，CO_2 的体积分数为21%，CO的体积分数为0%，$\eta_v = 100\%$。若进行不完全燃烧时，CO_2 的体积分数 =0%，CO的体积分数 =34.7%，$\eta_v = 0\%$。通常冲天炉的燃烧比 η_v 为40%～80%。当求得 η_v 之后，即知道冲天炉内焦炭进行完全燃烧所占的分量为 η_v，不完全燃烧所占的分量为（$1-\eta_v$）。实际燃烧1kg焦炭所需的空气量由下式求出

$$v = 8.9\eta_v + 4.45(1 - \eta_v) = 4.45(1 + \eta_v)\text{m}^3/\text{kg} \tag{1-16}$$

由此可进一步求出冲天炉的空气需要量为

$$W = \frac{1000}{60}QRC_K v = 74.2QRC_K(1 + \eta_v) \tag{1-17}$$

式中　Q——冲天炉的熔化率，单位为t/h；

R——冲天炉的焦耗，即每100kg金属炉料所消耗的焦炭量；

C_K——焦炭中固定碳的质量分数，单位为%；

4. 冲天炉热交换过程的原理

冲天炉在熔炼过程中，炉料从加料口投入，经预热、熔化、过热，最后储存到一定量时，再从出铁口放出的全过程中，金属从炉气和炽热的焦炭表面吸收热量，由固态变为液态，而整个过程又是在从上向下运动的过程中完成的。因此，热交换过程极其复杂，现分别进行分析。

（1）预热区的热交换　预热区是指从加料口到金属炉料加热到平均熔点（一般取1200℃）为止的区间。预热区约占炉身高度的2/3，炉料通过这一区间的时间约为30min，温度从室温上升到1200℃。炉气自下而上在料块间隙中运动，温度由1200～1300℃下降到料柱顶面时约为300℃左右。其热交换过程在料块表面进行，然后再由料块表面向中心传递，使其均匀达到1200℃。对金属炉料而言，由于热导率较大，块料内的热交换较易完成，故炉内主要是料块表面与炉气之间的热量交换。另外焦炭在该区还要完成预热、水分蒸发、挥发物的排出和部分硫化物的分解。

熔剂（主要是石灰石）也要完成预热并分解成CaO，但相对于金属炉料而言所消耗的热量少并易于完成，故主要对金属炉料进行预热分析。在预热区金属块状表面与炉气之间的热交换主要以对流方式进行。虽然在预热区下段，炉气温度较高时具有一定的辐射能力，但料块间隙较小，没有足够的辐射空间，辐射换热所占比例较少，故可忽略不计，对流换热的公式为

$$Q = KA\tau(T_{气} - T_{料}) \tag{1-18}$$

式中 Q——炉料吸收的热量；

K——对流换热系数，与气体流速、表面状况有关；

A——料块表面积，与块料大小和形状有关，块料越大，表面积越小；

τ——炉料在预热区停留的时间，与冲天炉的结构参数（有效高度）有关，同时与熔化速度有关，通常为30min左右；

$T_{气}$、$T_{料}$——分别是炉气和炉料的温度。

在影响换热的参数中，只有“A”即料块的大小可以控制。因此，在工艺规程中对料块做了严格的限制。在通常情况下，料块内的热量传递是正常的，但料块太大时，不仅对表面换热不利，而且料块内的传热也困难，导致预热不充分，严重影响冲天炉的熔炼过程。

（2）熔化区的热交换　熔化区是指金属料块从开始熔化到熔化完毕这一段炉身高度范围。虽然金属炉料的熔点差异较大（废钢为1500℃左右，生铁锭为1200℃左右，回炉料为1150℃左右，铁合金为1400℃左右），料块大小的差异也很大，熔化区也并非在同一水平区间，往往出现两批料甚至三批料同时熔化的情况，但从热交换的角度来看，其过程都相同。块状固体与1300℃左右的炉气进行的热交换仍然是在料块表面进行的，并以对流换热方式为主。其影响因素与预热区相同，只是料块温度保持不变，料块在熔化区停留的时间较短（6～12min）。为尽可能减少因炉料的熔点差异造成熔化区范围太大，造成铁液成分波动带来的不利影响，在操作工艺上对不同炉料块度分别作了限制（如废钢块度比回炉料块度要小）。在加料顺序上也作了规定（如先加废钢后加回炉料）。

（3）过热区的热交换　金属液滴离开料块后即进入过热区，液滴在底焦层的焦块间隙内下落，在焦块表面流淌或在焦块表面停留一段时间。当到达下排风口平面处时，即完成铁液的过热过程。在该区间内，铁液的温度从熔点（1200℃左右）过热到1500℃以上，炉气温度可达到1800℃左右，而炽热的焦炭表面温度则更高。液滴在这里所停留的时间极短，一般只有十余秒，要在这么短的时间里将液滴温度升高300℃以上，与预热和熔化阶段相比，其热交换的难度要大得多，同时该区域也是决定出炉温度的阶段，因此成为人们关注的焦点，成为各种强化冲天炉熔炼过程的关键区域。液滴通过该区域时，继续从焦炭表面和炉气中吸收热量，热量传递方式包括：炉气与液滴表面之间的对流换热；炉气与液滴之间的辐射换热；炽热焦炭表面与液滴之间的辐射换热；还有当液滴在焦炭表面流淌和滞留时，焦炭与液滴之间的“接触换热”（实质上是焦炭表面与液体金属之间的对流换热），如图1-9所示。

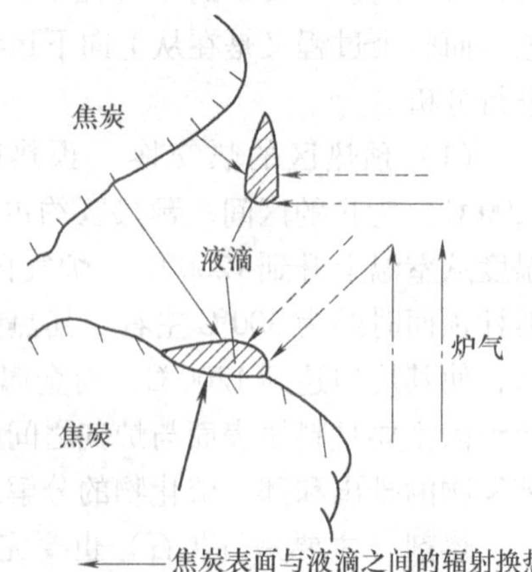

图1-9　过热区热量传递示意图

因热交换过程十分复杂，故采用综合换热公式来表达各换热方式之间的关系，即

$$Q = A\tau\Delta t(k_1 + k_2 + k_3 + k_4) \tag{1-19}$$

式中 A——换热面积；

τ——换热时间，与实际底焦高度有关；

Δt——温度差，即热源（炉气或焦炭表面）与液

滴之间的温度差；

k_1、k_2、k_3、k_4——炉气对流、炉气辐射、焦炭辐射和接触换热方式的换热系数。

根据试验结果，这四种换热系数见表1-9。

表1-9　过热区的换热方式及换热系数

换热方式	换热系数 w/(m²·h)	百分比、平均值(%)
炉气对液滴的气体对流方式换热	440~500	13.3~15.9(14.6)
炉气对液滴的气体辐射方式换热	11~17	0.4~0.5(0.4)
焦炭表面对液滴的固体辐射方式换热	340~470	12.3~12.5
焦炭表面对液滴的接触方式换热	1980~2180	71.4~73.8(72.6)
综合换热总值	2771~3167	100

从表1-9中可以看出，在过热区液滴与焦炭表面之间的接触换热和辐射换热所得到的热量占85%左右，故式（1-18）应改为

$$Q = KA\tau(T_{焦} - T_{金}) \tag{1-20}$$

式中　K——综合换热系数，即四种换热方式的换热系数之和；

$T_{焦}$——焦炭表面温度；

$T_{金}$——液滴的温度。

式（1-20）中的K、A、$T_{金}$基本上可看做是定值，故提高过热区热交换效率的关键是延长换热时间τ（即提高底焦高度）和提高焦炭表面温度$T_{焦}$。焦炭表面温度与所进行的反应性质直接有关。在氧化带，焦炭表面进行放热反应，并将反应生成的热量传给炉气，故焦炭表面温度高于炉气的温度。而在还原带，焦炭表面进行吸热反应，焦炭从炉气中吸收热量来维持还原反应继续进行，故焦炭表面温度低于炉气的温度。试验结果表明，在氧化带内焦炭表面温度高于炉气温度200~400℃，而在还原带内焦炭表面温度低于炉气温度100℃左右。过热区焦炭表面温度、炉气温度、液滴（金属）温度的分布曲线如图1-10所示。

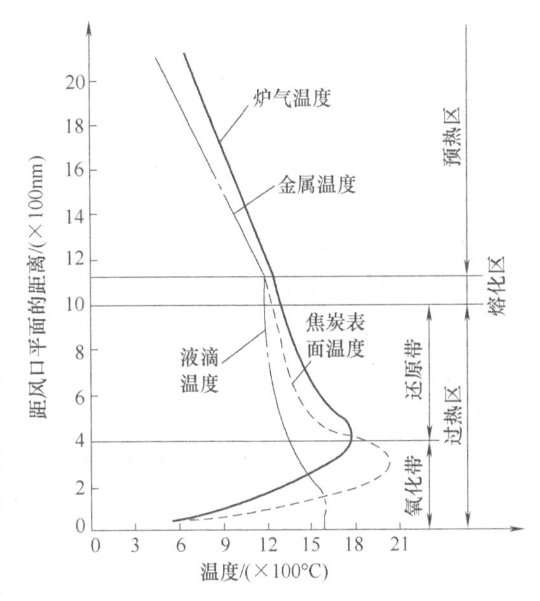

图1-10　炉气温度、焦炭表面温度、液滴（金属）温度的分布曲线

强化过热区热交换过程，可从两方面采取措施：其一是延长换热时间，具体办法是提高焦炭表面温度，增加焦炭用量和采用适当块度且反应能力低的焦炭；其二是提高焦炭表面温度，具体方法是预热送风、富氧送风、除湿送风或采用碳含量高（即灰分低）的优质焦炭。

（4）汇集储存区的热交换　当液滴通过过热区后，即进入炉缸区（下排风口平面至炉底面区域），由于该区没有燃烧反应所必需的空气和CO，因此不可能进行氧化反应和还原反应，焦炭既不放热也不吸热。但进入汇集储存区的铁液温度将因炉壁和炉底耐火材料吸热而

降低。通常铁液在炉缸、过桥和前炉内降温约60～100℃，对于储存时间较长的铁液或小型冲天炉，降温更为严重。

从以上分析可知：过热区是冲天炉热交换最薄弱的环节，冲天炉的总热效率为35%左右，其中预热区热效率为50%～60%，熔化区为50%左右，但过热区的热效率仅为6%～8%。因此，几乎所有冲天炉的强化措施，无论是从工艺或结构还是其他方面，都是围绕着提高过热区热效率进行的。虽然如此，如果预热区和熔化区的热交换过于薄弱，使块料预热不充分，熔化位置低于正常高度，导致过热高度缩短也会影响总热效率，故对这两个区域也都应重视。

5. 冲天炉的冶金反应原理

在冲天炉熔炼过程中，自金属炉料投入炉内到铁液放出炉外，始终存在着冶金反应。在预热区，金属炉料与炉气中的CO_2、CO、SO_2等气体接触，发生下列反应

$$Fe + CO_2 = FeO + CO \quad (1\text{-}21)$$

$$3Fe + SO_2 = FeS + 2FeO \quad (1\text{-}22)$$

$$10FeO + SO_2 = FeS + 3Fe_3O_4 \quad (1\text{-}23)$$

$$Fe + CO = FeO + C \quad (1\text{-}24)$$

由于预热区的金属炉料呈块状，温度相对于其他区域低一些，反应仅在料块表面进行，相对于整个冲天炉熔炼过程而言，所占比例很少。若金属炉料质量很差（如比表面积大的轻薄料），预热区的上述反应就不能忽视。

在熔化区内，块料逐层熔化，其表面与炽热炉气接触，冶金反应十分强烈，主要有以下反应

$$Fe + CO_2 = FeO + CO \quad (1\text{-}25)$$

$$Mn + CO_2 = MnO + CO \quad (1\text{-}26)$$

$$Si + 2CO_2 = SiO_2 + 2CO \quad (1\text{-}27)$$

$$C + CO_2 = 2CO \quad (1\text{-}28)$$

这些反应造成金属的化学成分发生变化，尤其是当底焦高度过低时，炉气中的CO_2含量较高，上述反应更为剧烈，使金属严重氧化。为了避免这种氧化，冲天炉底焦层必须保留足够的还原带，以便形成一定的还原反应，减少炉中CO_2含量，降低炉气的氧化性，以满足冶金反应的要求。这与充分利用热能的要求相矛盾，故在一般情况下，冲天炉的炉料是在弱氧化性气氛的条件下熔化的。对于以轻薄材料为主的冶金冲天炉，必须进一步降低CO_2含量，使炉气呈还原性，以便炉料不仅不被氧化，甚至还可以将炉料表面的锈蚀部分（即FeO）还原，提高金属回收率。

当金属液滴通过过热区时，一方面是其表面积大、液滴内外扩散及对流容易进行，因而成分易于均匀；另一方面液滴不仅与炉气及炽热的焦块表面接触，而且与炉渣滴接触。因此，除与CO_2发生反应外，在氧化带还发生下列冶金反应

$$C + O_2 = CO_2 \quad (1\text{-}29)$$

$$2Fe(\text{或}\ Si、2Mn) + O_2 = 2FeO(\text{或}\ SiO_2、2MnO) \quad (1\text{-}30)$$

$$S + O_2 = SO_2 \quad (1\text{-}31)$$

在与炽热的焦炭表面接触时发生下列传质过程

$$C_{\text{焦}} \rightarrow C_{\text{金}} \quad (1\text{-}32)$$

$$FeS_{焦} \rightarrow FeS_{金} \tag{1-33}$$

当液滴与炉渣接触时，炉渣中的 FeO 与液滴中的组分发生下列反应

$$Si + 2FeO = SiO_2 + 2Fe \tag{1-34}$$

$$Mn + FeO = MnO + Fe \tag{1-35}$$

这两个反应对 Si、Mn 而言是氧化反应，对铁而言是还原反应。由于 Si、Mn 含量少，对铸铁性能影响大，故在实际生产中还是将上述反应归为氧化反应之列。

当液滴进入炉缸内以及在汇集储存过程中，没有气体流动和燃烧反应（无论是氧化反应还是还原反应）。炉气中几乎没有 O_2 和 CO_2，只有 CO 和 N_2 存在，故液滴只与焦炭、炉渣和炉气中的 CO 接触，此时除焦炭、炉渣的氧化和熔化外，没有 CO_2、O_2 的氧化反应。但当温度等因素合适时，可能发生下列还原反应

$$FeO + C = Fe + CO \tag{1-36}$$

$$SiO_2 + 2C = Si + 2CO \tag{1-37}$$

$$MnO + C = Mn + CO \tag{1-38}$$

从以上分析可知，冲天炉熔炼过程的主要反应是 Fe、Si、Mn 与 CO、CO_2、O_2、FeO 及 C 之间的氧化还原反应，其他反应都处于次要地位。

6. 冲天炉的炉渣及性质

（1）炉渣的来源

1）在熔炼过程中，由于加料及侵蚀而使炉衬剥落下来成为炉渣，如每次熔炼前所修葺的耐火材料，熔炼完毕后都进入炉渣。

2）各种炉料带入的杂质，如焦炭中的灰分、硫分、挥发物，炉料上粘结的砂、锈等。

3）炉料中金属元素的氧化烧损产物，如 SiO_2、MnO、Al_2O_3。

4）加入炉内的熔剂。

一般在冲天炉内形成的炉渣量约为铁液量的3% ~5%。

（2）炉渣形成的过程　由焦炭的灰分、脱落的酸性炉衬及合金元素的氧化物所组成的炉渣是粘稠的酸性炉渣，这种炉渣包在焦炭表面阻碍燃烧的正常进行，使焦炭块、炉料块粘接在一起，影响炉料的正常下行，同时阻碍炉内冶金反应的正常进行。为了防止这种现象的出现，保证熔炼的进行，加入石灰石或萤石造渣，有目的地调整炉渣的组成，形成熔点低、粘度小的低熔点复合物炉渣。

（3）炉渣的性质　炉渣的组成主要有酸性氧化物（SiO_2、P_2O_5、Cr_2O_3）、碱性氧化物（CaO、MnO、MgO、FeO）和中性氧化物（Al_2O_3、Fe_2O_3）。炉渣的性质由组成炉渣的氧化物的性质决定，主要取决于 CaO 和 SiO_2 量的多少，通常用碱度 R 来表示。$R \approx CaO\% / SiO_2\%$，一般 R 小于0.8呈酸性，在0.8 ~1.2范围内呈中性，>1.2 ~1.5呈碱性，>2.5时呈高碱性。对于酸性炉衬的冲天炉，R 值控制在≤0.8。

7. 冲天炉熔炼过程中各元素的变化规律

（1）硅、锰的烧损　冲天炉内硅、锰等元素在熔化时一般都会烧损，其途径有：与炉气中的氧化直接作用；与 FeO 作用发生间接氧化。影响硅锰烧损的因素有以下几项：

1）温度的影响。由于硅、锰的氧化都是放热反应，故提高温度可减少硅、锰的烧损。在冲天炉内，铁液中的碳与渣中的 SiO_2 作用，生成的硅立即溶解在铁液中。其反应式为

$$(SiO_2) + 2(C) = (Si) + 2CO \tag{1-39}$$

2）炉气的影响。炉气的氧化性越强，则硅、锰的烧损也越大。特别是当炉气中 CO_2 浓度高和存在自由氧、水蒸气时，炉气的氧化性更强。由于炉料在熔化区已处于熔融状态，铁液表面极易氧化，因此若熔化区内炉气氧化性过强，就会更明显地加剧硅、锰的氧化。为了减少硅、锰等元素的烧损，必须使炉料的熔化处于氧化性较弱的气氛中。实践表明，适当提高底焦高度和降低铁焦比，可使硅、锰等合金元素的烧损减少。

3）金属炉料的影响。金属炉料中硅、锰含量越高，烧损也越大。这是因为硅、锰含量增加，反应物浓度增加，增大反应趋向，又使反应速度加快。因此在配料时宜采用含硅、锰等合金元素低的铁合金为好。

金属炉料的块度要适当且均匀。炉料过大会造成熔化区范围过大和下移，降低铁液温度，增加硅、锰的烧损；而当炉料过小时，又由于氧化表面积增大，产生严重氧化。此外，炉料应力求干净，避免使用锈蚀严重的炉料，以免增加硅、锰的烧损。

4）炉渣的影响。炉渣的碱度对硅、锰烧损影响很大。常用冲天炉的炉衬一般是酸性的，炉渣的碱度很低（通常 $R<0.6$），炉渣中的酸性氧化物（ SiO_2 等）高达40%～50%。这些酸性氧化物易与碱性氧化物（CaO、MnO 等）生成熔点低的复合氧化物，因而促使反应向有利于生成碱性氧化物的方向发展。虽然硅与氧的亲和力比锰大，但在酸性冲天炉内，由于锰烧损产物 MnO 是碱性的，与炉渣中的 SiO_2 化合生成 MnO-SiO_2 复合氧化物，因此锰的烧损比硅大。而在碱性冲天炉中则相反，硅的烧损比锰大。

另外，铁液中的锰还与硫生成 MnS，也造成锰的烧损，这也是在酸性冲天炉内锰烧损较大的原因之一。炉渣的氧化性对硅、锰的烧损影响更显著。炉渣中 FeO 的浓度增加，使铁液中的氧增加，因而造成硅、锰烧损增加。

（2）铁液的增碳　冲天炉熔炼过程中，既有铁液与炽热底焦的增碳作用，又有炉内氧化性炉气和炉渣对铁液的脱碳作用。在一般情况下，常以铁液的增碳为主。

1）底焦对铁液的增碳作用。当炉料熔化后，铁液流经底焦，与炽热焦炭表面接触，使铁液吸收焦炭表面的碳而增碳。其增碳过程就是碳不断溶入铁液，并在铁液中不断扩散的过程。炉温越高，扩散系数越大，铁液原始含碳量越低，铁液与焦炭接触面积越大，则增碳的速度也越大，单位时间内增碳量也就越多。

2）炉气、炉渣对铁液的脱碳作用。炉气的氧化性强，对铁液直接起脱碳作用。炉气中的 CO_2 和 O_2 越多，铁液中碳的浓度越高，则反应速度也越快。炉渣中的 FeO 也会使铁液中的碳氧化，其反应式为

$$FeO + C = Fe + CO \tag{1-40}$$

但在一般的冲天炉内，脱碳作用是较弱的。

3）影响铁液增碳的因素。炉料在熔化过程中，一般是增碳的，且炉料中含碳量越低，其增碳倾向越大。但总的来讲，当炉料的含碳量低时，在同样的熔化条件下，所得到的铁液中含碳量也低；反之，炉料中含碳量高，铁液的含碳量也高。因此要降低铁液中的含碳量，最常用的措施是在炉料中配入一定比例的废钢。这是因为废钢本身含碳量低，废钢在熔化过程中虽然增碳，但仍能降低炉料中的平均含碳量，使熔化出来的铁液含碳量较低。

温度高，铁液容易增碳。因为温度高时碳在铁液中的溶解度增大，在铁液中扩散速度加快，同时也使氧化性减弱，因此铁液增碳作用增大。

熔化时，在铁焦比低同时熔化率也较低的情况下，铁液一般增碳较严重。若能降低焦炭

消耗量，增加冲天炉的熔化强度，增碳作用就会大大降低。冲天炉采用热风熔炼较用冷风的增碳作用显著增大，因为热风冲天炉炉气的还原性较强。

无前炉的冲天炉较有前炉的冲天炉增碳作用大。因为无前炉时，铁液在炉缸中储存，与焦炭接触时间较长。炉缸高度大的冲天炉增碳也较严重。

铁液含碳量与炉料含碳量之间的关系可用下式表示

$$C_{铁液} = K + (1 - \alpha)C_{炉料} \tag{1-41}$$

式中　K——增碳分数，一般为1.7%～2.0%；

α——脱碳系数，为0.40～0.6，一般选0.5。

（3）铁液的增硫

1）增硫方式。在普通的酸性冲天炉内，熔化后的铁液一般都会增硫。铁液中的硫主要来自焦炭和原炉料中所含的硫。通常焦炭中硫的质量分数在0.5%～0.8%范围内，且多以无机硫（FeS）和有机硫的形式存在，少量以硫酸盐（$CaSO_4$）的形式存在。熔化后的铁液主要是通过与焦炭表面的硫化物（FeS）直接接触而大量吸收硫。当熔化后的铁液流经底焦时，与炽热焦炭接触，焦炭中的一部分硫化物（主要是FeS）就会溶解到铁液中，焦炭中的硫约有25%～30%转入铁液。

铁液增硫也可在气相中进行。因为焦炭中的硫常生成大量的SO_2而转入炉气中，随炉气上升的SO_2在预热区和熔化区使炉料表面层渗硫，即

$$3Fe + SO_2 = FeS + 2FeO \tag{1-42}$$

$$5Fe + 2SO_2 = 2FeS + Fe_3O_4 \tag{1-43}$$

特别是当炉料表面被氧化时，气相增硫更趋严重。因此，使用表面生锈的炉料和配入大量的废钢时，增硫就显著增多。同理，当采用热风时，因使炉气还原性增强，增硫量减少。在普通冲天炉内，铁液中的硫虽然也有被炉气氧化排除的，但通常铁液增硫的倾向仍占优势，其含硫量是增加的。

铁液增硫量的多少与焦炭含硫量的关系极大。同理，焦炭消耗量越大，则铁液增硫量也越大。故生产上都把选择低硫焦炭和降低焦炭消耗率作为减少铁液增硫的基本措施。估算铁液的含硫量可用以下公式

$$S_{铁液} = 0.75S_{炉料} + 0.3\beta S_{焦炭} \tag{1-44}$$

式中　$S_{铁液}$——预计铁液含硫量；

$S_{炉料}$——炉料原始含硫量；

$S_{焦炭}$——焦炭含硫量；

β——焦炭消耗率。

2）脱硫。硫是铸铁中的有害元素，特别是对球墨铸铁和可锻铸铁危害更大。为了降低铁液的含硫量，除尽可能选用含硫量低的焦炭并采取减硫措施外，还可采用炉内外脱硫法，以满足对铁液质量的要求。

①冲天炉炉内脱硫的条件。炉内脱硫主要是在碱性冲天炉内造碱性炉渣时进行脱硫。

$$(FeS) + (CaO) = (CaS) + (FeO) - Q_{吸热} \tag{1-45}$$

$$(FeS) + (CaO) + C = (CaS) + Fe + CO - Q_{吸热} \tag{1-46}$$

脱硫条件分析：

a. 增加反应物浓度，如增加渣中（CaO）含量；降低生成物的浓度，如降低渣中

（FeO）含量，有利于脱硫。因此提高碱度和增加炉气还原性是促进脱硫的基本措施。

b. 脱硫是吸热反应，提高炉温有利于脱硫反应的进行。

c. 脱硫是一个扩散过程，炉温高，炉渣粘度低，有利于扩散。故可在碱性炉渣中加萤石（CaF_2）来稀释炉渣，或对铁液进行搅拌，都有利于加速脱硫。

从以上分析可知，要使铁液有效脱硫，必须使用碱性冲天炉，或在炉内造碱性炉渣，并采取搅拌的措施。但目前国内普遍采用的是酸性冲天炉，炉内不能有效脱硫，故生产中常采用炉外造渣进行扩散脱硫。

②冲天炉炉外脱硫。当需要低硫铁液（如球墨铸铁的铁液）时，因在酸性冲天炉内不能有效脱硫，故在生产中常采用炉外造渣进行扩散脱硫。常用脱硫造渣剂为碱金属或碱土金属的化合物 Na_2CO_3、CaO、CaC_2 等，目前常用的是 Na_2CO_3。碳酸钠加入铁液后，首先进行热分解，析出的 CO_2 使铁液剧烈沸腾，分解产物 Na_2O 再与 FeS 反应，生成 NaS 而起到脱硫作用。反应式为

$$Na_2CO_3 = Na_2O + CO_2 \tag{1-47}$$

$$(Na_2O) + (FeS) = (Na_2S) + (FeO) \tag{1-48}$$

$$(Na_2O) + (MnS) = (Na_2S) + (MnO) \tag{1-49}$$

这三个反应都是吸热反应，生成的 Na_2S 较稳定而又不溶于铁液，因而转入炉渣中能起脱硫作用。碳酸钠加入量为铁液量的 0.3% ~0.7%，大致可脱硫 30% 左右。用碳酸钠脱硫时，会产生刺激性的气味，生产中应注意防护。最好将碳酸钠粉加热熔化，去除结晶水，铸成小块后再使用。电石粉也是一种脱硫剂。电石粉加入铁液后，按下式反应进行脱硫

$$CaC_2 + (FeS) = (CaS) + Fe + 2C \tag{1-50}$$

其加入量为铁液质量的 0.5% ~1.0%，脱硫效果较好。使用生石灰脱硫，其作用与 Na_2CO_3类似，但效率较低，且在浇包内将结成硬壳不宜清除。生产中为了提高脱硫效果，常将两种或几种脱硫剂混合使用，这样往往比单独使用好。

目前进行炉外脱硫处理常采用包底冲入法或出铁槽撒入法。冲入法虽简单易行，但脱硫效果不显著，主要是因为铁液脱硫时，固体脱硫剂迅速上浮，与铁液接触时间短，混合不充分，脱硫反应进行不完全。为此，近年来出现了新的炉外脱硫工艺，有以下几种：

a. 摇包脱硫法。将处理用的浇包置于摇动框架上，借助于浇包的摇动，使脱硫剂与铁液充分混合。为了达到充分的脱硫效果，必须保证有一定的摇动时间，通常摇动 3 ~5min，脱硫率达 90% 以上。

b. 吹气搅拌法。在浇包内，通过插入铁液中的石墨管吹入氮气，以加剧铁液与撒在铁液表面的脱硫剂的混合作用。也有通过置于包底的多孔塞，用氮气作载体吹入脱硫剂进行脱硫的。

c. 机械搅动脱硫法。将搅拌器放入包内，通过机械传动，对铁液直接搅拌，使铁液与脱硫剂充分混合，达到脱硫的目的。

以上脱硫方法脱硫效率都很高，但铁液降温较大（50 ~100℃），故采用这些方法时，必须提高铁液的出炉温度。

（4）磷的变化及脱磷　炉料中的含磷量在酸性冲天炉熔炼过程中基本不变。当温度高于 1150℃时，磷与氧的亲和力低于铁、碳、硅、锰等元素，而且它的氧化物 P_2O_5又属酸性。因此在酸性冲天炉中，铁料中的磷通常烧损甚微。为了降低铁液中的含磷量，就必须制造高碱性的氧化渣，使铁液中的磷氧化成 P_2O_5，并与 CaO 结合为稳定的磷酸钙进入炉渣中，其

反应式为

$$2(P) + 5(FeO) + 3(CaO) = (3CaO \cdot P_2O_5) + 5(Fe) + Q \tag{1-51}$$

这个反应要求渣中（FeO）和（CaO）含量要高，即要造高碱度的氧化渣。为此，造渣材料不仅要用石灰石，还要用铁矿石。此外，脱磷反应为放热反应，故温度不宜太高。在一般酸性冲天炉内造这种高碱度的氧化渣是不可能的，在铁液包中造渣进行炉外脱磷也较困难。

8. 冲天炉熔炼过程中底焦高度的变化规律

冲天炉的燃烧特点之一是燃烧仅在底焦范围内进行，之二是它有还原带存在，而且氧化带的变化较少。冲天炉工作时还原带的变化导致底焦高度的变化，因此必须对它进行进一步分析。从热交换和冶金反应过程来看，底焦区是最具影响的区间，它直接影响铁液的出炉温度、化学成分及氧化烧损。所以，在冲天炉熔炼过程中，必须严格按照底焦高度的变化规律，并根据工艺要求对底焦高度进行调整。这里讨论的“底焦高度”是冲天炉熔炼过程中炉内的实际底焦高度，而不是装炉时的装炉底焦高度。

在冲天炉正常稳定熔炼时，每熔化一批金属炉料，底焦高度因燃烧而降低（Δh）。当这批炉料熔化完毕时，炉料上的层焦则补充到底焦顶面。若层焦的厚度正好为 Δh，底焦顶面又恢复到原来的高度，这样不断地反复保持了冲天炉稳定正常的连续熔炼。因此，正常熔炼时的底焦高度始终在层焦厚度 Δh 范围内波动，其平均底焦高度稳定不变。当冲天炉送风量或焦耗变化时，则底焦高度必然变化，进而使熔炼过程相应变化。

当送风量、焦耗、焦炭质量等因素不变时，底焦中的氧化带和还原带的高度均不变，此时底焦高度也稳定不变。当上述因素发生波动时，氧化带的高度一般很少变化（只有在超出正常范围时才有较明显的变化），因此可以视为不变，所以主要是还原带高度变化导致底焦高度变化，具体分述如下。

若送风量不变、层焦用量增加时（即焦耗增大），原来熔化一批金属炉料消耗的底焦少于补充的层焦，使底焦高度上升，但这样并不会造成底焦高度无限升高。经过 3～5 批炉料后，底焦高度会在一个新的高度上稳定下来，原因是层焦增多会使还原带增高，并使还原反应更充分，造成 CO_2 含量降低，CO 含量升高，燃烧比下降，而燃烧比下降将使每千克焦炭燃烧所需的空气量减少。因此当送风量不变时，单位时间消耗的焦炭量必然增加，这样经过 3～5 批炉料的熔炼过渡，底焦高度就会在新的高度上稳定下来。

反之，当层焦量减少时，底焦高度会逐渐下降，经过 3～5 批炉料后，底焦高度也会在某个较低的高度上稳定下来。所以，通过改变层焦加入量可以调整底焦高度，并控制和调整熔炼过程。

冲天炉焦耗不变时，如果送风量变化，也会造成底焦高度的变化。当送风量增加时，燃烧速度加快，熔化一批炉料所需的底焦增多，若层焦量不变，必然造成底焦高度逐渐下降，使还原带范围缩短，还原反应不充分，因此炉气中的 CO_2 含量上升、CO 含量下降，从而使燃烧比和每千克焦炭燃烧所需的空气量随之增大。通过 3～5 批炉料的过渡后，增加送风量所燃烧的焦炭量与补充的层焦量相等，底焦高度就会重新在某个较低的高度上稳定下来。反之，当送风量减少时，由于消耗的底焦量少于层焦补充量，底焦高度就会逐渐升高，每千克焦炭燃烧所需的空气量也随之逐渐减少，通过 3～5 批炉料过渡后，底焦便在某个较高的高度上稳定下来。因此，可以应用底焦自动平衡的原理，通过调节送风量对冲天炉的熔炼过程进行控制，以适应生产的需要。

应该看到，调节焦耗和送风量是有限度的，因为底焦高度自动平衡过程是依赖还原带高度的变化来实现的。当底焦高度过低，使还原带高度减少到零时，这种平衡过程就无法再进行，冲天炉的熔炼过程就无法继续进行下去。生产中若出现这种情况，必须立即打炉，否则会出现冻炉或结渣等严重事故。另一种情况是当焦耗过高而风量又不足时，可能出现底焦高度过高，使得还原带上部的温度低于还原反应的温度（1200℃），这时底焦顶面的金属炉料无法熔化，冲天炉的熔炼过程便出现暂时中断现象。

➢【任务实施】

一、设备准备

1）修炉、修浇包要紧实，尺寸要符合要求，特别注意修好炉底、风口和过桥。

2）炉衬、包衬材料配比要合适，不能过湿和过干，以手能捏成团为宜。

3）修好的前、后炉、浇包要用文火烘烤好。

二、备料

1）焦炭要筛分，去除焦末；块度不匀时，要分级使用。

2）炉料要清洁，无油、无锈、无杂质。

3）金属炉料要按牌号和成分分类堆放；按规定的块度、块重破碎或打包。

三、点火与装料

1. 点火

点火前将风口全部打开，在炉内装好木柴、刨花等引火物，注意保护炉底不被损坏。点火时间要控制好，不得过早或过晚，一般在开风前3h左右点火。点火木柴烧旺后，加入40%的底焦，待这部分焦炭燃着后再加50%的底焦，其余底焦在装料前用以调整底焦高度。待底焦全部燃着后，烧好和座实好底焦。检查底焦高度是否符合要求，并加以调整。

2. 装料

1）底焦高度符合要求后，开始加料。先在底焦顶面加入2~3批石灰石，而后按配料通知单准确称量和加料。加料的一般顺序为：废钢→原生铁→回炉料→铁合金→焦炭→石灰石。焦炭、石灰石、铁料应分别用料桶加入，而不要将焦炭和铁料同时装在一个桶内，一起倒入炉内，因为这样焦铁混杂，焦炭易碎，有时也会造成偏料。

2）炉料加至规定高度后，冷风炉可焖火30min左右开风，热风炉可及时开风。

3）在熔化过程中，料柱应保持确定的高度，并及时加料。

四、熔化及控制

1）开风后，过桥口待有铁花喷出或有少量铁液流出后，再堵塞前炉窥视孔，熔化初期可开渣口操作，以提高开始几包铁液的温度。

2）正确掌握熔化速度，按浇注要求出铁，并扒渣、覆盖草木灰。

3）严格控制风量、风压，保证冲天炉在最佳工艺点附近运行。

4）在熔炼过程中，要按规定及时取好试样，测量铁液温度、风量、风压、风温等；对铁液、炉渣质量、风量、风温、风压、三角试片白口变化，风口、加料口状况要注意观察，

及时排除故障，保证熔化正常进行，并做好开炉记录。

5）中途停风时，应先打开风口帽。停风时，要出净炉内铁液。复风时，应先送风，后关闭风口帽，并视停风时间的长短适当地补加隔焦。

6）要及时出渣，不得在前炉内蓄渣过多。

五、停风及打炉

1）熔炼将结束时，应根据炉内现存炉料，考虑浇注所需铁液后，决定何时停止加料，并相应逐步减少风量。加料完毕时，一般应加两批左右的压炉铁（新生铁或废机铁），以压住火焰，保护热风炉胆。

2）在停料后的熔化过程中，随着料位的下降，进风阻力减少，应相应减少送风量，保证后期炉况的稳定，确保最后几包铁液的质量。

3）前炉储铁液量足够时即可停风。当铁液出足后方可打炉。对热风胆冲天炉应先打开放风阀，关闭入炉风阀，继续鼓风，直到打炉后20～30min，以保护炉胆。

4）打炉前应做好有关准备工作，打炉操作应有秩序地进行。打炉后应立即喷水将红热的打炉残料熄灭。

冲天炉的操作虽然比较简单，但若不加强管理，就会影响到整个熔化过程，因此必须引起重视。为了保证铁液的质量符合要求，在操作过程中应注意以下几点。

①一精。精选炉料，采用精料、细料、净料；精心修炉、修包；充分烘好前炉、后炉及出铁槽；注意点好火和烧好焦炭。

②二稳。保持底焦高度、送风量和料位稳定，使冲天炉运行在最佳工艺点附近。

③三维护。维护好风口、出铁口、出渣口，使其明亮、干净和通畅；维护好供风和供料系统，防止中间停风和停料。

④四判断。根据出炉温度、炉渣颜色、熔化率、炉前三角试片、风量及风压等的变化，判断炉内的熔炼状况，注意及时调整，确保熔炼顺利进行。

六、冲天炉工艺参数的确定

1. 底焦高度

底焦高度是指冲天炉下排风口到底焦上平面的距离。合理地选择和稳定底焦高度，既可使炉料熔化快，铁液过热充分，又可减少硅、锰等元素的烧损，使铁液化学成分稳定。底焦高度可根据冲天炉炉内温度分布曲线和金属炉料熔化温度来确定，通常参照表1-10，并通过观察风口铁液滴出现的时间早晚予以确定。若底焦高度合适时，一般正式送风后5～7min即可从风口中观察到铁液滴；或送风10min左右在前炉窥视孔见到成串的铁花飞出。若出现铁液滴的时间晚，则说明底焦过高；若出现铁液滴的时间过早，则说明底焦高度过低。

表1-10 冲天炉底焦高度推荐值 （单位：mm）

送风方式	三排风口	多排风口	双排风口	中央送风	
				高风嘴	矮风嘴
底焦高度	1250～1700	1200～1800	1600～1900	1100～1300	1350～1700

注：表中的底焦高度是熔化率10t/h以下冲天炉的推荐值。

2. 风量和风压的确定

风量一般以每分钟送入炉内空气在标准状态下的立方米数来计算，单位为 m^3/min。实际生产中，通常利用安装在风管内的“毕脱管”测量。最佳送风量可按主风口处炉膛直径，根据下列公式计算

$$Q = (100 \sim 120)\frac{\pi}{4}D^2 \tag{1-52}$$

式中 Q——冲天炉最佳风量，单位为 m^3/min；

D——冲天炉主风口处炉膛直径，单位为 mm。

风压一般指冲天炉风带内的风压，其单位为 Pa。实际生产中，用U形管压力计测量风带风压。大风口冲天炉常用的风压为 4 ~ 10kPa（400 ~ 1000mmH_2O），小风口冲天炉常用的风压为 8 ~ 18kPa（800 ~ 1800mmH_2O）。

3. 冲天炉最佳风量和焦耗的控制

用大量实测数据绘制的冲天炉网状特性曲线图，揭示了冲天炉熔炼过程中铁液温度、送风强度、焦炭消耗率和熔化强度（熔化率）之间的关系。冲天炉网状特性曲线图是由“等焦炭消耗曲线”和“等送风量曲线”构成的。炉型结构、炉料质量和操作条件不同，其网状特性图也不相同，但其工艺参数的相互关系是一致的。图 1-11 所示为某冲天炉的网状特性曲线。

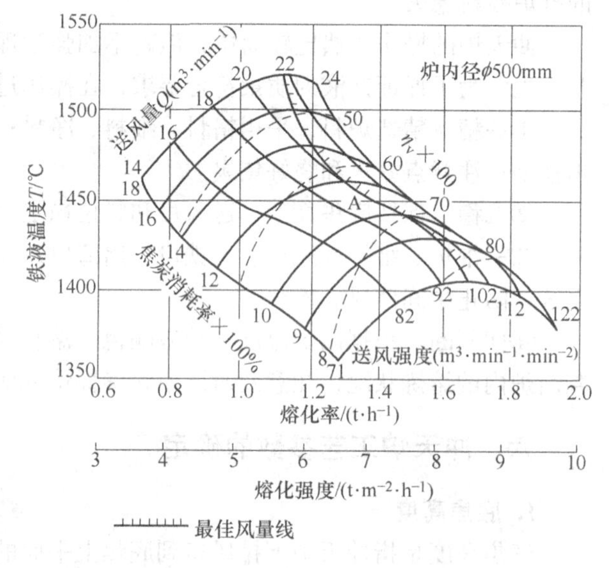

图 1-11　某冲天炉的网状特性曲线

从图 1-11 可以看出：一座冲天炉在熔炼时，焦炭消耗率和送风量可在很大的范围内变动，铁液温度和熔化率也随着发生相应的变化。用网状特性曲线图进行分析，可以有以下几种情况。

1）图示表明，当焦炭消耗率一定时，熔化强度和铁液温度随送风强度增大而提高，当送风强度达到一定值后，铁液温度开始下降。达到铁液温度最大值时的送风量称为最佳送风量。焦炭消耗率越大，其最佳风量值越大，铁液温度也越高。

例如，在图 1-11 中，当焦炭消耗率为 10%（即铁焦比为 10∶1）时，送风量为 $14m^3/min$（标态），铁液温度为 1390℃，熔化率为 1.1t/h。若送风量继续增加，即当送风量达到 $20m^3/min$（标态）时，铁液温度上升到 1440℃，熔化率为 1.5t/h，此时的送风强度（送风量）即为最佳送风强度（最佳送风量）。若送风量继续增加到 $24m^3/min$（标态）时，则铁液温度下降到 1430℃，熔化率增加到 1.6t/h。

2）当送风量一定时，随着焦炭消耗率的增加，铁液温度提高，但熔化率下降。例如，当送风量为 $16m^3/min$（标态），焦炭消耗率为 8%（铁焦比为 12.5）时，铁液温度为 1390℃，熔化率为 1.45t/h。若焦炭消耗率提高到 13%，铁液温度提高到 1440℃，熔化率下降到 1.05t/h。

3）若保持熔化率一定，可以采用高焦耗大风量操作，也可以采用低焦耗小风量操作，但高焦耗大风量得到的铁液温度远比低焦耗小风量得到的高。例如，冲天炉的焦炭消耗率分别为9%、10%、12%，送风量分别为14.5m^3/min、15.5m^3/min、18m^3/min（标态）时，都可以保持熔化率为1.2t/h，但获得的铁液温度却不同，分别是1380℃、1420℃和1460℃。

4）当要求保证一定的铁液温度时，可以用不同的焦炭消耗率和送风量来达到，即可以用低焦炭消耗率大送风量，也可以用高焦炭消耗率小送风量，但采用高焦炭消耗率小送风量时的熔化率低。为了保证一定的铁液温度，并多出铁、省焦炭，可以利用网状特性曲线图找出最佳工艺点，这一工艺点就是铁液温度线与最佳送风量线的交点。根据最佳工艺点，可以做到既保证铁液温度，又能节省焦炭，提高熔化率。因此，测出冲天炉最佳工艺点，对正确调整冲天炉熔炼具有十分重要的意义。

例如，为了使铁液温度达到1450℃，从冲天炉网状特性曲线图（图1-11）中查找，可以选择4种配置方案，见表1-11。分析认为，方案D最优，采用此方案配置，既可保证铁液温度达到工艺要求，同时还可确保达到低焦炭耗量和高熔化率的效果。如果需要进一步降低熔化率，按最佳风量曲线，选择焦炭消耗率和送风量。

表1-11　焦炭消耗率和送风量配置方案

方　　案	A	B	C	D
焦炭消耗率（%）	14	13	12	10.8
送风量/$m^3 \cdot min^{-1}$	15.5	24	17	20
熔化率/$t \cdot h^{-1}$	0.9	1.5	1.15	1.4

总之，冲天炉的网状特性曲线图基本上反映了冲天炉内燃烧、传热及冶金过程的主要规律。

4. 冲天炉用鼓风机的选择

冲天炉常用鼓风机有两类，即离心式鼓风机和回转式鼓风机。

（1）离心式鼓风机　离心式鼓风机具有耗电量少、噪声低、结构简单、维护保养方便、价格便宜等特点。但其送风量随炉内阻力增大而减少，不能适应冲天炉的操作要求。冲天炉专用高压离心式鼓风机是根据我国冲天炉结构特点设计的，具有风压高、送风量适中、结构简单、耗电量少、噪声低等特点，适用于中小型冲天炉。其结构如图1-12所示，规格和工艺参数见表1-12。

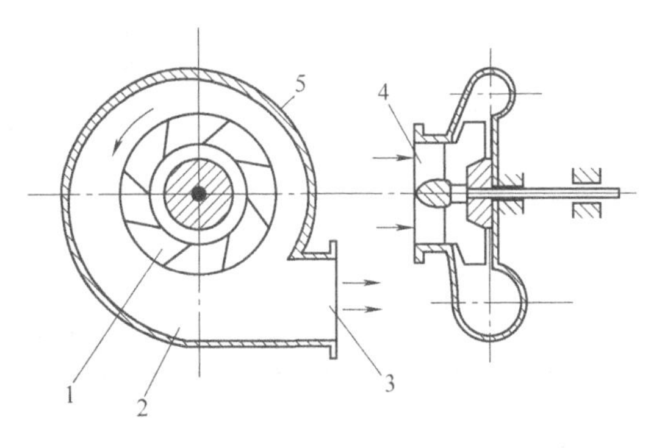

图1-12　离心式鼓风机结构示意图
1—叶轮　2—扩散室　3—进风管
4—中风管　5—机壳

（2）回转式鼓风机　回转式鼓风机分为罗茨式和叶式两种。罗茨式鼓风机具有送风量稳定、输出风压高的特点，比较适合送风阻力较大的冲天炉，应用最普遍。罗茨式鼓风机的结构如图1-13所示，其规格及工艺参数见表1-13。

表 1-12 冲天炉用离心式鼓风机的规格和工艺参数

风机型号	风机主要参数			电动机		配冲天炉 /t·h^{-1}
	送风量 Q/m^3·min^{-1}	风压 P/kPa	轴功率 P/kW	型号	功率 P/kW	
HTD12-11	12	7	2.1	Y41-2	5.5	0.5
				Y132S1-2	5.5	
HTD20-11	20	11	5.1	Y41-2	7.5	1.0
				Y132S2-2	7.5	
HTD35-12	35	12	10.4	YS2-2	13	2.0
HTD35-12	35	12	10.4	Y160M2-2	15	2.0
HTD50-11	50	13	14.3	Y61-2	17	3.0
				Y160L-2	18.5	
HTD50-12	50	15	16.7	Y71-2	22	3.0
				Y180M-2	22	
HTD85-21	85	20	37.6	Y91-2	55	5.0
				Y250M-2	55	
HTD120-21	120	25	64.2	Y92-2	75	7.0
				Y280S-2	75	

注：风机型号中“HT”——“化铁”两字汉语拼音第一个字母；“D”——单方向进气的鼓风机代号；第一组数字（如12、20等）——在标准状态下每分钟流量；第二组第一个数字（如1、2等）——叶轮个数；第二组第二个数字（如1、2等）——设计序号。

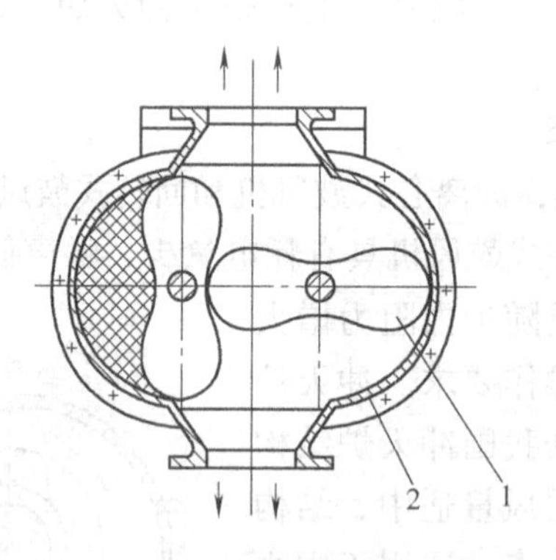

图 1-13 罗茨式鼓风机的结构示意图

1—转动活塞 2—机壳

表 1-13 D 系列罗茨式鼓风机的规格及工艺参数

型号	其他型号	送风量 Q/m^3·min^{-1}	风压 P/kPa	电动机功率 P/kW
D22×21-20/3500	LG20-3500	20	35	17
D36×35-30/3500	LG20-3500 RGA30-3500	30	35	30

（续）

型　号	其他型号	送风量 $Q/m^3 \cdot min^{-1}$	风压 P/kPa	电动机功率 P/kW
D36×35-40/3500	LG40-3500 RGA40-3500	40	35	40
D36×60-60/3500	LG60-3500 RGA60-3500	60	35	55
D36×60-80/3500	LG80-3500 RGA80-3500	80	35	75
D36×48-120/3500	LG120-3500 RGA120-3500	120	35	115

注：风机型号中 D——结构形式；第一组数字（如 22、36 等）——叶轮直径；第二组数字（如 21、35 等）——叶轮长度；第三组数字（如 20、30 等）——流量；第四组数字（如 3500）——静压力。

➢【拓展与提高】

一、冲天炉熔炼过程中的强化措施

1. 预热送风

借助热交换器实现预热空气送风。常用的热交换器有炉内式和炉外式两种。炉内式热交换器（又称为热风炉胆）一般安装在冲天炉炉身部分，炉外式热交换器（又称为热风炉）是利用冲天炉排出的废气和外加燃料对空气进行加热的。炉内式预热送风，空气温度为 150 ~200℃；炉外式预热送风，空气温度可达 500 ~600℃。采取预热送风可有效地提高铁液温度，降低能耗。

2. 富氧送风

在冲天炉送风管上安装输氧管，液态氧通过蒸发器生成氧气，经逆止阀输入主风管，随鼓风送入冲天炉，加强焦炭的燃烧。这种方法可有效地提高铁液温度。

3. 加燃料助熔

在冲天炉熔化区以上一定位置增设喷燃口，使燃料与空气混合后，被点燃喷入冲天炉起助燃作用。有时喷燃口设置在冲天炉预热区或过热区。常用的附加燃料有煤分、燃油和煤气等。该项措施对节约焦炭、稳定炉况，具有一定效果。

4. 除湿送风

送入冲天炉的空气（风），先进行脱湿处理，减少空气的含水量（湿度）。常用的脱湿方法有吸附除湿、吸收除湿和冷冻除湿等。采用该项措施可减少焦耗量，提高铁液质量。

5. 水冷无炉衬冲天炉

采用无炉衬或薄炉衬，并设置喷水管对炉壁进行喷水冷却，可使冲天炉能在较长时间内进行连续熔炼。但采用水冷无炉衬结构，冲天炉的热损失较大。因此，这种冲天炉仅适用于连续作业的、熔化率高的铸铁熔炼。

二、冲天炉除尘装置

除尘装置主要是消除喷出的火星、燃灰等，以防失火，同时也是为了去除炉气中的灰尘和有害气体，净化炉气以保护环境，减少污染。

1. 分室反吹袋式除尘器

分室反吹袋式除尘器如图1-14所示，主要由重力沉降室、高温烟气切断阀、水冷多管旋风除尘器、水冷多管冷却器、热电偶、分室反吹布袋除尘器、调风阀、引风机、消音器、抽尘管道及烟囱和脱硫系统等组成。该除尘器采用PLC全自动化控制，分室反吹，定时清灰，具有体积小、组合形式灵活、具有互换性、滤袋使用寿命长、运转维修费用低、更换布袋方便、清灰机构运行可靠、清灰效果优良等优点。经此除尘设备后，烟尘含量能够达到≤$50mg/m^3$（$20\sim50mg/m^3$），除尘效率能达到99.5%，烟气黑度（林格曼黑度）小于1级，SO_2达到国家排放标准。

2. 湿法综合过滤除尘器

湿法综合过滤除尘器如图1-15所示，主要由重力沉降室、低阻旋风除尘、文氏管、叶片旋流、三级填料过滤脱泥脱水除尘器、水膜除尘器、循环水系统及引风机等组成。烟气由沉降室除去大颗粒焦炭末，再进入文氏管（文氏管管口装有喷嘴，喷出雾状水滴），在被加速流动的同时，废气及废气流中的粉尘与雾状水滴充分接触，使粉尘被水滴俘获，废气中的有害气体也溶解于雾状水滴中，水滴又彼此凝聚，质量增加，随加速流动的气流，在惯性作用下，冲入底部污水池中。另有部分未被截留下来的有害气体及粉尘随废气流经叶片旋流脱泥脱水净化后再进入除尘器腔体，经过多次过滤和洗涤净化，致使废气中的粉尘和有害气体被去除，而洁净的气体被送入烟囱排入大气中。经过此除尘设备后，烟尘含量能够达到≤$150mg/m^3$，林格曼黑度≤1级，而且SO_2的排放低于干法除尘。

图1-14　分室反吹袋式除尘器

图1-15　湿法综合过滤除尘器

任务二　三相电弧炉

【学习目标】

1）掌握三相电弧炉的基本结构。

2）掌握碱性电弧炉氧化法炼钢的基本原理。

3）掌握三相电弧炉的操作方法。

【任务描述】

炼钢是铸钢件生产中的一个重要环节。铸钢件的质量与钢液有很大关系。铸钢的力学性能在很大程度上由钢液的化学成分所决定，而很多种铸造缺陷，如气孔、热裂等也都与钢液

的质量有很大关系。因此，要保证铸钢件质量就必须要炼出优质钢液。要炼出优质钢液，必须选择合适的熔炼设备。由于铸钢的熔点比铸铁高，铸造性能较铸铁差，故在熔炼设备的选择上与铸铁是不同的。

三相电弧炉是利用电弧产生的高温来熔化炉料和提高钢液过热温度的。由于不用燃料燃烧的方法加热，故容易控制炉气的性质，可按照冶炼的要求，使之成为氧化性的或还原性的。炉料熔化以后的炼钢过程是在炉渣的覆盖下进行的。由于电弧的高温是通过炉渣传给钢液的，炉渣的温度很高，具有高的化学活泼性，因而有利于炼钢过程中冶金反应的进行。电弧炉依照所采用炉渣和炉衬耐火材料的性质而分为碱性电弧炉和酸性电弧炉。碱性电弧炉具有较强的脱磷和脱硫能力，对炉料的适应能力强。三相电弧炉作为炼钢设备的另一优点是热效率高，特别是在熔化炉料时，其热效率高达75%。基于上述这些优点，三相电弧炉成为在铸钢生产中应用最普遍的炼钢炉。

➢【相关知识】

一、三相电弧炉的基本结构

三相电弧炉的基本结构如图1-16所示，主要由炉体、炉盖、装料机构、电极升降机构、倾炉机构、炉盖旋转机构、电气装置和水冷装置所构成。

1. 炉体

炉体是用钢板制成外壳，内部用耐火材料砌筑而成的。酸性电弧炉的炉体内部用硅砖砌筑，硅砖的内表面用水玻璃硅砂打结炉衬。碱性电弧炉的炉体内部用粘土砖和镁砖砌筑，镁砖的内表面用卤水镁砂打结炉衬。砌好的碱性电炉炉体的剖视图如图1-17所示。

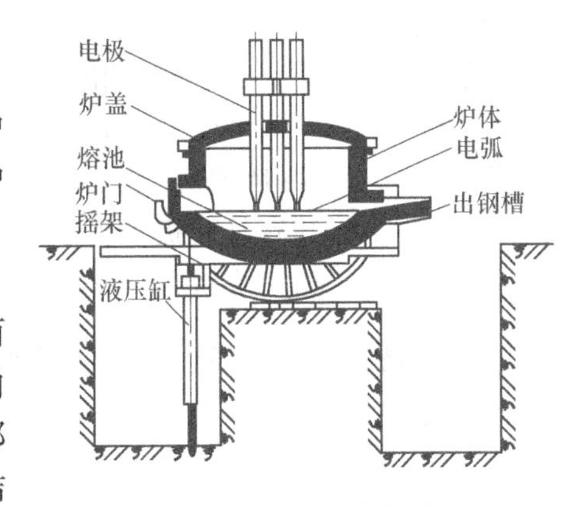

图1-16　三相电弧炉结构简图

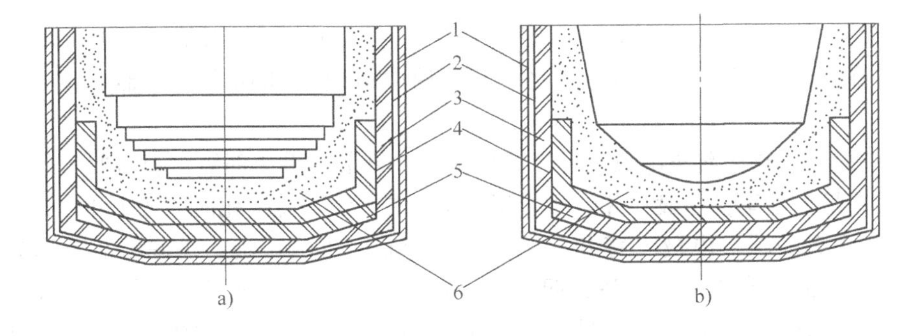

图1-17　碱性电炉炉体的剖视图

1—炉壳盖板　2—8～15mm厚石棉板　3—115mm厚侧砌镁砖　4—115mm厚直砌镁砖　5—65mm厚平砌粘土砖（绝热层）　6—打结镁砂

2. 炉盖

炉盖是用钢板制成炉盖圈（空心的，内部通水冷却），圈内砌耐火砖。酸性炉一般是用硅砖砌筑炉盖，碱性炉一般是用高铝砖砌筑炉盖。图1-18所示为用高铝砖砌成的炉盖。电弧炉炉盖也有用耐火水泥捣制或钢板焊制、中空通水冷却的。

3. 装料机构

机械化装料是将配好的全部炉料，预先用电磁吊车装入开底式加料罐内备用。在加料时，先将炉盖升起并旋转，以露出炉膛，用吊车将加料罐吊到炉体上方，打开料罐底，将炉料卸在炉中。

4. 电极升降机构

在炼钢过程中，为了使电极能灵敏地、频繁地上下运动，以便随时调节通过电极的电流，达到稳定电弧的目的，对电极的升降是实现自动控制的；由自动控制电器系统操纵液压阀来驱动使电极升降的液压缸，从而使电极作向上或向下运动。

5. 倾炉机构

在炼钢过程中，为了除渣和出钢，需要倾动电炉。倾炉机构有两种驱动方式：机械驱动式和液压驱动式。图 1-16 所示为液压驱动式倾炉机构。炉体的下面装有月牙板以支承炉体重力，月牙板可在支承轨道上滚动。而炉体的倾动是由液压缸驱动的。

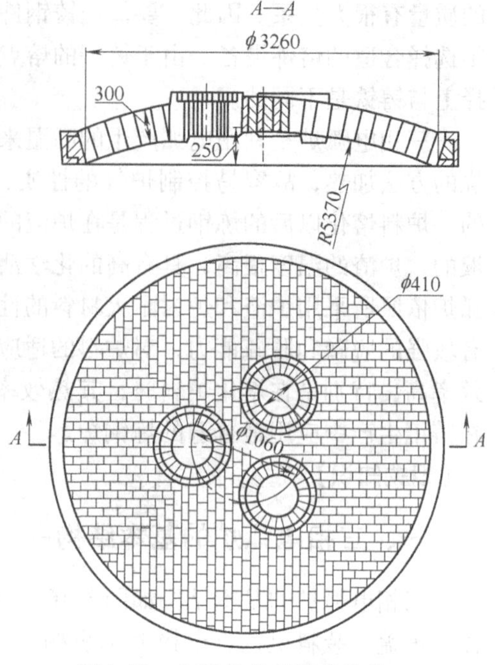

图 1-18　电弧炉的高铝砖炉盖

二、碱性电弧炉氧化法炼钢的基本原理

1. 熔化期

在电弧炉炼钢工艺中，从通电开始到炉料全部熔清为止称为熔化期。熔化期的任务是将固体炉料迅速熔化成钢液，并进行脱磷，减少钢液吸收气体和金属的挥发。

熔化期的操作要点如下：

1）启弧阶段。通电启弧时炉膛内充满炉料，电弧与炉顶距离很近，如果输入功率过大、电压过高，炉顶容易被烧坏，因此一般选用中级电压和输入变压器额定功率的 2/3 左右。

2）穿井阶段。这个阶段电弧完全被炉料包围，热量几乎全部被炉料吸收，不会烧坏炉衬，因此使用最大功率，一般穿井时间为 20min 左右，约占总熔化时间的 1/4。

3）电极上升阶段。电极“穿井”到底后，炉底已形成熔池，炉底石灰及部分元素氧化，使得在钢液面上形成一层炉渣，四周的炉料继续受辐射热而熔化，钢液增加使液面升高，电极逐渐上升。这阶段仍采用最大功率输送电能，所占时间为总熔化时间的 1/2 左右。

4）炉料熔化过程中，应根据炉料中含 P 量的高低，分批加入适量的石灰及矿石造渣，以利于脱 P。加入的石灰量约为炉料质量的 1% ~2% 。为了调整炉渣的流动性，可加入适量的萤石。

5）在熔化过程中应不断“推料助熔”。当大部分炉料开始熔化时，可采取吹氧助熔，加速炉料熔化，吹氧时采用浅吹提温，插入钢液深度 <100mm，角度为 30°~45°，氧气压力为 0.4 ~0.5MPa。

6）熔化末期采用较低电压供电。炉料全熔后，充分搅拌钢液。应在熔池中心处取钢

液，分析C、P、S，掌握元素含量，作为后阶段进行氧化、还原反应和控制元素含量的依据。如钢液含碳量不足时，在开始氧化前必须进行增碳。

2. 氧化期

（1）氧化期的主要任务

1）脱磷。氧化末期要求钢中含磷量 $w_P<0.025\%$（优质钢）或 $w_P<0.010\%$（高级优质钢）。

2）除气。氧化末期钢中含氮量和含氢量要求尽可能低。

3）去除钢液中夹杂物。控制氧化终了钢中碳的质量分数应比规格低0.03%～0.10%，因为在还原期要增碳；提高到高于出钢温度，一般比出钢温度高10～20℃。

（2）氧化方法

1）矿石氧化法。矿石氧化法属于间接方式的供氧。它主要是利用铁矿石或其他金属，矿石中的氧，通过扩散转移来实现钢液中的C、Si、Mn等元素及其他杂质的氧化。矿石加入后，在钢渣界面处发生下述分解与转移反应

$$(Fe_2O_3)+[Fe]=3(FeO) \tag{1-53}$$

$$(Fe_3O_4)+[Fe]=4(FeO) \tag{1-54}$$

$$(Fe_3O_4)=(Fe_2O_3)+(FeO) \tag{1-55}$$

$$(FeO)=[FeO] \tag{1-56}$$

该方法的特点是渣中（FeO）浓度高，常规脱磷效果好。碳和［FeO］反应是脱碳过程的主要反应，但［FeO］必须通过（FeO）的扩散转移实现，因此脱碳速度慢，氧化时间长。而矿石的分解是吸热反应，会降低熔池温度，所以矿石加入前炉中应具有足够高的冶炼温度，并且矿石要分批加入。矿石氧化法的钢液中容易带进其他杂质。因渣中（FeO）含量高，所以炉渣的流动性较好。

2）氧气氧化法。氧气氧化法又称纯氧氧化法。它主要是利用氧气和钢中的C、Si、Mn等元素及其他杂质的直接作用来完成氧化。除此之外，吹氧后，熔池中还发生下述反应

$$O_2+2[Fe]=2[FeO] \tag{1-57}$$

$$[FeO]=(FeO) \tag{1-58}$$

氧气氧化和矿石氧化存在着本质的不同。氧气氧化时，由于纯氧对钢液的直接作用，各元素的动力学条件好，在供氧强度较高的情况下，更有利于低碳钢或超低碳钢的冶炼。氧气氧化属于放热反应，进而有利于提高和均匀熔池温度而较少电能消耗。此外，氧气氧化后，钢液纯洁，带进其他杂质少，且吹氧后，钢液中含氧量也少，所以又有利于后续钢液的脱氧。

3）矿石、氧气综合氧化法。在电炉钢生产过程中，矿石氧化和氧气氧化经常交替或同时并用，这就是所谓的矿石、氧气综合氧化法。其特点是脱碳、升温速度快，既不影响钢液的脱磷，又能显著缩短冶炼时间。但该法如不熟练，难以准确地控制脱碳。

（3）脱磷　为了获得符合规格的钢材，在炼钢过程中进行正确的脱磷操作是十分重要的。脱磷反应可以写成如下形式

$$2[Fe_2P]+5(FeO)=(P_2O_5)+9[Fe] \tag{1-59}$$

$$\frac{(P_2O_5)+3(FeO)=(FeO)_3\cdot P_2O_5}{2[Fe_2P]+8(FeO)=(FeO)_3\cdot P_2O_5+9[Fe]+Q_{放热}} \tag{1-60}$$

反应生成物磷酸铁仅在低温时稳定，炉温上升后，磷酸铁会发生分解而产生回磷。为了较好地脱磷，只有使（P_2O_5）进一步生成更稳定的化合物，才能确保磷的去除。渣中的（CaO）能与（P_2O_5）反应生成稳定化合物磷酸钙 $(CaO)_4 \cdot P_2O_5$，其反应式为

$$2[Fe_2P] + 5(FeO) + 4(CaO) = (CaO)_4 \cdot P_2O_5 + 9[Fe] + Q_{放热} \quad (1\text{-}61)$$

根据脱磷反应的特点，强化脱磷过程应注意控制以下几个方面的工艺条件。

1）炉渣成分。按照质量作用定律，要使脱磷反应顺利进行，必须提高炉渣中的（CaO）浓度，提高（FeO）浓度，即造高碱度高氧化性渣。一般炉渣中 $R=2\sim3$，$w_{FeO}=15\%\sim20\%$ 为宜。

2）温度。因脱磷反应是放热反应，故低温有利于脱磷。但从动力学角度来说，反应要求一定的温度条件，以保证钢液、炉渣有良好的流动性，有利于扩散，因此控制脱磷温度要适当。

3）渣量。增大渣量可降低渣中（P_2O_5）的浓度，有利于脱磷反应的进行。故保持一定渣量是必要的。但渣量过大也会给操作带来困难，必要时可通过放渣或另造新渣来彻底脱磷。

4）钢液的化学成分。钢液中的碳、硅、锰等元素与氧的亲和力大于磷，故对磷的氧化脱除有一定的阻碍作用。例如熔炼碳量较高的钢时，其脱磷反应就较低碳钢困难。

5）扩散条件。为了加强扩散，除保证一定温度条件外，应使炉渣粘度低，流动性好。

（4）脱碳

1）脱碳反应的作用。脱碳反应是炼钢过程中的基本反应。在炼钢中不仅借此反应使钢液中的碳的质量分数降低至规格以下 0.02%～0.03%，更重要的是脱碳反应产生的大量一氧化碳气泡引起熔池的沸腾，促使钢液中气体和非金属夹杂的去除及钢液温度和成分的均匀。所以，脱碳反应进行的程度和快慢对钢的质量和炉子的生产率有重大的关系。

2）脱碳反应。在炼钢过程中，碳的氧化反应是多相反应，一般碳氧化反应如下：

（FeO）从炉渣扩散至钢液中：$(FeO)=[FeO]$；钢液中的［FeO］与碳反应形成［CO］，$[FeO]+[C]=[Fe]+[CO]$；一氧化碳以气泡状态从钢液中析出，并排入炉气中：$[CO]=CO_{气}\uparrow$。脱碳反应的总方程式为

$$(FeO) + [C] = [Fe] + CO_{气}\uparrow \quad (1\text{-}62)$$

为了强化脱碳反应，必须注意控制以下工艺因素：

①炉渣的氧化能力。炉渣的氧化能力可直接强化脱碳反应。具体措施应是提高炉渣中（FeO）的浓度，适时加入足够的铁矿石量，采用吹氧法供氧，这些可加速脱碳速度。根据测试，吹氧脱碳速度可以达到 $w_C=0.03\%\sim0.04\%/min$，而矿石法的脱碳速度一般只有 $w_C=0.01\%\sim0.015\%/min$。

②温度。因矿石脱碳反应是吸热反应，为了提高脱碳速度，就必须提高熔池内的温度。矿石分批小量加入，而且在加入矿石前，钢液温度要达到一定的要求。否则，加矿石后会使钢液温度显著下降，熔池沸腾不起来，使脱碳反应不能正常进行。当钢液温度回升后，又会发生爆炸性的碳氧反应，使钢液由炉门喷溅出来。而吹氧脱碳反应是放热反应，使熔池升温快，这也是它能加速脱碳的一个原因。

③钢液的化学成分。根据碳-氧平衡条件，钢液的含碳量高时，碳被氧化的可能性比钢液中含碳量低时要大得多。因此，在熔炼低碳钢时，后一阶段的氧化速度往往偏低。脱碳沸

腾有助于排除钢液中的气体（氢、氮）和夹杂物。利用沸腾去除夹杂物是随钢液的去气和脱碳作用一起完成的，生产中一般不再单独进行控制。

（5）氧化期操作要点

1）氧化、测温符合要求，渣况良好方可分批加矿石，每批加矿石量不得超过料重的1%～2%，每批间隔时间需>5min。

2）为了确保熔池沸腾良好，应将氧化脱碳速率控制在（0.01%～0.03%）/min。

3）调整渣况。当氧化沸腾开始时，采用流渣，要求炉渣 $R=2\sim3$，炉内渣量控制在3%～4%。氧化期后阶段，应使炉渣流动性好，渣层要薄，渣量控制在2%～3%。

4）温度控制。氧化期总的来讲是一个升温阶段，升温速度的快慢根据钢液中磷的情况而定。氧化末期必须使钢液温度升高到大于该钢种出钢温度的10～20℃。

5）净沸腾。当温度、化学成分合适时，就停止加矿石，调整好炉渣，让熔池进入自然沸腾（5～10min），使钢液中的残余含氧量降低，并使气体及夹杂物充分上浮，以利于还原期的顺利进行。

6）扒渣。氧化期炉渣中FeO含量很高，又含有 P_2O_5，为了还原期脱氧及防止回磷，必须扒渣。扒渣的条件是扒渣温度高于出钢温度10～20℃；扒渣前碳、磷及其他限制性成分应符合要求。

7）增碳。如果氧化末期碳含量过低而需增碳，可在扒渣后裸露的钢液面上撒加纯净、干燥的碳粉进行增碳。

3. 还原期

还原期的主要任务：尽可能地脱除钢液中的氧；脱除钢液中的硫；调整钢液的化学成分，使之满足规格要求；调整钢液的温度，为钢的正常浇注创造条件。

上述任务的完成是相互联系、同时进行的。钢液脱氧好，有利于脱硫，而且化学成分稳定，合金元素的收得率也高，因此脱氧是还原精炼操作的关键环节。

1）脱氧。脱氧是用脱氧剂除去钢液中残留氧化亚铁中的氧而将铁还原的工艺措施。不同的元素具有不同的脱氧能力。脱氧剂的脱氧能力可以用加入等量的脱氧元素后，钢液中氧化亚铁的平衡含量来衡量。与某种元素相平衡的氧化亚铁含量越低时，表明这种元素的脱氧能力越强。

在使用某一种元素进行脱氧时，钢液的脱氧程度与该元素在钢液中的残留量有关。这可以从脱氧反应的化学平衡来理解。脱氧的过程可以用下式表示

$$\mathrm{Me + FeO \rightarrow MeO + Fe} \tag{1-63}$$

式中，Me表示脱氧元素，如Mn、Si、Al等。当反应进行充分、达到平衡时，Me与钢液中氧化亚铁的含量（残留量）之间存在着下述的关系

$$[\%\mathrm{Me}][\%\mathrm{FeO}] = K \tag{1-64}$$

式中，K 是平衡常数，它是温度的函数。在一定的温度条件下，它是常数。由式（1-63）可见，钢液中氧化亚铁的残留量与脱氧元素的残留量成反比。钢液中脱氧元素的残留量越高，则氧化亚铁的残留量越低，即钢液的脱氧程度越彻底。图1-19所示为一些元素的脱氧能力及在不同的残留量条件下钢液的脱氧程度。元素按脱氧能力由小到大排列的顺序是：Cr、Mn、V、C、Si、B、Ti、Al、Zr、Be、Mg、Ca。当使用几种脱氧剂进行脱氧时，应按照脱氧能力的顺序由小到大，依次使用。炼钢生产中最常用的脱氧剂是锰、硅和铝。

脱氧有两种方法：沉淀脱氧法和扩散脱氧法。

沉淀脱氧法是将脱氧剂加在钢液中，使脱氧元素直接与钢液中的氧化亚铁起作用而进行脱氧的。这种方法的优点是脱氧过程进行得快，缺点是脱氧产物（MnO、SiO_2、Al_2O_3等）容易留在钢液中，降低钢的质量。

扩散脱氧法是将脱氧剂加在炉渣中，使脱氧元素与炉渣中的氧化亚铁起作用而进行脱氧的。当炉渣中的氧化亚铁含量减少时，钢液中的氧化亚铁就向炉渣中扩散，这样就间接地达到了脱去钢液中氧化亚铁的目的。这种方法的优点是脱氧产物留在炉渣中，钢液较纯净，钢的质量较高，缺点是扩散过程进行得慢，脱氧时间长。

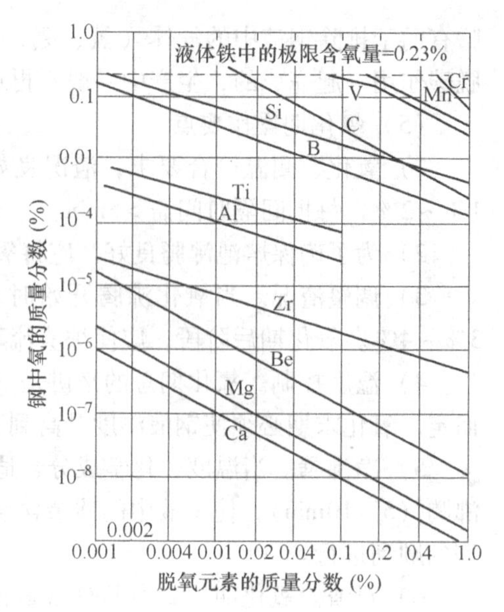

图1-19　元素的脱氧能力

现在电炉炼钢一般都是采用沉淀脱氧与扩散脱氧相结合的方法，即先用锰（锰铁）进行沉淀脱氧，再用碳（炭粉）和硅（硅铁粉）进行扩散脱氧，最后再用铝进行沉淀脱氧。这种沉淀-扩散相结合的脱氧方法既能保证钢的质量，又不会使冶炼时间过长。

在电弧炉炼钢的脱氧过程中，扩散脱氧是重要环节。钢液脱氧是否良好与造还原渣脱氧操作有着重要的关系。下面讲述还原渣（白渣、电石渣）的造渣方法和实现这一过程的有利条件。

①白渣脱氧。白渣的造渣方法如下：先加入造渣材料石灰、萤石和炭粉，关上炉门，还原10～15min。在还原过程中，炉渣中的碳起脱氧作用，而石灰起脱硫作用。

$$C + (FeO) \rightarrow CO\uparrow + [Fe] \tag{1-65}$$

$$(CaO) + (FeS) \rightarrow (CaS) + (FeO) \tag{1-66}$$

随着还原过程的进行，炉渣逐渐失去脱氧和脱硫的能力，因而需要补充造渣材料，调整炉渣。造渣材料中包括石灰和硅铁粉。硅铁粉中的硅起还原作用。

$$Si + 2(FeO) \rightarrow (SiO_2) + 2[Fe] \tag{1-67}$$

调整炉渣的过程一直进行到形成良好的白渣为止。为了充分进行脱氧和脱硫，钢液在良好的白渣下还原的时间一般应不少于25～30min。

②电石渣脱氧。电石渣的造渣方法：先加入造渣材料石灰、萤石和炭粉，关上炉门，加大电流，还原15～20min。在电弧的高温和还原性炉气的条件下，炉渣中一部分石灰被碳还原而生成电石（CaC_2）。

$$(CaO) + 3C \rightarrow (CaC_2) + CO\uparrow \tag{1-68}$$

电石渣中的碳起脱氧作用，石灰起脱硫作用，电石则既起脱氧作用，又起脱硫作用。

$$C + (FeO) \rightarrow CO\uparrow + [Fe] \tag{1-69}$$

$$(CaO) + (FeS) \rightarrow (CaS) + (FeO) \tag{1-70}$$

$$(CaC_2) + 3(FeO) \rightarrow (CaO) + 3[Fe] + 2CO\uparrow \tag{1-71}$$

$$(CaC_2) + 3(FeS) + 2(CaO) \rightarrow 3(CaS) + [Fe] + 2CO\uparrow \tag{1-72}$$

随着还原过程的进行，炉渣逐渐失去脱氧和脱硫的能力，因而需要调整炉渣。为此，可

分几批加入造渣材料（石灰和炭粉）。调整炉渣的过程一直进行到形成良好的电石渣为止。为了充分地进行脱氧和脱硫，钢液在良好的电石渣下还原的时间一般应不少于20～25min。与白渣相比，电石渣的脱氧和脱硫能力更强。但是脱氧和脱硫反应生成的碳与钢液接触时，会被钢液吸收，故电石渣对钢液有增碳作用，特别是对含碳量低的钢种，钢液增碳现象显著。故电石渣仅适用于冶炼含碳量较高（$w_C > 0.35\%$）的钢种。还应指出的是，电石渣粘度较大，出钢时不易与钢液分离，而易在钢液中生成夹杂物，故在采用电石渣还原时，出钢前应先将电石渣变为白渣。其方法是打开电炉门，使空气进入炉内，则渣中的CaC_2即被空气中的氧所氧化而生成CaO。

为了使扩散脱氧过程顺利进行，需要创造适当的热力学条件和动力学条件。实现扩散脱氧的有利条件如下：

①还原性炉气。只有炉气是还原性的，才有可能造出还原性（含氧化亚铁少）的炉渣。电弧炉炼钢不用燃烧方法产生高温，因此能够关闭炉门，避免进入空气，保持还原性炉氛。这是电弧炉炼钢的优点之一。

②高的炉温。高温有利于碳的脱氧。在炉温升高的条件下，碳-氧的亲和力增大，而铁-氧的亲和力减小。因此，炉温越高，碳的脱氧能力越强。

③炉渣的粘度。炉渣的粘度要小。炉渣粘度大会使氧化亚铁的扩散速度降低，从而使脱氧速度变慢，脱氧的实际效果差。

2）脱硫。炼钢过程中的脱硫反应也包括扩散过程。脱硫的原理与扩散脱氧相似。钢液中的硫以硫化铁[FeS]的形态存在。硫化铁也是同时存在于炉渣和钢液中，能够互相转移。当达到平衡时，炉渣中硫化铁的含量与钢液中硫化铁的含量成一定的比例。脱硫的过程是在炉渣中进行的。在白渣的冶炼条件下，渣中的氧化钙起脱硫作用。

$$(CaO) + (FeS) \rightarrow (CaS) + (FeO) \tag{1-73}$$

随着脱硫过程的进行，炉渣中的硫化铁含量逐渐减少，于是铁液中的硫化铁就会自动地向炉渣中扩散转移，即

$$[FeS] \rightarrow (FeS) \tag{1-74}$$

这样就达到了脱硫的目的。

电石渣脱硫的过程与白渣脱硫的过程相似，但是在电石渣下起脱硫作用的不仅有氧化钙，而且还有碳化钙，即

$$(CaC_2) + 3(FeS) + 2(CaO) \rightarrow 3(CaS) + 3[Fe] + 2CO\uparrow \tag{1-75}$$

实现脱硫过程的有利条件如下：

① 高的炉温。用石灰脱硫和用电石脱硫，其反应都是吸热反应。物理化学中的平衡移动原理说明，高温有利于吸热反应的进行。因此，高的炉温对脱硫是有利的。

② 炉渣的还原性和碱度。对于$(CaO)+(FeS) \rightarrow (CaS)+(FeO)$反应来说，炉渣中氧化钙的浓度高和氧化铁的浓度低都有利于反应的进行。因此，在还原期中脱硫是有利的，高碱度炉渣对脱硫也是有利的。

③ 足够的渣量。降低炉渣中硫化钙的浓度有利于脱硫。在钢液中原始含硫量不变的条件下，增加渣量能使渣中硫化钙的浓度降低。为了有利于脱硫，渣量应在4%（占钢液重）左右。如果炉料的含硫量高（$w_S > 0.06\%$）时，还可以适当地增加渣量。

在脱硫反应中，扩散成为决定整个反应过程快慢的限制性环节。进行充分扩散，以使反

应达到平衡，需要很长的时间。实际上，脱硫反应在还原期的有限的时间内总是来不及充分进行的。钢液经过在炉内脱硫后，其实际的含硫量总是比与炉渣相平衡的数值高得多。在很多工厂的炼钢生产中，在出钢时采取“钢渣混出”的操作方法能够起到进一步脱硫的效果。生产经验说明：在一般的情况下，出钢后的钢液含硫量比临出钢前降低 30% ~50% 左右（出钢前钢液含硫量高时为上限，含硫量低时为下限），而这些硫如果在炉内脱掉，则需要相当长的时间。

3）合金元素的加入及其收得率。各种合金元素加入的时间、次序和加入方法对收得率有很大关系。合金元素加入的次序与时间是根据以下要求确定的。

①加入的合金元素要能尽快熔化，使成分均匀。

②合金元素的收得率要高，既减少合金元素的烧损，又不使钢中夹杂物增多。

③合金元素带入的杂质和气体要能被去除。

为了达到这个目的，强脱氧元素应在脱氧良好的条件下加入，以减少烧损和夹杂。难熔及密度大的元素应早一些加入。常用合金元素的加入时间和收得率见表 1-14。

表 1-14 常用合金元素的加入时间和收得率

<table>
<tr><th>合金名称</th><th>用　途</th><th colspan="2">加入时间及条件</th><th>收得率（%）</th></tr>
<tr><td rowspan="2">硅铁</td><td>脱氧</td><td colspan="2">造还原渣时加入硅铁粉</td><td>30 ~40</td></tr>
<tr><td>调整含硅量或加入合金元素</td><td colspan="2">出钢前 7 ~10min，在良好的白渣下加入</td><td>93 ~95</td></tr>
<tr><td rowspan="2">锰铁</td><td>预脱氧</td><td colspan="2">扒除氧化渣后加入</td><td>85 ~90</td></tr>
<tr><td>调整含锰量或加入合金元素</td><td colspan="2">还原期中，在良好的白渣下加入</td><td>93 ~95</td></tr>
<tr><td>铬铁</td><td rowspan="11">加入合金元素</td><td colspan="2">还原期，还原后期调整</td><td>95 ~98</td></tr>
<tr><td>钼铁</td><td colspan="2">随炉料装入或在熔化末期加入，还原期调整</td><td>95 ~98</td></tr>
<tr><td>钨铁</td><td colspan="2">氧化末期或还原初期加入，还原期调整（补加钨后经 15min 以上才能出钢）</td><td>95 ~98</td></tr>
<tr><td>钛铁</td><td colspan="2">出钢前 5 ~10min 加入炉中或出钢时加入盛钢桶中</td><td>40 ~70</td></tr>
<tr><td rowspan="2">钒铁</td><td rowspan="2">出钢前 5 ~8min 加入</td><td>钢中含钒 w_V <0.3% 时</td><td>80 ~90</td></tr>
<tr><td>钢中含钒 w_V >1.0% 时</td><td>95 ~98</td></tr>
<tr><td>硼铁</td><td colspan="2">出钢时加入盛钢桶中</td><td>30 ~60</td></tr>
<tr><td rowspan="2">镍</td><td colspan="2">随炉料加入</td><td>98</td></tr>
<tr><td colspan="2">氧化期，还原期调整</td><td>95 ~98</td></tr>
<tr><td>铜</td><td colspan="2">熔化末期或氧化初期加入</td><td>95 ~98</td></tr>
<tr><td>铝</td><td colspan="2">在钢液脱氧良好的条件下，于出钢前 8 ~15min，停电扒渣后，插铝</td><td>60 ~80</td></tr>
</table>

【任务实施】

一、补炉

一般情况下，在每炼完一炉钢以后，装入下一炉的炉料以前，照例要进行补炉。其目的是修补炉底和炉壁被侵蚀和被碰坏的部位。对采用卤水镁砂打结的炉衬，其损坏处也采用以卤水作粘结剂的镁砂来修补。补炉操作的要点是：炉温高、操作快、补层薄。这样做有利于补层的烧结。

二、配料和装料

为了炼好钢，需要事先配好炉料。电弧炉炼钢所用的炉料应主要由碳素废钢和废碳钢铸件所组成，也可适当搭配一部分炼钢生铁。配料的基本要求是要使炉料有适宜的平均含碳量。此含碳量应是所炼钢种的规格含碳量加上为了在氧化期中精炼钢液所需要的氧化脱碳量。氧化脱碳量的数值一般为0.3%～0.4%，当炉料主要是由比较洁净的废钢料组成时，氧化脱碳量取下限。而当炉料锈蚀比较严重，或含有较多的薄钢皮和钢屑，以及生铁占较大比例时，氧化脱碳量取上限。将配好的炉料装在开底式的料斗中备用。

补炉完毕后，往炉中装料以前先在炉底上铺一层石灰，其质量约为炉料质量的1%，其作用是在炉料熔化的过程中造渣脱磷。此外，在加料时能减少炉料对炉底的冲击作用，保护炉底，然后再将炉料加入炉中。

三、通电熔化炉料，完成氧化期和还原期的操作

1）启弧阶段。通电启弧时炉膛内充满炉料，电弧与炉顶距离很近，如果输入功率过大、电压过高，炉顶容易被烧坏，因此一般选用中级电压和输入变压器额定功率的2/3左右。

2）穿井阶段。这个阶段电弧完全被炉料包围，热量几乎全部被炉料吸收，不会烧坏炉衬，因此使用最大功率。一般穿井时间为20min左右，约占总熔化时间的1/4。

3）电极上升阶段。电极“穿井”到底后，炉底已形成熔池，炉底石灰及部分元素氧化，使得在钢液面上形成一层炉渣，四周的炉料继续受辐射热而熔化，钢液增加使液面升高，电极逐渐上升。这个阶段仍采用最大功率输送电能，所占时间为总熔化时间的1/2左右。

4）在熔化过程中应不断“推料助熔”。当大部分炉料开始熔化时可采取吹氧助熔，加速炉料熔化。吹氧时采用浅吹提温，插入钢液深度<100mm，角度为30°～45°，氧气压力为0.4～0.5MPa。

炉料完全熔化后，进行氧化期和还原期的操作，即进行各种复杂的冶金反应，完成钢液的脱磷、脱硫、脱碳、去气、除杂等，生产出合格钢液。

四、出钢

出钢必须做到以下几点：

1）成分合格，各主要元素达到规范要求。

2）脱氧良好，加硅铁前必须是白渣，加入后在10min内出钢。

3）出钢槽必须清洁、干燥、平整，并与出钢口保持平直，以利于出钢畅通，做到钢液与炉渣混出。

4）出钢时，盛钢桶必须烘烤成暗红色，出钢前15min加2.0kg硅铝钡终脱氧剂，以及

每吨钢液加入1kg的稀土硅铁，并在包内烤红。

5）出钢后在盛钢桶内取成品样，检查温度及脱氧情况是否良好。根据包内钢液温度并结合烤包、炉渣量等实际情况决定镇静时间，以达到铸钢件始浇温度不高于该钢种浇注温度。出钢后应保证镇静时间≥5min。图1-20所示为出钢的场景。

图1-20　出钢的场景

对普通电弧炉在熔化期采取熔氧结合技术，可降低钢液含气量和含磷量。在还原期采取还原精练技术则有利于钢液的去气、去杂质。采用该冶炼工艺提高了钢液质量，改善铸钢件的组织结构和力学性能，同时也改善了铸件表面质量，并能创造一定的经济效益。

任务三　感应电炉

【学习目标】

1）掌握感应电炉的基本结构。

2）掌握感应电炉的熔炼原理。

3）掌握感应电炉的操作方法。

【任务描述】

感应电炉熔炼是利用交流电感应的作用，使坩埚内的金属炉料本身发出热量，将其熔化，并进一步使液体金属过热的一种熔炼方法。感应电炉是目前对金属材料加热效率最高、速度最快，低耗、节能环保型的感应加热设备。感应电炉熔炼有以下的特点。

1）加热速度较快。电弧炉炼钢中，熔炼所需的热量由电弧产生，通过空气和炉渣传给炉料和钢液，这种间接加热方式的速度较慢。而在感应电炉熔炼中，熔炼所需的热量是在炉料和钢、金属液内部产生的，这种直接加热方式的速度较快，特别是在炉料熔化成金属液以后，进一步使金属液过热的阶段中，感应加热更显出其优越性。

2）氧化烧损较轻，吸收气体较少。在感应电炉熔炼中，由于没有电弧的超高温作用，使得金属液中元素的烧损率较低。又由于没有电弧产生的电子冲击作用，空气中所含水蒸气不致被电离成氢原子和氧原子，因而减少了金属液中气体的来源。

3）金属液温度容易调控，出液温度高。感应电炉使用电能作能源，在正常操作的情况下，容易调节和控制金属液温度，获得金属液必需的过热温度，以满足熔炼工艺所要求的出液温度、处理温度和浇注温度，因而可保证铸件质量。

4）可利用廉价的原材料。切屑和细小的边角料等难以在冲天炉内直接利用的廉价废料，可以在感应电炉熔炼过程中，利用电磁搅拌作用，将这些细小废料加入金属液表面，这样它们就会很快被卷入金属液之中熔化，且氧化烧损较少。此举不仅大量利用了这些废料，而且可以大幅度降低铸件的成本。

5）炉渣的化学活泼性较弱。在感应电炉炼钢过程中，炉渣是被金属液加热的，其上面又与大气接触，故炉渣温度较低，化学性质较不活泼，不能充分发挥它在冶炼过程中的

作用。

6）坩埚的高径比大，感应电炉的熔炼能力远不及电弧炉和冲天炉，仍属于重熔设备的范畴。

由于现代工业的迅速发展，对铸造生产提出了优质、精化和节能的三大要求。高牌号灰铸铁、优质的球墨铸铁和蠕墨铸铁、高合金特种铸铁都需要由高温、洁净、低硫，且化学成分准确而少干扰元素的原金属液为前提，感应电炉正好提供了符合上述要求的熔炼条件。而且，节能降耗、减排防污和环境保护已成为我国铸造业创新发展的主流。因此，目前在机械、冶金、汽车、动力、化工、铸管等部门的核心铸件生产中，采用感应电炉熔炼或冲天炉-感应电炉双联已十分普遍。

➢【相关知识】

一、感应电炉的基本结构

感应电炉依其构造分为无芯式和有芯式两种类型。有芯感应电炉主要用于非铁合金熔炼和铸钢保温时使用，炼钢中极少应用；无芯感应电炉应用较为广泛。

1. 无芯感应电炉

无芯感应电炉主要由炉体、炉架、辅助装置、冷却系统和电源及其控制系统组成。

无芯感应电炉的本体部分称为炉体，如图 1-21 所示。炉体由炉壳、感应器、炉衬（坩埚)、磁轭及紧固装置等组成。将被熔化的金属置于坩埚之中，坩埚外圈围着一层绝热和绝缘材料层，在绝缘层外面紧紧地贴放着感应线圈（感应器)，感应线圈的圆周上均匀分布着磁轭（导磁体）以减少漏磁，磁轭与线圈紧贴在一起，但彼此绝缘，磁轭和线圈支撑在一起坐落在下压圈（炉底盘）上，承受着炉顶的重量，并把感应线圈固紧，就像是炉子的几根支柱。

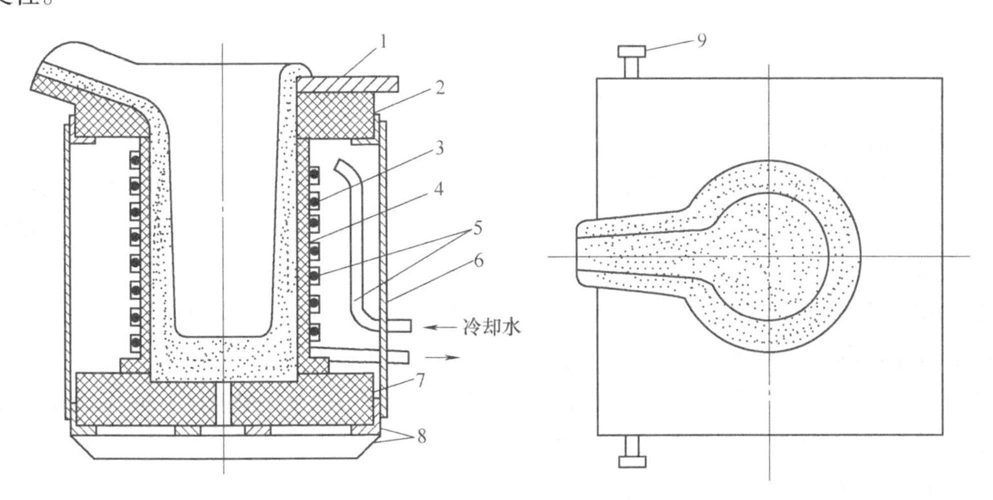

图 1-21 无芯感应电炉炉体部分构造图

1—水泥石棉盖板 2—耐火砖上框 3—捣制坩埚 4—玻璃丝绝缘布 5—感应器
6—炉壳 7—耐火砖底座 8—不锈钢制（不感磁）边框 9—转轴

炉壳由普通钢板制造，并保持和线圈间有一定的间隙，以保护线圈不受机械损伤，且具有防尘作用，同时也使炉体更加完整和结实，其上开有必要的窗口供检查时用。在小型炉子中，因不用磁轭，为了防止漏磁束使炉壳发热，就必须用不锈钢、铝合金、铜等非磁性导电材料制造炉壳。

为了防止漏炉，在感应炉炉衬耐火材料和绝缘材料间可装设漏炉报警装置。

为了倾炉出钢的需要，感应炉的炉体可通过转轴装在炉架上，用机械或液压方法倾转。

电气部分供给感应器所需要的交变电流。高频电炉和中频电炉的电气部分都包括有变频装置。

由于感应电炉的感应器是一个很大的电感器，加上磁力线是通过空气而闭合的，所以感应电炉的无功功率相当大，功率因数 $\cos\theta$ 很低，其值一般只有 0.14～0.11。因此必须采用相应的电容器与电感器并联，以补偿无功功率，提高功率因数达 0.85 以上。

2. 有芯感应电炉

有芯感应电炉主要由炉体、炉架、辅助装置、冷却系统和电源及其控制系统组成。图 1-22 所示为有芯工频感应电炉。有芯感应电炉的炉体主要由炉室和感应体两部分组成。炉室盛装炉料，由炉壳、耐火材料炉衬和炉盖等部件组成。感应体由感应线圈、铁心、熔沟及外壳等组成。

有芯感应电炉完全按变压器的原理工作。感应线圈绕在一个硅钢片叠成的闭合铁心上，作为变压器的一次绕组，炉子底侧有一条充满金属的熔沟环绕感应线圈，相当于变压器的二次绕组。接通电源后，电流通过一次绕组时，在周围产生交流磁通，因而有感应电流通过，使环状金属的温度不断升高，并将热能传递给炉中其他金属炉料，使其不断熔化升温。

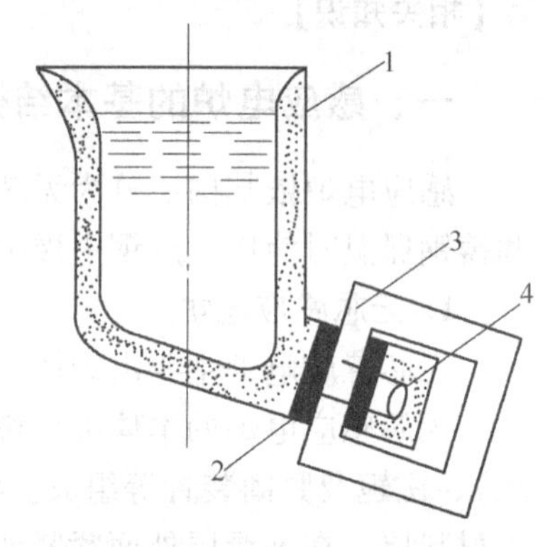

图 1-22　有芯工频感应电炉
1—坩埚　2—感应线圈
3—铁心　4—熔沟

有芯感应电炉电效率、热效率和功率因数都比无芯的高，占地小，但是起熔时间长，对熔沟耐火材料的要求高，修筑麻烦，更换金属液成分比较困难。

3. 感应电炉用坩埚

感应电炉用坩埚主要用耐火材料打结而成。它一般由耐火层、绝热层和绝缘层组成。

1）耐火层。耐火层采用各种耐火材料（酸性、碱性或中性）打结而成，然后高温烧结并投入使用。

2）绝热层。绝热层用于耐火层和感应器隔热，在紧靠感应器的内面有一层用石棉板（或石棉布等）围成的绝热筒，在坩埚底也用 2～3 层石棉板作隔热片。

3）绝缘层。绝缘层用于防止感应器漏电，因它处于较高的工作温度，除了满足电绝缘要求外，还应能耐高温，一般用无碱或少碱玻璃丝布、天然云母片等。

4）坩埚材料。分为酸性坩埚材料和碱性坩埚材料两种。

①酸性坩埚材料。酸性坩埚所用的耐火材料为硅砂，粘结剂一般使用硼酸和水玻璃。硅砂的成分应符合以下要求：$w_{SiO_2} \geqslant 99\%$；杂质含量 $w_{Fe_2O_3} \leqslant 0.5\%$，$w_{CaO} \leqslant 0.25\%$，$w_{Al_2O_3} \leqslant 0.2\%$，以及极微量的其他氧化物。硼酸应符合以下要求：$w_{B_2O_3} \geqslant 98\%$，粒度小于 0.5mm。打结坩埚所使用的材料一般为两种：一种用于打结坩埚的下部（与金属液接触的部分），另一种用于打结坩埚的上部（称为炉口部分或炉领部分）。这两种炉衬材料的质量配比如下：

炉衬材料组成（质量分数）：粒度 5 ~ 6mm 硅砂 25%；粒度 2 ~ 3m 硅砂 20%；粒度 0.5 ~ 1.0mm 硅砂 30%；硅石粉 25%；外加硼酸 1.5% ~ 2.0% 作为粘结剂。

炉领材料组成（质量分数）：粒度 1 ~ 2mm 硅砂 30%；粒度 0.2 ~ 0.5mm 硅砂 50%；硅石粉 20%；外加水玻璃 10%，或用 20% 的粘土和少量水玻璃作为粘结剂。

②碱性坩埚材料。碱性坩埚所用的耐火材料为镁砂。镁砂有冶金镁砂和电熔镁砂两种。在耐急冷急热方面，电熔镁砂优于冶金镁砂，但其价格高。除了镁砂外，电熔氧化铝也是很好的坩埚材料。这是一种中性的耐火材料，其耐火度和耐急冷急热能力都比较好。用电熔镁砂和电熔氧化铝配合制作的大吨位感应电炉的坩埚的使用寿命较长。表 1-15 给出了几种感应电炉碱性坩埚材料的组成。

表 1-15　感应电炉碱性坩埚材料的组成

电炉容量/kg	坩埚材料组成（质量分数/%）			粒度组成（%）			
	镁砂	电熔镁砂	电熔氧化铝	5 ~ 20mm	3 ~ 5mm	1 ~ 3mm	<1mm
10 ~ 30	70 ~ 80	30 ~ 20			30	45	25
250 ~ 3000	50 ~ 20	50 ~ 80		20	25	35	20
≥1000		70 ~ 60	30 ~ 40				

所用的镁砂须经过磁选，清除其中含铁的杂质，以保证坩埚的绝缘性能。烧结镁砂的成分应符合 GB/T 2273—2007 中 MS88 的规定。制作碱性坩埚所用的粘结剂及其组成见表 1-16。

表 1-16　感应电炉碱性坩埚用粘结剂及其组成

（单位：占镁砂质量的百分数,%）

名　称	硼　酸	水 玻 璃	粘　土	萤　石
硼酸粘结剂	1.5 ~ 2.5	—	—	—
水玻璃粘结剂	—	5	—	—
水玻璃-硼酸粘结剂	1	5	—	—
粘土-硼酸粘结剂	1.5 ~ 1.8	—	2 ~ 2.5	—
萤石粘结剂	—	—	—	5

5）坩埚模样。打结坩埚时需使用模样以形成坩埚内腔的形状。模样分为两种，即钢模样和石墨模样。钢模样用钢板焊成或用铸钢制成，常做成中空的。钢模样在坩埚打结完成后一般不从坩埚取出，而是使它在烘干和烧结坩埚时起电感应加热作用。在炼第一炉钢时，钢模样即随炉料一起熔化掉。石墨模样用石墨电极材料车制而成。坩埚打结完成后，在烘干和烧结过程中不取出模样，以利用石墨模样的电感应加热作用。待坩埚烧结好后，再将模样取出。

6）打结方法。

①在感应器内放好石棉绝缘层。

②在炉底的石棉层上，铺 20 ~ 40mm 厚的一层坩埚材料，并捣实。

③放入模样，对准中心线，并将其固定。

④分批加入坩埚材料，每批不要太厚，约为 20 ~ 30mm，并逐层捣实。小型坩埚以人工

操作，用捣固叉进行捣实。应由两人在对面同时进行操作，边捣边转动位置，以保证各部位紧实程度均匀。最不易捣紧的部位是坩埚下部靠近炉底的锥体部分，须注意操作，务求捣紧。捣实质量对于坩埚寿命影响很大。坩埚不紧实，不仅使用寿命短，而且容易产生裂纹，甚至在炼钢过程中发生漏钢事故。

⑤打结酸性坩埚时，当捣到坩埚上部（感应器以上部分）时，改用含粘土（或水玻璃）的硅石粉加固混合料捣制。

7）坩埚的烧结。坩埚打结好后，首先进行自然干燥，然后进行烘烤。烘烤方法可以用火烘烤或通电烘烤，火烘是将焦炭装入钢板焊制的空心模型内，点火缓慢烘烤。烧结坩埚一般采用通电烘烤法。用钢板或铸钢制成的坩埚模样在烘炉时因感应发热可起到烘烤和烧结坩埚的作用。为此在钢模样上可钻些 ϕ3mm 的小孔，以增大模样的发热能力，加速烘干和烧结的过程。第一次开炉时最好连续多熔化几炉，以便坩埚能充分烧结。每次开炉熔炼结束后，应将炉盖盖好，以防坩埚受急冷而产生裂纹。通电烘烤也要缓慢，以免将坩埚烘裂。为此，可以采取间断通电的方法。烘烤的时间一般应不少于 8h。

二、感应电炉的熔炼原理

1. 感应电炉的工作原理

炼钢用的是无芯感应电炉，其工作原理如图 1-23 所示。在一个耐火材料筑成的坩埚外面，有螺旋形的感应器（感应线圈）。在炼钢过程中，盛装在坩埚内的金属炉料（或钢液），犹如插在线圈中的铁心。当往线圈中通以交流电时，由于感应作用，在金属炉料（或钢液）内部产生感应电动势，并因此产生感应电流（涡流）。由于金属炉料（或钢液）本身有电阻，按焦耳-楞次定律，电能转换为热能，将金属炉料加热熔化。感应电炉炼钢所需的热量就是利用这个原理产生的。实际上，感应电炉就是综合利用交流电的集肤效应、邻近效应和圆环效应来加热和熔化金属的。

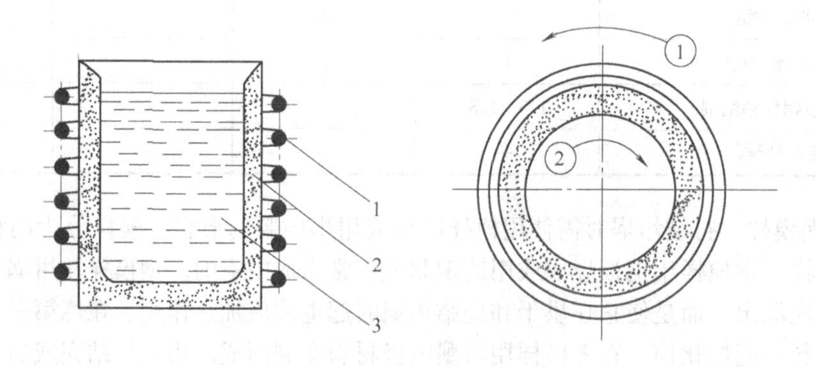

图 1-23　无芯感应电炉的工作原理

1—感应器　2—坩埚　3—炉料（或钢液）

①—感应器中瞬间电流方向　②—炉料（或钢液）中产生的感应电流方向

2. 感应电炉的工作特点

（1）感应电流的集肤效应　集肤效应又称趋肤效应，当交变电流通过导体时，电流将集中在导体表面流过，这种现象称为集肤效应。电流或电压以频率较高的电子在导体中传导时，会聚集于总导体表层，而非平均分布于整个导体的截面积中，如图 1-24 所示。

实验得知，感应电炉电流的频率越高，如中频和高频感应电炉，则其集肤效应越大，热量越集中，使金属容易熔化。对工频感应电炉来说，频率低，集肤效应小，涡流的穿透深度大，热量不能集中，难于熔化。但是对于大直径的坩埚，如果采用很高的频率，则在炉料中只有靠近边的一个圆桶状薄层产生较多的热量，而里层中心部位则发热很少，故加热效率很低。为了有效地加热炉料，熔炉的容量（坩埚直径）越大时，电流的频率就应越低。

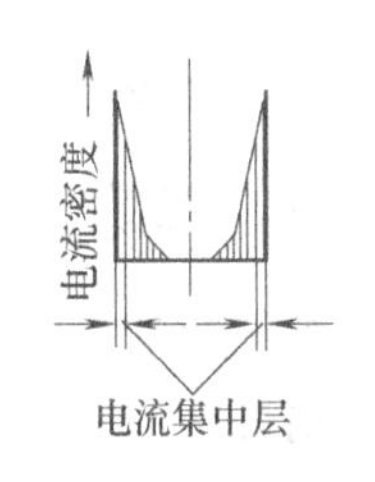

图 1-24　集肤效应

（2）感应电流的电磁搅拌现象　感应加热时，强大的变频电流经感应线圈产生很强的磁场，产生电磁力。被熔化的金属液受到电磁力的作用产生强烈搅拌。根据电流通过两导体产生的邻近效应，感应线圈中电流与熔化金属液中的感应电流方向相反，线圈与金属液之间有斥力，线圈受到向外推力，熔化金属液则受到坩埚中心的径向作用力。熔化金属液之间可以看成很多方向平行载流导体，相互间有压缩力。金属液受斥力和压缩力合成作用的结果是使熔化金属液产生如图 1-25 所示的运动方向，这种运动称为电磁搅拌。由于电磁搅拌的存在，感应电炉熔炼时，金属液的上表面不是平的，而是中间凸起的。

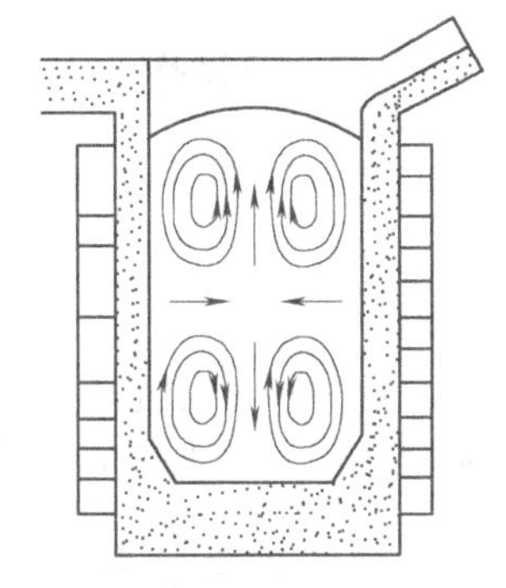
图 1-25　感应电炉内金属液的运动方向

实践表明，金属液熔炼时，液面形成“驼峰”的高低与电磁力的大小成正比，而电磁力的大小又与电流频率的平方根成反比。因此，工频感应电炉的电磁力最大，金属液面形成“驼峰”也最高，中频感应电炉次之，高频感应电炉最小。

电磁搅拌现象有利于金属液化学成分、温度的均匀和金属液中的夹杂物上浮，但也使熔炼不平稳，炉渣不易覆盖住金属液表面。因此，若需炉渣覆盖金属液表面时，就必须加大渣量，但这样会造成耗电量增加并增强对炉衬的冲刷，使炉子寿命降低。

➢【任务实施】

一、装料

装料前要先检查感应电炉炉衬有无裂纹和炉衬厚度是否足够。若有 3mm 以上的裂纹，一定要进行修补；如炉衬厚度小，必须修炉；若上一炉漏电值超过规定或冷却水温偏高，则应启用备用炉体。

二、熔化

工频炉冷起动，开始以低压供电，为 40% ~60%，然后逐步提高电压，在启熔块开始熔化时以最大功率供电。为了保证快速熔化，要及时调节功率因数，并做好相互平衡。工频炉热炉起动时，一开始即可使用额定功率送电加热。中频炉功率连续可调，且密度大，有利于实现快速熔炼，但操作时也须遵循功率先小后大的原则。

熔化期要密切注意炉料是否有“搭桥”故障。一旦发现有搭桥现象，要及时加以排除。因为产生炉料搭桥时，下部金属液将过热，温度剧增，可能引起底部炉衬的严重侵蚀，甚至导致漏炉事故。金属液过热也会加剧元素烧损和含气量的增加。

后续炉料都要在前次投入的炉料未熔完前投入。切屑均匀投于熔池液面，一次投入量不宜超过炉子熔炼的6%～8%。切屑冷装在炉内是不允许的，因为这将增加氧化烧损。

三、精炼

炉料化清后，适当补加渣料，务须覆盖整个液面。炉渣形成后即进入精炼期。

精炼期的主要任务是：调整金属液的化学成分至规定的范围；进一步清除非金属夹杂物和降低气体含量；提高金属液温度至符合出炉要求。

四、出金属液

经检查，金属液化学成分和温度合格，即可停电、扒渣、倾炉出金属液。

➢【拓展与提高】

一、固体燃料坩埚炉

图1-26所示为以焦炭或煤为燃料的固定式鼓风坩埚炉，用来熔化铝、铜合金及中间合金。这种炉子的炉膛直径均为坩埚直径的两倍左右，坩埚放在高于炉栅约200mm底焦层上或砌砖上，周围填满焦炭。

这种炉子的优点是结构简单、投资小、适应性强，最适于中小厂熔炼铝、铜合金，批量不限；缺点是直接加热，温度不易控制，质量不易保证，劳动条件差。

二、液体、气体燃料坩埚炉

燃油坩埚炉主要以柴油作燃料，燃气坩埚炉常以煤气或天然气作燃料。图1-27所示为固定式柴油化铜炉，容量为100kg。液体、气体燃料炉比固体燃料炉燃烧快而稳定，因而熔化速度快，炉温可以控制，合金质量较高，适用于中小型车间，最大容量可达900kg。

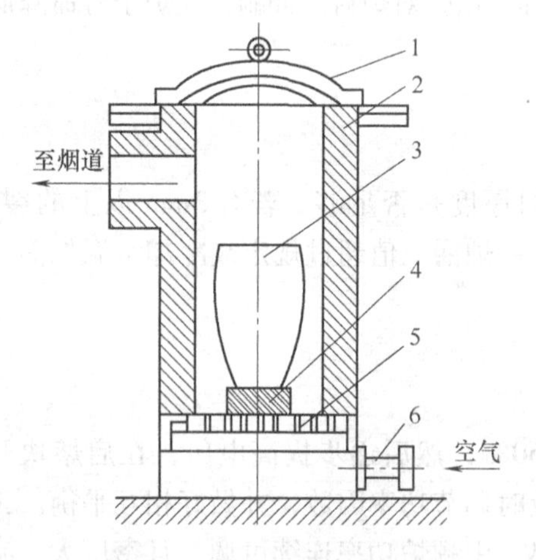

图1-26　固定式鼓风坩埚炉

1—炉盖　2—炉身　3—坩埚　4—填砖
5—炉栅　6—风管

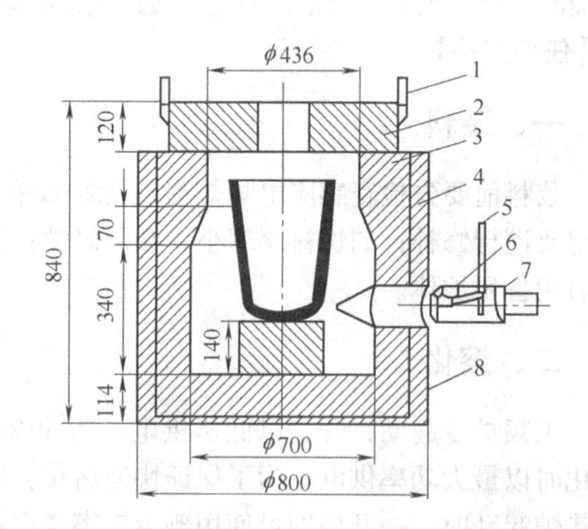

图1-27　固定式柴油化铜炉

1—吊环　2—炉盖　3—炉身　4—炉壳
5—油管　6—低压喷嘴　7—风管　8—填料

液体燃料燃烧使用的主要部件是雾化器——喷嘴；而气体燃料燃烧使用的主要部件是混合器——烧嘴。

操作时，喷嘴将风、油混合物沿切线方向喷入炉中，火焰自下而上绕坩埚旋转运动。炉膛入口较大，有足够的时间和空间使燃料得以充分燃烧，放出热量。炉口直径小，可增加气流速度、提高传热效率。这种炉子浇注时需要有坩埚的起吊设备，但也可以改为倾转式。

三、电阻坩埚炉

电阻坩埚炉利用电流通过电加热元件发热辐射坩埚传导给金属使其熔化升温。常用的电加热元件是镍铬合金或铁铝合金，主要用于低熔点的非铁金属材料或合金的熔炼，如铝、锌、镁、锡和巴氏合金等。电阻坩埚炉主要由电炉本体、控制柜（包括控温仪表）和坩埚组成。其结构形式分为固定式和倾斜式两种。

电阻坩埚炉用的坩埚多采用耐热铸铁来提高使用寿命。电阻坩埚炉与感应电炉相比，结构紧凑、电气配套设备简单、价廉；与火焰坩埚炉相比，温度易控制、元素烧损小、合金液吸气少、工作环境好。因此，电阻坩埚炉被广泛用于铝、锌、镁、巴氏合金熔炼炉，特别是适用于铝、锌合金压铸和铝合金低压铸造的保温炉。这种炉的最大缺点是熔炼时间长，耗电量大，生产率低。从发展趋势来看，较大熔化量铝合金的熔炼炉将被中频感应炉和火焰反射炉代替。

复习与思考题

1）名词解释：炉底，炉缸，过桥，炉身，有效高度，熔化率，底焦高度，铁焦比，焦炭消耗率，焦炭的反应能力，焦炭的气孔率，穿井阶段，邻近效应，圆环效应。

2）什么是集肤效应？集肤效应对感应电炉熔炼时有何影响？

3）冲天炉内焦炭燃烧的基本反应有哪些？其中哪几个反应是放热反应？

4）冲天炉内炉料的熔化过程分为哪三个阶段？如何强化各个阶段的热交换，以提高出炉温度？

5）冲天炉内炉渣主要来源于哪几个方面？为什么要向炉内加入石灰石造渣？

6）影响铁液增碳的主要因素是什么？如何在冲天炉内熔炼出低碳铁液？

7）影响铁液增硫的主要因素是什么？如何防止铁液增硫？

8）铸造用焦炭有哪些要求？

9）什么是底焦高度？如何控制其高度？

10）层焦和补焦各有什么作用？

11）在冲天炉的网状特性曲线图中概括了熔炼过程中的哪些因素的变化规律？生产中如何应用此图以指导生产？

12）根据冲天炉网状特性曲线图（图1-11），当焦耗分别为10%、16%，送风量为何值时，铁液温度最高？若要求铁液温度为1450℃时，其最佳工作点所需的送风量和焦耗是多少？

13）试述冲天炉操作的基本步骤。

14）三相电弧炉炼钢有何特点？

15）有芯感应电炉和无芯感应电炉在应用上有什么不同？

16）简述感应电炉熔炼的特点。

铸铁及熔炼

铸铁是碳质量分数大于2.11%的铁碳合金。除铁、碳元素之外，铸铁中含有较多的硅、锰、硫、磷等杂质元素。为了提高铸铁的力学性能或改善其物理、化学性能，常加入一定量的合金元素，获得合金铸铁。

铸铁的生产设备和工艺比较简单，价格便宜，并具有许多优良的使用性能和工艺性能，所以应用非常广泛，是历史上使用较早的材料，也是最便宜的金属材料之一。如果按质量百分比计算，在各种机械中，铸铁件约占40%~60%，在机床和重型机械中，可达60%~90%。

铸铁成形制成零件毛坯只能用铸造方法，不能用锻造或轧制方法。

任务一 灰铸铁的熔炼

【学习目标】

1）掌握灰铸铁的力学性能、组织、牌号表示方法及热处理特点。
2）掌握HT200化学成分的确定方法。
3）掌握熔炼HT200的炉料配制方法。
4）掌握HT200的熔炼过程。
5）掌握提高灰铸铁力学性能的措施。

【任务描述】

断口呈暗灰色，石墨呈片状的铸铁称为灰铸铁。灰铸铁包括普通灰铸铁和孕育灰铸铁。灰铸铁是价格便宜、应用最广泛的铸铁材料。在铸铁总产量中，灰铸铁占80%以上。这是因为灰铸铁具有生产工艺简单、成品率高、成本低等特点。和其他铸铁材料相比，虽然力学性能较差，但是它具有较好的铸造性能、使用性能和可加工性。因此，灰铸铁在工农业生产和国民经济建设中起着极为重要的作用，广泛应用于各行各业来制造零件。例如：可用灰铸铁制造机床的底座、机架；发动机的缸体、缸套、缸盖；泵体、阀体、铸管等。

灰铸铁的基体通常由珠光体和铁素体组成。HT200属普通灰铸铁，其力学性能与组织有密切的关系。HT200的基体组织主要为珠光体，其中珠光体的质量分数小于95%，铁素体的质量分数小于5%，磷共晶的质量分数小于4%。HT200对硫、磷控制不是十分严格，用冲天炉熔炼即可熔制出合格的铁液。

【相关知识】

一、铸铁的分类

铸铁的分类方法有很多，按化学成分可分为普通铸铁和合金铸铁；按铸铁中碳的存在形

式可分为白口铸铁、灰铸铁和麻口铸铁；按生产方法可分为普通灰铸铁、蠕墨铸铁、球墨铸铁、孕育铸铁、可锻铸铁和特殊性能铸铁等。

1. 白口铸铁

白口铸铁是完全按照 $Fe\text{-}Fe_3C$ 相图进行结晶而得到的铸铁。其中碳全部以渗碳体（Fe_3C）形式存在，断口呈银白色。由于存在大量硬而脆的 Fe_3C，因此其硬度高、脆性大，很难进行切削加工。白口铸铁的脆性特别大，又特别坚硬，作为零件在工业上很少用，只有少数的部门采用，例如农业上用的犁，除此之外多作为炼钢用的原料。作为原料时，通常称它为生铁。

2. 灰铸铁

灰铸铁中碳的主要存在形式是碳的单质，即游离状态石墨，断口为暗灰色。常见的铸铁件多数是灰铸铁。

3. 麻口铸铁

介于白口铸铁与灰铸铁之间的铸铁为麻口铸铁，其中的碳既有游离石墨又有渗碳体。

在铸铁中还有一类特殊性能铸铁，如耐热铸铁、耐蚀铸铁、耐磨铸铁等。它们都是为了改善铸铁的某些特殊性能而加入了一定的合金元素 Cr、Ni、Mo、Si 等，所以又把这类铸铁称为合金铸铁。

二、铸铁的石墨化

1. $Fe\text{-}Fe_3C$ 和 Fe-C 双重相图

在 $Fe\text{-}Fe_3C$ 相图中，自液态冷却下来的铁碳合金在固态下一般结晶为铁素体及渗碳体两相。实际上渗碳体只是一个亚稳定相，石墨才是稳定相。因此描述铁碳合金组织转变的相图实际上有两个，一个是 $Fe\text{-}Fe_3C$ 相图，另一个是 Fe-C 相图。把两者迭合在一起，就得到一个双重相图，如图 2-1 所示。图 2-1 中的实线表示 $Fe\text{-}Fe_3C$ 相图，部分实线再加上虚线表示 Fe-C 相图。铸铁自液态冷却到固态时，若按 $Fe\text{-}Fe_3C$ 相图结晶，就得到白口铸铁，若按 Fe-C 相图结晶，就析出和形成石墨，即发生石墨化过程。若是铸铁自液态冷却到室温，既按 $Fe\text{-}Fe_3C$ 相图，同时又按 Fe-C 相图进行，则固态由铁素体、渗碳体及石墨三相组成。

2. 铸铁的石墨化过程

按 Fe-C 相图铸铁液冷却过程中，碳溶解于铁素体外均以石墨形式析出，这一过程称为石墨化。现以过共晶合金的铁液为例，当它以极缓慢的速度冷却，并全部按 Fe-C（G）相图进行结晶时，铸铁的石墨化过程可分为如下三个阶段。

第一阶段石墨化。它包括过共晶成分的铸铁，直接从液体中析出“一次石墨”；在共晶线 $E'C'F'$（温度 1154℃，共晶成分 C' 点碳的质量分数为 4.26%）的液体转变为奥氏体与共晶石墨组成的共晶组织。其反应式可写成

$$L \longrightarrow L_{C'} + G_{\mathrm{I}}$$

$$L_{C'} \xrightarrow{1154℃} A_{E'} + G_{共晶}$$

中间阶段石墨化。奥氏体低于共晶温度以下，沿 $E'S'$ 线冷却时，从奥氏体中析出“二次石墨”。其反应式可写成

$$A_{E'} \xrightarrow{1154 \sim 738℃} A_{S'} + G_{\mathrm{II}}$$

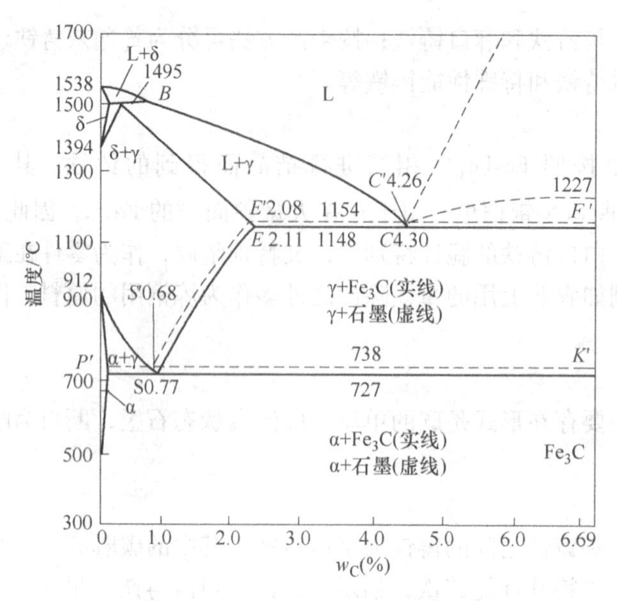

图 2-1 Fe-Fe_3C 和 Fe-C 双重相图

第二阶段石墨化。在共析温度（738℃）的 $P'S'K'$线以下，共析成分（S'点，碳的质量分数为0.68%）的奥氏体转变为由铁素体与石墨组成的共析组织。其反应式可写成

$$A_{S'} \xrightarrow{738℃} F_{P'} + G_{共析}$$

理论上，在共析温度的 $P'S'K'$线以下冷却至室温，还可能从铁素体中析出“三次石墨”，因为数量极微，常忽略。

如果上述三个阶段的石墨化均充分进行，铸铁成形后由铁素体与石墨（包括一次、共晶、二次、共析石墨）两相组成。在实际生产中，由于化学成分、冷却速度等各种工艺制度不同，各阶段石墨化过程进行的程度也不同，从而可获得各种不同金属基体的铸态组织。表 2-1 给出了铸铁组织与石墨化进行程度之间的关系。

表 2-1　铸铁组织与石墨化进行程度之间的关系

名　　称	石墨化程度			显微组织
	第一阶段	中间阶段	第二阶段	
灰铸铁	充分进行 充分进行 充分进行	充分进行 充分进行 充分进行	充分进行 部分进行 不进行	F + G F + P + G P + G
麻口铸铁	部分进行	部分进行	不进行	Ld′ + P + G
白口铸铁	不进行	不进行	不进行	Ld′+ P + Fe_3C_{II}

由表 2-1 可知，常用各类铸铁的组织是由两部分组成的，一部分是石墨，另一部分是基体，基体可以是铁素体、珠光体或铁素体加珠光体，相当于工业纯铁或钢的组织。所以，铸铁的组织可以看成是铁或钢的基体上分布着石墨夹杂。

铸铁的性能“来源于基体，受制于石墨”，即在基体组织一定后，其性能与石墨的形状、大小和分布有密切关系。

3. 铸铁石墨化过程的影响因素

由于铁的晶体结构与石墨的晶体结构差异很大，而铁与渗碳体的晶体结构要接近一些，所以普通铸铁在一般铸造条件下只能得到白口铸铁，而不易获得灰铸铁。因此，必须通过添加合金元素和改善铸造工艺等手段来促进铸铁石墨化，形成灰铸铁。铸铁的化学成分和结晶过程中的冷却速度是影响石墨化的内外因素。

（1）化学成分的影响　按对石墨化的作用，可分为促进石墨化的元素（C、Si、Al、Cu、Ni、Co 等）和阻碍石墨化的元素（Cr、W、Mo、V、Mn、S 等）两大类。

1）碳和硅。在促进石墨化元素中，以碳和硅的作用最强烈。在生产实际中，调整碳和硅的含量是控制铸铁组织和性能的基本措施之一。碳之所以能促进石墨化，主要由于碳本身是构成石墨的元素。增加含碳量，提高了铁液中碳的浓度，就促进了铁液自发结晶核心的形成。提高含碳量，也能使铁液中未熔化的石墨夹杂物增多，即非自发结晶核心有所增加。碳还可以提高铁液的实际结晶温度。这些都为石墨化的进行创造了有利条件。为了提高铸铁的强度，使金相组织中的石墨细小而量少，珠光体有所增多，就需要把含碳量适当降低。

硅能溶解在铁中形成固溶体。硅在铁中的溶解度较大，如硅在奥氏体中溶解度为 2.5%，在铁素体中溶解度为 16.8%（室温）。硅促进石墨化的作用是因为硅能使铸铁的共晶点和共析点向左上方移动，也就是说硅能降低碳在铸铁和固溶体中的溶解度，使石墨容易析出。硅提高了共晶和共析转变温度，使铸铁在较高的温度下进行共晶和共析转变，有利于石墨结晶核心的稳定和碳原子、铁原子的扩散，硅还能减弱铁碳的结合力，促使渗碳体分解，这些都有利于石墨化过程的进行。试验表明，若铸铁中没有硅或含硅量很少，即使是含碳量很高，石墨化也很困难。只有当铸铁中有硅存在时，含碳量的提高才能起促进石墨化的作用。

一般铸造条件下，铸铁中较高的含碳量是石墨化的必要条件，保证一定量的硅是石墨化的充分条件，碳与硅含量越高越易石墨化。若碳、硅含量过低，易出现白口，力学性能与铸造性能都较差。但如果碳、硅含量过高，将导致石墨数量多且粗大，基体内铁素体量多，力学性能下降。因此，一般灰铸铁的碳、硅含量控制在下列范围（质量分数）：碳 2.8% ~ 3.5%，硅 1.4% ~2.7%。

2）锰和硫。硫在铸铁中是有害元素。硫可以完全溶解在铁液中，但在固态的奥氏体、铁素体中的溶解度很小。当硫的质量分数超过 0.02% 时，就能形成独立的硫化物。硫在铸铁中因能增强 Fe-C 原子的结合力，所以促使铸铁按介稳定系统进行结晶，能较强烈地阻碍石墨化。特别当冷却速度较快，碳、硅含量较低时，硫阻碍石墨化的作用就更显著，铸铁白口化的倾向也越大。

硫在铸铁中还恶化铸铁的铸造性能，如降低流动性，容易产生裂纹等。因此，硫在灰铸铁中的质量分数一般应限制在 0.12% 以下。

锰在铸铁中是作为有益合金元素加入的。因一般铸铁中皆含有硫，故锰的作用首先表现在抵消硫的有害作用上。锰和硫之间有比较大的亲和力，生成的硫化锰熔点高（1610℃），高于一般冲天炉铁液的温度。所以在铁液中多呈固体质点存在，因其密度小，又能从铁液中浮出，或呈颗粒状夹杂物存留在铸铁中，故可大大减弱硫的有害影响。按锰和硫相对原子质量的比值 Mn/S = 54.94/32.06 = 1.71，即锰为硫的 1.7 倍，这是理论值。一般锰的质量分数较理论值再增大 0.2% ~0.3%，其经验公式为

$$w_{Mn} = 1.7w_S + (0.2\% \sim 0.3\%) \tag{2-1}$$

式中　w_{Mn}——Mn 的质量分数（%）；

w_S——S 的质量分数（%）。

锰在铸铁中的独立作用，只有在它与硫的化学反应后所剩余的部分才会表现出来。在铸铁中，锰可以溶解在基体中（如在铁素体中形成置换固溶体），也可溶解在渗碳体中形成合金渗碳体。锰溶解在渗碳体中，可增加 Fe-C 原子的结合力，故锰是阻碍石墨化过程的元素，它可增大铸铁的白口深度。因铸铁中都存在一定数量的硫，锰先和硫反应，抵消硫的阻碍石墨化的作用，因此在有硫存在的铸铁中，提高锰的含量开始是促进石墨化的，只有当锰的含量超过抵消硫所需的含量时，锰阻碍石墨化的作用才明显地表现出来。

在灰铸铁中，通常硫的质量分数在 0.08% ~0.12% 范围时，约需要 0.4% ~0.6%（质量分数）的锰与硫作用。锰的质量分数超过这个数量时，才开始增多珠光体和化合碳量。所以锰加入铸铁中，开始不但不增加硬度，而且有使铸铁软化的倾向。只有当含锰量继续增加到一定数量时，铸铁的强度、硬度才有所提高。这主要是使铸铁基体中珠光体数量增多，珠光体细化所致。为了保证铸铁得到珠光体基体，通常锰的质量分数在 0.6% ~1.2% 范围内。当锰的质量分数过高，超过 1.5% 时，铸铁中易出现自由渗碳体。

3）磷。磷完全溶于铁液，但在固态下的溶解度较小，且随含碳量的增加而降低。磷在固态铁中的扩散速度慢，使凝固过程中极易发生偏析，而较多地集中在残留液体中，从而形成低熔点的磷共晶。磷共晶通常沿晶界呈网状或孤岛状分布，硬而脆，故铸铁随磷含量的增加韧性下降。磷共晶作为硬质点存在于铸铁中，可明显地提高铸铁的耐磨性。当含磷量不是很高（质量分数 0.5% 以下）时，提高含磷量，强度稍有增加，但含磷量继续提高，则强度下降，特别是出现网状磷共晶体时，强度降低更多。所以，要求有一定强度的铸铁，如 HT200、HT300 等，一般控制磷的质量分数不超过 0.15%。有些耐磨铸件（如机床床身，气缸套），磷的质量分数在 0.6% 以上，称为高磷铸铁。

磷既能降低共晶点的含碳量，又能降低共晶温度，对石墨的析出来说是矛盾的，故磷对石墨化过程的影响不大，有微弱的促进作用。磷虽然可促进石墨化，但其含量高时易在晶界上形成硬而脆的磷共晶，降低铸铁的强度。

生产实践中还发现含磷量高时，铸件粘砂明显减少，一些氧化性气孔、铁豆孔等缺陷也减少，同时由于铁液流动性好，铸件填充性高，也有利于排气去渣，容易获得健全的铸件。因此，某些地区的普通灰铸铁件，特别是浇注薄壁铸件，含磷量（质量分数）高达 0.5% ~0.8%。

4）合金元素。铝、铜、镍、钴等元素有促进一次结晶石墨化的作用，镍、铜等元素能阻碍珠光体分解，因此可使珠光体数量增多和细化，强化铸铁基体，在铸铁中既能提高强度和硬度，又能防止产生白口。

铬、钼、钒等元素以渗碳体为基体形成固溶体，如 $(Fe, Cr)_3C$、$(Fe, Mo)_3C$、$(Fe, V)_3C$，还可形成特殊碳化物。因为这些元素都增强 Fe-C 原子的结合力，故强烈阻止石墨化过程。如在硅的质量分数为 1.5% ~2.9% 的铸铁中，加入质量分数为 2% ~3% 的铬或质量分数为 1% 的钒，已使铸铁出现白口。由于这些元素都有细化石墨和强化基体的作用，故适量加入时，可提高铸铁的强度和硬度。

钼阻碍石墨化的作用较小，但强化基体的作用显著，并能加强热处理效果，故常在球墨铸铁中使用。

钛等强碳化物形成元素，在铸铁中的加入量很少，有轻微促进石墨化过程的作用。钛可

以促进高碳硅铸铁中粗大片状石墨细化，因而有利于提高铸铁的强度。当钛加入质量分数在0.15%以下时，可生产出有润滑条件下的耐磨铸铁。

（2）温度和冷却速度　在高温缓慢冷却的条件下，由于原子具有较高的扩散能力，通常按Fe-C相图进行结晶，铸铁中的碳以游离态（石墨相）析出。当冷却速度较快时，由液态析出的是渗碳体而不是石墨。这是因为渗碳体的含碳量（质量分数6.69%）比石墨（质量分数100%）更接近合金的含碳量（质量分数2.5%～4.0%）。因此，一般铸件冷却速度越慢，石墨化进行越充分。冷却速度快，碳原子很难扩散，石墨化进行困难。

在生产中经常发现同一铸件厚壁处为灰铸铁，而表面或薄壁处出现白口铸铁的现象。这说明在化学成分相同的情况下，铸铁结晶时，厚壁处由于冷却速度慢，有利于石墨化过程的进行，表面和薄壁处由于冷却速度快，不利于石墨化过程的进行。

综上所述，当铸铁液的碳、硅含量较高，结晶过程中的冷却速度较慢时，易于形成灰铸铁。反之，则易形成白口铸铁。图2-2所示为铸件壁厚和碳硅含量对铸铁组织的影响。

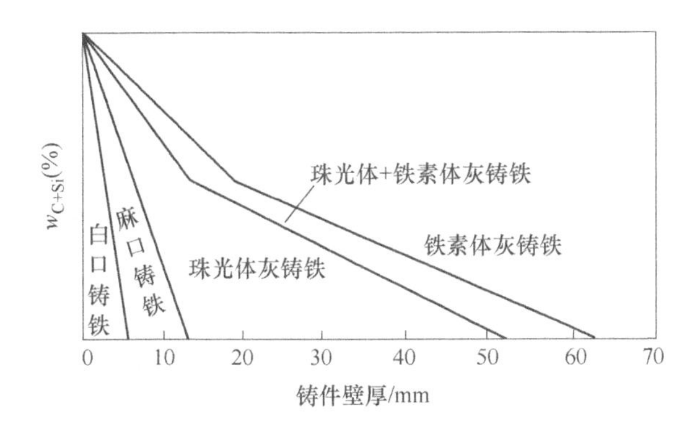

图2-2　铸件壁厚和碳硅含量对铸铁组织的影响

三、灰铸铁的金相组织

灰铸铁的金相组织由金属基体、片状石墨及少量磷共晶、碳化物和硫化物等组成。根据不同阶段石墨化程度的不同，灰铸铁有三种不同的基体组织，即铁素体灰铸铁、铁素体+珠光体灰铸铁和珠光体灰铸铁，如图2-3所示。

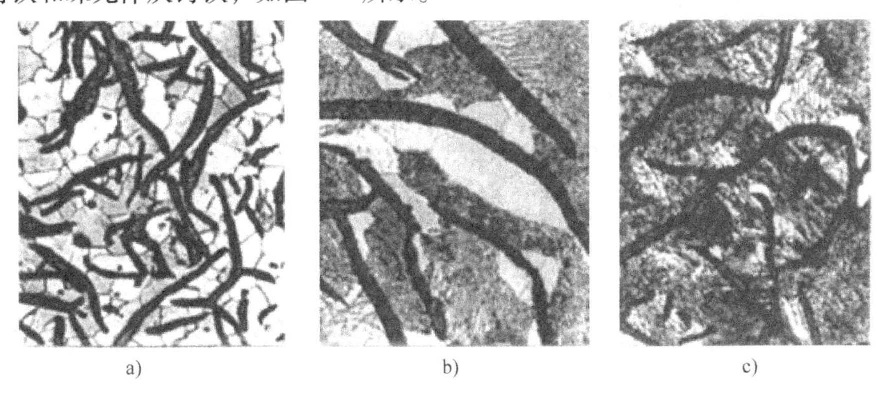

图2-3　灰铸铁的金相组织

a）铁素体灰铸铁　b）珠光体+铁素体灰铸铁　c）珠光体灰铸铁

石墨的分布形状分类见表2-2。灰铸铁中石墨的分布类型如图2-4所示。

表2-2 石墨的分布形状分类（GB/T 7216—2009）

石墨类型	说　明
A	片状石墨呈无方向性均匀分布
B	片状及细小卷曲的片状石墨聚集成菊花状分布
C	初生的粗大直片状石墨
D	细小卷曲的片状石墨在枝晶间呈无方向性分布
E	片状石墨在枝晶二次分枝间呈方向性分布
F	初生的星状（或蜘蛛状）石墨

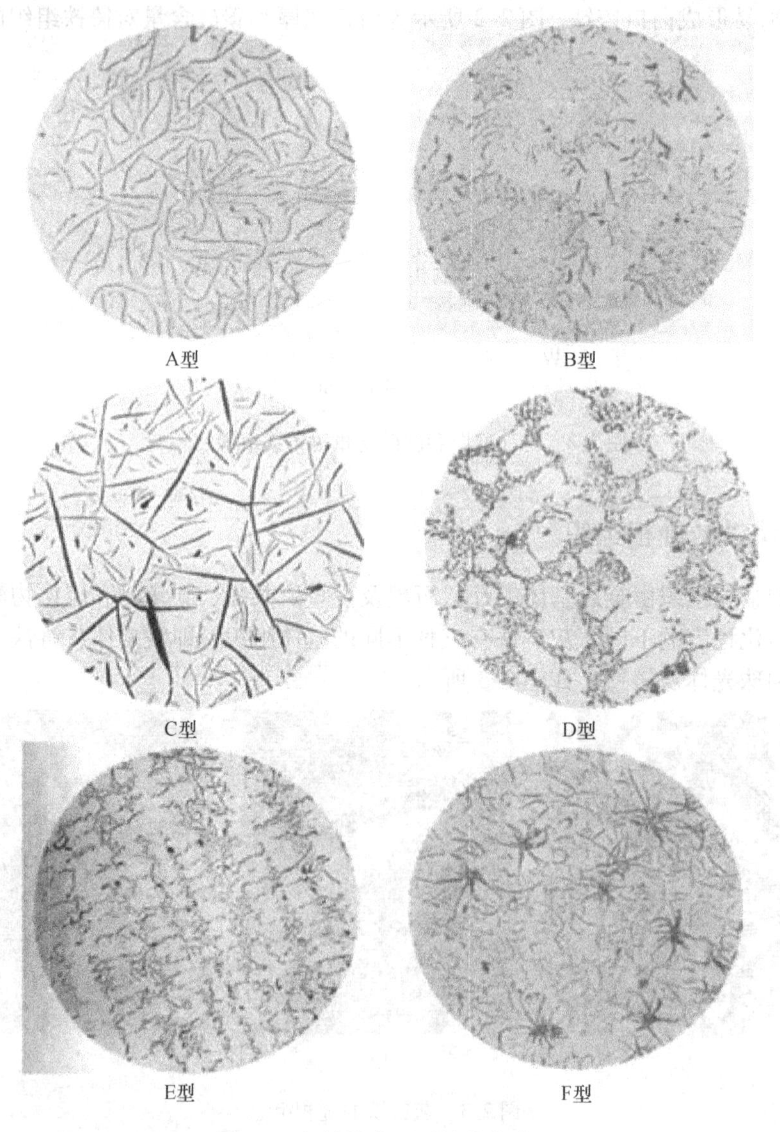

图2-4 灰铸铁中石墨的分布类型

四、灰铸铁的性能

灰铸铁的各种性能决定于金相组织——石墨、基体、共晶团和非金属夹杂物。金相组织的影响因素可以归纳为四类：化学成分——基本元素，合金元素，微量元素；成核条件——炉料遗传性，熔炼工艺，铁液过热与保温，孕育处理等；冷却速度——铸件壁厚，铸型材料，浇注温度；热处理。这些因素都是由于改变金相组织而影响性能。

1. 石墨与力学性能的关系

灰铸铁的基体组织与普通非合金钢无异，其基体的强度与硬度不低于相应的钢，但灰铸铁的抗拉强度和塑性、韧性都远远低于普通非合金钢。这是由于灰铸铁中有片状石墨（相当于微裂纹）存在，石墨软而脆，$R_m < 1.96\text{MPa}$，$A \approx 0$，其尖角割裂金属基体，不仅造成应力集中，而且破坏了基体的连续性。故石墨的分布形状、数量、大小基本上决定了灰铸铁的力学性能。

灰铸铁的抗拉强度较低，塑性和韧性几乎为零。石墨片的数量越多，尺寸越粗大，分布越不均匀，其基体的割裂作用和应力集中现象越严重，则铸铁的强度、塑性与韧性就越低。石墨对灰铸铁力学性能的影响见表 2-3。

表 2-3　石墨对灰铸铁力学性能的影响

石　　墨	影响及说明
石墨分布形状	呈 A 型时，力学性能最好；呈 B 型时，力学性能不高；呈 C、D、E、F 型时，力学性能都较差
石墨量	1. 当石墨形状和分布都相同时，石墨量增加，抗拉强度下降 2. 石墨量增加，弹性模量降低
石墨长度	石墨长度增加，抗拉强度和疲劳强度均下降

2. 石墨与其他性能

片状石墨增加导热能力。灰铸铁的热导率高于球墨铸铁，远高于钢。片状石墨降低导电能力，且铸件壁越厚，石墨片越粗大，电阻越大，导电能力越小。

片状石墨割裂基体，阻止振动的传播，石墨片越粗大，数量越多，吸振能力越大，但强度也越低。生产中利用这一特点，常用灰铸铁制造机床床身、精密仪器及设备的底座等。也可利用这一特点来区分钢和铸铁。当敲击钢棒时，其声音响亮，余音较长；而当敲击灰铸铁时，则声音低沉，余音短。

在承受磨损时，基体中石墨被磨掉的地方形成了微小的沟槽，可以储存润滑油，有利于使零件的摩擦面间保持连续的油膜，再加上石墨本身就是良好的润滑剂，所以灰铸铁在有润滑的条件下耐磨性好。石墨数量越多，灰铸铁越不耐磨。耐磨灰铸铁要求组织为细珠光体加中等片状、适当数量、均布、无方向性的 A 型石墨。

材料在受力条件下，有缺口和无缺口试样的强度有着明显的差别，这一现象称为其对缺口的敏感性。铸钢在无缺口的情况下力学性能较高，但若当试样或零件有缺口（如铸钢上的洞、加工的刀痕、键槽及台肩等）时，其力学性能就会大幅降低。这表明铸钢对缺口的存在非常敏感，其缺口敏感系数为 1.5。而铸铁则不同，由于其内部片状石墨的存在，实际上就相当于许多缺口，若再有缺口时，对其性能影响不大，其缺口敏感系数为 1。

3. 金属基体与力学性能的关系

灰铸铁的基体通常由珠光体和铁素体组成。基体虽然是灰铸铁力学性能的根本，但其作用远远抵不过石墨片的割裂作用。除硬度外，强度、塑性、韧性、弹性等性能主要决定于石墨。金属基体与力学性能的关系见表2-4。

但是，灰铸铁在受压时石墨片破坏基体连续性的影响则大为减轻，其抗压强度是抗拉强度的2.5～4倍。所以常用灰铸铁制造机床床身、底座等耐压零部件。

表2-4　金属基体与力学性能的关系

基　体	影响及说明				
	力学性能	A型石墨灰铸铁		D、E型石墨灰铸铁	
		珠光体	珠光体+铁素体	珠光体	珠光体+铁素体
基体类型	抗拉强度/MPa	177～392	118～177	147～294	98～147
	弹性模量/GPa	69～137	49～118	98～147	78～127
	抗弯强度/MPa	353～686	235～353	314～441	235～314
	抗压强度/MPa	686～1373	490～785	588～1177	441～637
	硬度（HBW）	180～269	100～140	180～269	100～140
珠光体量	珠光体数量增多，抗拉强度和硬度显著提高				
铁素体量	铁素体量增多，甚至基体全部变成铁素体时，强度下降，但冲击韧度增加不多，不改变脆性本质				

4. 灰铸铁的牌号、力学性能及用途

灰铸铁的牌号、力学性能及用途见表2-5。牌号中的“HT”为“灰铁”两字汉语拼音的大写字头，在“HT”后面的数字表示最小抗拉强度值。

应当指出的是，灰铸铁的强度与铸件壁厚大小有关。在同一牌号中，随着铸件壁厚的增加，其抗拉强度降低。因此，根据零件的性能要求去选择铸铁牌号时，必须注意铸件壁厚的影响，如铸件的壁厚过大或过小，应根据具体情况，适当提高或降低铸铁的牌号。

表2-5　灰铸铁的牌号、力学性能及用途（GB/T 9439—2010）

牌　号	最小抗拉强度 R_m/MPa	抗压强度 R_{mc}/MPa	基　体	石　墨	应用举例
HT100	100	500	F	粗片	低载荷和不重要零件，如盖、外罩、手轮、支架、重锤等
HT150	150	600	F+P	较粗片	中等载荷的零件，如支柱、底座、齿轮箱、刀架、阀体、管路附件等
HT200	200	720	P	中等片状	较大载荷和重要零件，如气缸体、齿轮、飞轮、缸套、活塞、联轴器、轴承座等
HT225	225	780			
HT250	250	840			
HT275	275	900	P	较细片状	高载荷的重要零件，如齿轮、凸轮、高压液压缸、滑阀壳体等
HT300	300	960			
HT350	350	1080			

➢【任务实施】

一、HT200 化学成分的确定

在灰铸铁生产时，首先碰到的问题是如何正确地选择铸铁的化学成分。只有化学成分确定之后，才能进行配料和熔炼。

1. 确定化学成分的一般原则

（1）铸件的使用性能是选择化学成分的前提　铸件的生产必须能满足在机器上进行正常的工作，通常由设计部门将铸铁的牌号和技术要求标注在图样上，以此作为确定化学成分的依据。

除了力学性能外，有的铸件还有其他使用性能的要求，如耐磨性、减振性、可加工性等，在确定化学成分时也应进行考虑。

一般来说，在没有特殊理由的情况下，不得随意修改设计部门定的牌号和技术要求。在生产中出现问题时，必须和设计部门协商并取得一致意见后再进行修改。

1）在确定化学成分时，先确定主要元素，通常指碳、硅、锰。

2）对于一些要求耐磨、致密度高的铸件，如液压缸，虽其强度已达到要求，但为了提高其致密度，还需要考虑适当提高牌号或加入合金元素。

（2）铸件在铸型中的冷却速度是确定化学成分的主要条件　在相同的化学成分下，由于冷却速度的不同，可以得到完全不同的组织和性能。因此，在选择铸件化学成分时，必须充分考虑铸件的大小、壁厚、浇注温度的高低及铸型材料的特点等。

1）对于性能要求不高的铸件，可取其平均壁厚来选择铁液的化学成分。但应注意使薄壁处不出现白口，厚壁处不使石墨过分粗大而使力学性能过低。

2）对于性能要求比较高的铸件，如机床床身等，必须根据主要壁厚来选择化学成分。若同一铸件壁厚差别较大，在铁液成分上已很难保证厚薄各处的组织和性能，可以考虑添加合金元素或采用冷铁加快厚壁处的冷却速度等。

（3）孕育处理是改变灰铸铁组织和性能极为有效的措施　在确定化学成分时，一定要考虑是否对铁液进行孕育处理。若要进行孕育处理，选择成分时必须满足孕育处理的要求。

综上所述，铸铁化学成分的确定是一项实践性很强的工作。一般是先分析铸铁的性能要求和铸件结构特点，在工厂生产条件的基础上，参考有关的实际经验数据进行确定。对于初步选定的化学成分，必须结合生产条件不断调整，才能真正地获得预期的铸铁组织和性能。

2. 确定铸铁化学成分的数学模型

根据欧洲的大量统计数据，确立了铸铁成分、力学性能的数学模型，即

$$R_m = 1000 - 809S_c \tag{2-2}$$

$$\sigma_{bb} = 1364 - 970S_c \tag{2-3}$$

$$\mathrm{HBW} = 538 - 355S_c \tag{2-4}$$

上述关系式是用直径为 ϕ30mm 的毛坯测出来的。毛坯直径不同、生产条件不同，所测出的关系式也不同。

1）碳当量。以硅、锰、磷、硫对共晶点的影响程度，将其折合成碳量的增减，所求得的碳量，称为碳当量，用 CE 表示，公式为

$$CE = C + \frac{1}{3}(P + Si) + 0.4S - 0.03Mn \approx C + \frac{1}{3}(P + Si) \quad (2-5)$$

根据铸铁的碳当量，可以判断其成分偏离共晶点的方向和程度：$CE < 4.26\%$，为亚共晶铸铁；$CE = 4.26\%$，为共晶铸铁；$CE > 4.26\%$，为过共晶铸铁。

2）共晶度。灰铸铁的碳的质量分数与共晶点实际碳的质量分数的比值，称为共晶度，用 S_c 表示，计算公式为

$$S_c = \frac{C}{4.3 - \frac{1}{3}(Si + P)} \quad (2-6)$$

若 $S_c < 1$ 则为亚共晶铸铁；$S_c = 1$ 则为共晶铸铁；$S_c > 1$ 则为过共晶铸铁。

3）例题。

[**例题1**]　有一铸铁化学成分为：$w_C = 3.6\%$，$w_{Si} = 2.7\%$，$w_{Mn} = 0.4\%$，$w_P = 0.06\%$，$w_S = 0.06\%$。试判断该铸铁是亚共晶成分还是过共晶成分。

解法1：

$CE = C + \frac{1}{3}(P + Si) = 3.6\% + \frac{1}{3}(0.06\% + 2.7\%) = 4.52\% > 4.26\%$，故该铸铁为过共晶成分。

解法2：

$S_c = \frac{C}{4.3 - \frac{1}{3}(Si + P)} = \frac{3.6}{4.3 - \frac{1}{3}(2.7 + 0.06)} = 1.065 > 1$，故该铸铁为过共晶成分。

[**例题2**]　已知要求达到牌号HT250的铸铁，求该铸铁的共晶度。

解：因为 $R_m = 1000 - 809S_c$，所以

$$S_c = \frac{1000 - R_m}{809} = \frac{1000 - 250}{809} = 0.93$$

[**例题3**]　测定某一牌号铸铁的硬度为200HBW，求其抗拉强度。

解：因为 $HBW = 538 - 355S_c$，所以

$$S_c = \frac{538 - HBW}{355} = \frac{538 - 200}{355} = 0.95$$

$$R_m = 1000 - 809S_c = (1000 - 809 \times 0.95)MPa = 231.45MPa$$

在生产中为了评定各因素对铸铁质量的影响，还可通过计算相对强度、相对硬度、相对质量来作为确定铸铁化学成分、控制力学性能的辅助指标。

$$相对强度: RS = \frac{R_{m实测}}{R_{m计算}} \quad (2-7)$$

$$相对硬度: RH = \frac{HBW_{实测}}{HBW_{计算}} \quad (2-8)$$

$$相对质量: RQ = \frac{RS}{RH} \quad (2-9)$$

式中　$R_{m实测}$、$HBW_{实测}$——在铸件上测出的强度和硬度；

$R_{m计算}$、$HBW_{计算}$——通过上述关系式计算得到的强度和硬度。

将前面的式（2-2）和式（2-4）代入式（2-7）和式（2-8），得到

$$RS = \frac{R_{m实测}}{1000 - 809S_c} \tag{2-10}$$

$$RH = \frac{HBW_{实测}}{538 - 355S_c} \tag{2-11}$$

$$RQ = \frac{RS}{RH} \tag{2-12}$$

相对强度 RS 说明了铸铁在化学成分相同时所得到的抗拉强度的大小，一般要求 $RS>1$；相对硬度 RH 说明了铸铁在化学成分相同时所具有的硬度的大小，一般要求 $RH<1$。相对质量 RQ 说明在一定硬度时所得强度值的大小，主要反映了冶金质量和熔制水平，要求 $RQ>1$。

[例题4] 某工厂生产铸铁，其化学成分为 $w_C=3.3\%$，$w_{Si}=2.1\%$，$w_{Mn}=0.8\%$，$w_P=0.2\%$，$w_S=0.12\%$。试求：1）该铸铁应达到的强度和硬度指标；2）根据工厂实际测定，该铸铁的 R_m 为 230MPa，硬度值为 214HBW，计算相对强度、相对硬度、相对质量。

解：$S_c=\dfrac{C}{4.3-\dfrac{1}{3}(Si+P)}=\dfrac{3.3}{4.3-\dfrac{1}{3}(2.1+0.2)}=0.93$

$R_m=1000-809S_c=(1000-809\times0.93)\text{MPa}=247.63\text{MPa}$

$\text{HBW}=538-355S_c=538-355\times0.93=207.85$

相对强度：$\text{RS}=\dfrac{R_{m实测}}{R_{m计算}}=\dfrac{230\text{MPa}}{247.63\text{MPa}}=0.93$

相对硬度：$RH=\dfrac{\text{HBW}_{实测}}{\text{HBW}_{计算}}=\dfrac{214}{207.85}=1.03$

相对质量：$RQ=\dfrac{RS}{RH}=\dfrac{0.93}{1.03}=0.90$

因该铸铁的 $RQ<1$，故质量还需进一步提高。

3. 铸铁化学成分确定的经验数据

在实际生产中，铸铁化学成分的选择可参考一些经验数据，见表2-6。

表2-6 铸铁化学成分的一般范围（质量分数，%）

牌 号	铸件壁厚/mm	C	Si	Mn	P	S
HT100	<20	3.6~3.8	2.3~2.6	0.4~0.6	<0.40	<0.15
	20~30	3.5~3.7	2.2~2.5			
	>30	3.4~3.6	2.1~2.4			
HT150	<20	3.5~3.7	2.2~2.4	0.5~0.8	<0.40	<0.15
	20~30	3.4~3.6	2.0~2.3	0.5~0.8		
	>30	3.3~3.5	1.8~2.2	0.6~0.9		
HT200	<30	3.2~3.5	1.6~2.0	0.7~0.9	<0.30	<0.12
	30~50	3.1~3.4	1.5~1.8	0.7~0.9		
	>50	3.0~3.3	1.4~1.6	0.8~1.0		

（续）

牌　号	铸件壁厚/mm	C	Si	Mn	P	S
HT250	<30	3.0~3.3	1.5~1.8	0.8~1.0	<0.20	<0.12
	30~50	2.9~3.2	1.4~1.7	0.9~1.1		
	>50	2.8~3.1	1.3~1.6	1.0~1.2		
HT300	<30	3.0~3.3	1.4~1.7	0.8~1.0	<0.15	<0.12
	30~50	2.9~3.2	1.3~1.6	0.9~1.1		
	>50	2.8~3.1	1.2~1.5	1.0~1.2		
HT350	<30	2.8~3.1	1.3~1.6	1.0~1.3	<0.15	<0.10
	30~50	2.8~3.1	1.2~1.5	1.0~1.3		
	>50	2.7~3.0	1.1~1.4	1.1~1.4		

在本项目的任务中，铸铁牌号为HT200，其化学成分依据表2-6中的数据，初步确定如下：$w_C = 3.1\% \sim 3.4\%$，$w_{Si} = 1.5\% \sim 1.8\%$，$w_{Mn} = 0.7\% \sim 0.9\%$，$w_P < 0.3\%$，$w_S < 0.12\%$，该成分适合浇注壁厚为30~50mm的铸件。

二、HT200熔炼的炉料选择

由于HT200属普通灰铸铁，对化学成分要求也不严，铁液温度要求也不严，生产中采用冲天炉熔炼就能满足要求。冲天炉熔炼成本低，工艺简便，技术要求不高。冲天炉熔炼所需的原材料通称为炉料，主要包括金属料、燃料和熔剂。

冲天炉用的燃料是焦炭。铸造用焦炭应具有高的固定碳，低的灰分、硫分、水分和挥发分，适当的块度和强度。铸造用焦炭规格和块度选择见表2-7和表2-8。

表2-7　铸造用焦炭规格

规格指标		特　级	一　级	二　级
块度/mm	1类	>80		
	2类	60~80		
	3类	<60		
水分（质量分数）（%）≤		5.0	5.0	5.0
灰分（质量分数）（%）≤		8.00	8.01~10.00	10.01~12.00
挥发分（质量分数）（%）≤		1.50	1.50	1.50
硫分（质量分数）（%）≤		0.60	0.80	0.80
转鼓强度（M40）（%）≥		85.0	81.0	77.0
落下强度（%）≥		92.0	88.0	84.0
显气孔率（%）≤		40	45	45
碎焦率（<40mm）（%）≤		4.0	4.0	4.0

冲天炉用的金属炉料包括新生铁、回炉铁、废钢、铁合金等。废钢和铁合金（如硅铁、

锰铁、铬铁等）用以调节铁液的化学成分。在实际生产中，除要求各类金属炉料具有规定的化学成分外，还要求其具有适宜的块度和清洁度。常用新生铁、硅铁的规格分别见表2-9和表2-10。冲天炉用的熔剂主要是石灰石，其块度一般为20～70mm。

表2-8　焦炭的块度选择　（单位：mm）

炉膛直径	500～600	700～900	900～1100
底焦块度	60～100	80～120	100～150
层焦块度	40～80	40～100	60～120

表2-9　常用新生铁的规格（质量分数,%）

牌号			铸34	铸30	铸26	铸22	铸18	铸14
代号			Z34	Z30	Z26	Z22	Z18	Z14
化学成分	C		>3.3	>3.3	>3.3	>3.3	>3.3	>3.3
	Si		>3.2～3.6	>2.8～3.2	>2.4～2.8	>2.0～2.4	>1.6～2.0	>1.25～1.6
	Mn	1组	≤0.50					
		2组	>0.50～0.90					
		3组	>0.9～1.30					
	P	1级	≤0.60					
		2级	>0.06～0.10					
		3级	>0.10～0.20					
		4级	>0.20～0.40					
		5级	>0.06～0.10					
	S	1类	≤0.03					≤0.04
		2类	≤0.04					≤0.05
		3类	≤0.05					≤0.06

表2-10　常用硅铁的规格（质量分数,%）

牌号	Si	Al	Ca	Mn	Cr	P	S	C
		≤						
FeSi90Al1.5	87.0～95.0	1.5	1.5	0.4	0.2	0.04	0.02	0.2
FeSi90Al3	87.0～95.0	3.0	1.5	0.4	0.2	0.04	0.02	0.2
FeSi75Al0.5	72.0～80.0	0.5	1.0	0.5	0.5	0.035～0.04	0.02	0.1～0.2
FeSi75Al1.0	72.0～80.0	1.0	1.0	0.4～0.5	0.3～0.5	0.035～0.04	0.02	0.1～0.2
FeSi75Al1.5	72.0～80.0	1.5	1.0	0.4～0.5	0.3～0.5	0.035～0.04	0.02	0.1～0.2
FeSi75Al2.0	72.0～80.0	2.0	—	0.4～0.5	0.3～0.5	0.035～0.04	0.02	0.1～0.2
FeSi75	72.0～80.0	—	—	0.4～0.5	0.3～0.5	0.035～0.04	0.02	0.1～0.2
FeSi65	65.0～72.0	—	—	0.6	0.5	0.04	0.02	—
FeSi45	40.0～47.0	—	—	0.7	0.5	0.04	0.02	—

普通灰铸铁的碳当量较高，一般 $CE=3.8\% \sim 4.7\%$，可不用或少用废钢；对硫和磷的含量放得较宽，一般生铁均可满足使用要求。在配料时，随着牌号的提高，碳当量降低，碳、硅量减少，炉料中的废钢增加，新生铁量减少，回炉铁的配入可根据工厂的实际情况适当搭配。HT200 的炉料配制方案可参考表 2-11。

表 2-11 普通灰铸铁炉料配制方案

铸铁牌号	各炉料配料比例（%）		
	新生铁	回炉料	废钢
HT150	50～60	30～40	0～15
HT200	30～40	30～40	10～25

三、HT200 熔炼的炉料配制计算

冲天炉炉料配制方法很多，常用的有表格核算法、解联立方程式法、图解法等。下面简要介绍较常使用的表格核算法。

1. 确定原始资料

1）根据铸铁牌号、铸件结构和壁厚，确定铁液的化学成分。现以本项目任务中牌号为 HT200 的铸铁为例加以说明。选定的铸铁化学成分（质量分数）为：$w_C=3.1\% \sim 3.4\%$，$w_{Si}=1.5\% \sim 1.8\%$，$w_{Mn}=0.7\% \sim 0.9\%$，$w_P<0.3\%$，$w_S<0.12\%$。

2）熔炼中各元素的变化率见表 2-12。

表 2-12 熔炼中各元素的变化率（质量分数，%）

元素	C	Si	Mn	S	P
变化率	增碳 +1.7～1.9	—	—	+50	—
	脱碳 −0.5	−15	−20	—	—

3）选定金属炉料的化学成分，见表 2-13。

表 2-13 金属炉料的化学成分（质量分数，%）

炉料名称	化学成分				
	C	Si	Mn	S	P
新生铁	4.19	1.56	0.76	0.04	0.036
回炉铁	3.28	1.88	0.66	0.07	0.096
硅铁	—	75	—	—	—
锰铁	—	—	65	—	—
废钢	0.15	0.35	0.50	0.05	0.05

2. 配料计算

1）设定初步配料比。设新生铁加入量为 $x\%$，废钢加入量为 $(80-x)\%$，回炉铁加入量为 20%。

2）计算炉料中各元素的质量分数。

$$w_{C炉料} = \frac{w_{C铁液} - 1.8}{0.5}\% = \frac{3.25 - 1.8}{0.5}\% = 2.9\%$$

$$w_{Si炉料} = \frac{w_{Si铁液}}{1 - 0.15}\% = \frac{1.65}{1 - 0.15}\% = 1.94\%$$

$$w_{Mn炉料} = \frac{w_{Mn铁液}}{1 - 0.2}\% = \frac{0.8}{1 - 0.2}\% = 1.0\%$$

$$w_{S炉料} = \frac{w_{S铁液}}{1 + 0.5}\% = \frac{0.12}{1 + 0.5}\% = 0.08\%$$

$$w_{P炉料} = w_{P铁液} = 0.3\%$$

3）计算新生铁配比。

$$4.19x + 0.15(80 - x) + 3.28 \times 20 = 2.9 \times 100$$

$$解得\ x = 52.6$$

4）将计算结果填入计算表内（表2-14）。

表2-14　炉料计算表（%）

炉料名称	配比	C		Si		Mn		S		P	
		原料	炉料	原料	炉料	原料	炉料	原料	炉料	原料	炉料
新生铁	52.6	4.19	2.20	1.56	0.82	0.76	0.40	0.04	0.021	0.036	0.019
回炉铁	20	3.28	0.66	1.88	0.38	0.66	0.13	0.07	0.014	0.096	0.019
废钢	27.4	0.15	0.04	0.35	0.10	0.50	0.14	0.05	0.014	0.05	0.014
合计	100	—	2.90	—	1.30	—	0.67	—	0.049	—	0.052
炉料		—	2.90	—	1.94	—	1.00	—	<0.08	—	0.3
差额		—	0.00	—	0.64	—	0.33	—	合格	—	合格

5）计算铁合金加入量。

$$硅铁 = \frac{0.64}{75} = 0.85\%$$

$$锰铁 = \frac{0.33}{65} = 0.51\%$$

6）计算炉料加入量。设熔化率为5t/h，层铁取5t/10 = 500kg，层铁焦比为10∶1，则配料如下：

$$新生铁 = 500kg \times 52.6\% = 263kg$$

$$回炉铁 = 500kg \times 20\% = 100kg$$

$$废钢 = 500kg \times 27.4\% = 137kg$$

$$硅铁 = 500kg \times 0.85\% = 4.25kg$$

$$锰铁 = 500kg \times 0.51\% = 2.55kg$$

$$层焦 = 500kg \times \frac{1}{10} = 50kg$$

四、HT200 熔炼操作

1. 炉料、工具准备

按炉料计算所得的数据准备各种炉料，称量要准确，炉料要清洁、无油、无锈、无杂质。同时准备好各种工具，如铁锹、铁钎、取样勺、砰称、浇包、防护面罩、手推车等。工人穿好劳动保护用品，并对工人进行安全教育。

2. HT200 冲天炉熔炼操作

冲天炉操作按项目一任务一中的“冲天炉操作”实施，在此不重复叙述。当炉前三角试片白口宽度为 3 ~ 6mm，铁液温度为 1450℃时，即可出铁。

五、检测与评价

1. 炉前检测

铁液的化学成分检验主要是对所浇注的三角试片进行化学分析。目前生产中应用较多的还是炉前三角试片检验。炉前三角试片是以不同碳、硅含量在不同冷却条件下，铸铁宏观组织有不同的表现为依据，来判定铁液的化学成分的。常用的炉前三角试片尺寸见表 2-15，其立体图如图 2-5 所示。

表 2-15 常用的炉前三角试片尺寸

编　号	高度/mm	宽度/mm	长度/mm	白口宽度极限/mm
1	40	15	120	6
2	50	20	150	10
3	60	25	150	12

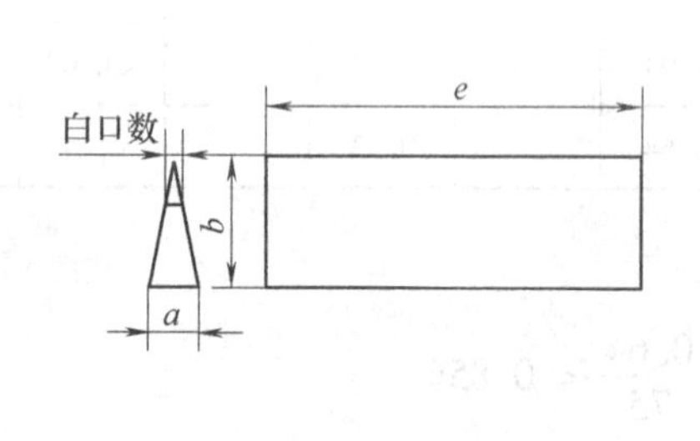

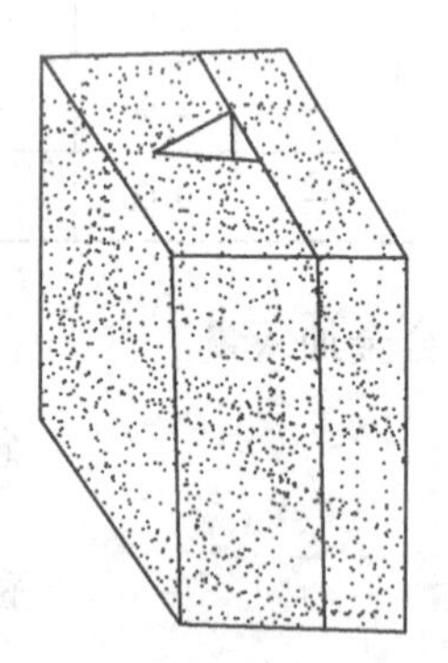

图 2-5 常用的炉前三角试片立体图

三角试片断面尺寸的选择可根据铸件的壁厚来确定。一般厚壁大的铸件应选用较大的三角试片，薄壁小铸件选取小的。三角试片一般采用干型，也可用湿型，采用立注。浇注后待冷至暗红色（约 600℃左右），可从砂型中将其取出，清除表面粘砂后即可全部淬入水中（保持水平淬入，底部向下）冷却，取出晾干后，打断试片测量其白口宽度（白口宽度值称白口数）。

白口宽度越大，说明碳当量越小，反之，碳当量越高。观察断口组织及灰口层的颜色，也可判断碳当量的高低。断口发暗，硅量稍低；断口发亮，硅合适。断口发黑，碳高；断口色淡且中心晶粒细，碳低。锤击时，易断或断口平齐，说明强度低；不易断，断口不整齐，则强度高。

三角试片白口宽度的选择，还应兼顾力学性能和最小壁厚的可加工性及铁液的铸造性能。对于壁厚在 20 ~ 30mm 的中小铸件，白口宽度选择在 HT100 为 0 ~ 2mm 为宜，HT150 为 2 ~ 4mm 为宜。本项目任务中 HT200 成分为中等壁厚（30 ~ 50mm），白口宽度为 3 ~ 6mm 时即可达到出铁要求。

2. 抗拉强度检验

灰铸铁件的抗拉强度是力学性能检验的主要指标。需要浇注专门的试棒，加工成试样，然后进行拉伸试验。单铸试棒用砂型（或具有相似冷却条件的铸型），竖浇；经供需双方协商同意，也可以用湿砂型。同一铸型中可以浇注若干根试棒，其自由间距不得小于 50mm。试棒的长度 L 应根据试样和夹持装置的长度确定。试棒与铸件须用同一批铁液浇注，开型温度不大于 500℃。若需热处理，则试棒和其所代表的铸件同炉处理；但若铸件仅时效处理清除应力，则试棒不予处理。单铸试棒铸型如图 2-6 所示。单铸试棒加工成试样测试的力学性能见表 2-16。当铸件壁厚超过 20mm，质量又超过 2000kg 时，也可采用与铸件冷却条件相似的附铸试棒或附铸试块（图 2-7）加工成试样来测定抗拉强度，测定结果比单铸试棒的抗拉强度更接近铸件材质的性能，测定值应符合表 2-16 中的规定。试棒（块）的类型及附铸的部位应由供需双方协商确定；若无协议，则应附铸在有代表性的部位。试棒（块）的长度 L 根据试样和夹持装置的长度确定。若铸件需热处理，则应在热处理之后切下试棒（块）。

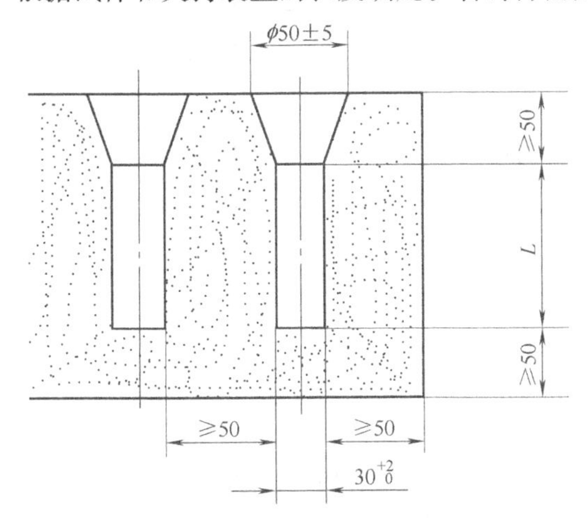

图 2-6 单铸试棒铸型（GB/T 9439—2010）

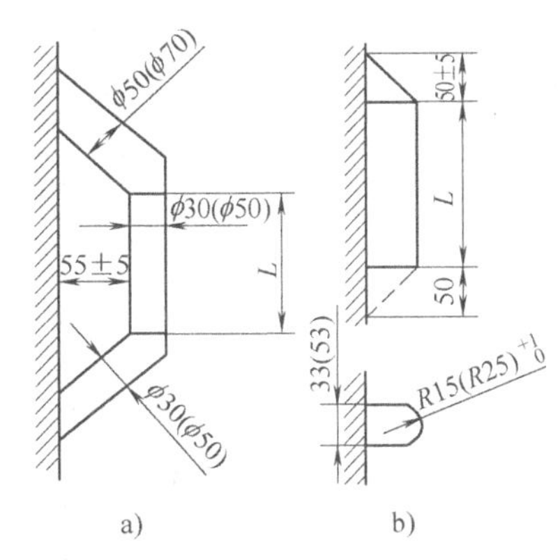

图 2-7 附铸试棒、附铸试块（GB/T 9439—2010）
a）附铸试棒 b）附铸试块

表 2-16 灰铸铁的牌号和力学性能（GB/T 9439—2010）

牌 号	铸件壁厚/mm		最小抗拉强度 R_m 强制性值		铸件本体预期抗拉强度 R_m/MPa
	>	≤	单铸试棒/MPa	附铸试棒或试块/MPa	
HT100	5	40	100	—	—
HT150	5	10	150	—	155
	10	20		—	130
	20	40		120	110
	40	80		110	95
	80	150		100	80
	150	300		90	—

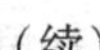
（续）

牌　号	铸件壁厚/mm		最小抗拉强度 R_m 强制性值		铸件本体预期抗拉强度 R_m/MPa
	>	≤	单铸试棒/MPa	附铸试棒或试块/MPa	
HT200	5	10	200	—	205
	10	20		—	180
	20	40		170	155
	40	80		150	130
	80	150		140	115
	150	300		130	—
HT225	5	10	225	—	230
	10	20		—	200
	20	40		190	170
	40	80		170	150
	80	150		155	135
	150	300		145	—
HT250	5	10	250	—	250
	10	20		—	225
	20	40		210	195
	40	80		190	170
	80	150		170	155
	150	300		160	—
HT275	10	20	275	—	250
	20	40		230	220
	40	80		205	190
	80	150		190	175
	150	300		175	—
HT300	10	20	300	—	270
	20	40		250	240
	40	80		220	210
	80	150		210	195
	150	300		190	—
HT350	10	20	350	—	315
	20	40		290	280
	40	80		260	250
	80	150		230	225
	150	300		210	—

3. 硬度检验

国家标准规定，对于有特殊要求时，经供需双方同意，硬度也可以作为灰铸铁验收的重要技术条件。硬度应符合表2-17中的要求。

国家标准也规定，硬度值供需双方可以协商确定，但其波动范围必须在±25HBW之内。布氏硬度试块如图2-8所示。

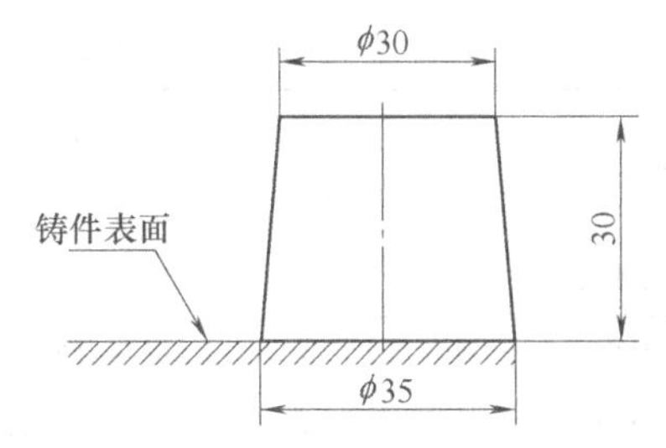

图2-8 布氏硬度试块（GB/T 9439—2010）

表2-17 灰铸铁的硬度等级和铸件硬度

硬度等级	铸件主要壁厚/mm		铸件上的硬度范围（HBW）	
	>	≤	min	max
H155	5	10	—	185
	10	20	—	170
	20	40	—	160
	40	80	—	155
H175	5	10	140	225
	10	20	125	205
	20	40	110	185
	40	80	100	175
H195	4	5	190	275
	5	10	170	260
	10	20	150	230
	20	40	125	210
	40	80	120	195
H215	5	10	200	275
	10	20	180	255
	20	40	160	235
	40	80	145	215
H235	10	20	200	275
	20	40	180	255
	40	80	165	235
H255	20	40	200	275
	40	80	185	255

注：在供需双方商定的铸件某位置上，铸件硬度差可以控制在40HBW硬度值范围内。

硬度也可以在单铸试棒上测试，硬度值见表2-18。

表 2-18 单铸试棒上测试的硬度值

牌 号	最小抗拉强度 R_m/MPa	布氏硬度(HBW)	牌 号	最小抗拉强度 R_m/MPa	布氏硬度(HBW)
HT100	100	≤170	HT250	250	180~250
HT150	150	125~205	HT275	275	190~260
HT200	200	150~230	HT300	300	200~275
HT225	225	170~240	HT350	350	220~290

➢【拓展与提高】

一、提高灰铸铁力学性能的措施

要提高灰铸铁的力学性能有两条途径：首先是改变石墨的数量、大小、分布和形状；其次是在改变石墨特性的基础上控制基体组织，在石墨的影响减小到最小之后，充分发挥基体的作用。具体措施有以下几种。

1）适当调整灰铸铁的化学成分，采用高的 w_{Si}/w_C 比。

在前述确定铸铁化学成分的基础上，还可在保持同一碳、硅总量的条件下，适当增加废钢加入量，将 w_{Si}/w_C 比从0.4~0.5调整提高到0.7~0.8，将铁液的出炉温度提高到1450℃以上，这样可使灰铸铁的抗拉强度提高约20~30MPa，铸件内的剩余内应力降低，变形倾向小，铸造性能进一步改善，白口倾向小，断面均匀性好，可加工性好，成本低。因此这在生产中得到了广泛应用。

2）采用合金化。在普通灰铸铁中加入少量合金元素，如Mn、Cu、Mo和少量RE等，其目的是强化基体，提高珠光体的含量和细化珠光体。

①含锰灰铸铁。生产实践证明，在HT100中将含锰量（质量分数）由原来的0.47%提高到1.38%后，其抗弯强度可以从320MPa提高到420MPa左右。含锰量稍高于含硅量的含锰灰铸铁具有强度、硬度高，耐磨性好，收缩性小，不易产生缩孔、缩松等缺陷，生产成本低等优点，因而已经在机床铸件上得到了广泛应用。

②含稀土灰铸铁。在高碳灰铸铁的铁液中，炉前加入少量稀土硅铁合金（约为铁液质量的0.1%~0.3%），可使石墨细化，致密度增加，抗拉强度提高20~50MPa。

3）改进炉料质量。炉料对铸铁质量影响很大，在冲天炉熔炼中，精选炉料对于提高灰铸铁的强度有一定的作用，可使铸铁的相对质量指标提高到1.2~1.3。在铸铁生产时，对于不同牌号的铸铁，将加入不同比例的废钢作为保证铸铁材质性能的一个控制指标。

4）对铸铁件进行热处理。在灰铸铁生产中，常用的热处理是为了消除内应力和降低硬度。而作为提高和改善力学性能的热处理，主要是石墨化退火和表面淬火。这部分内容在后面会详细介绍。

5）对原铁液进行炉前孕育处理。在存在着片状石墨的条件下，要获得较高的强度，则希望得到少量而均匀分布的细片状A型石墨，同时具有细片状的珠光体。要得到这样的组织，就要降低铸铁中促进石墨化的因素（如增大冷却速度，降低碳、硅含量等），使力学性能有所提高。但这一措施却因出现一些具体问题而受到限制，特别是碳、硅含量降低使铸造性能明显变差，有时还会出现晶间过冷石墨甚至自由渗碳体，反而使力学性能降低。

在长期的生产实践中，人们不断地总结经验，终于在20世纪20年代发明了孕育处理工艺，从而大幅度地改变了铸铁的组织和性能，使铸铁的抗拉强度达到了300MPa以上。这是人们在提高灰铸铁力学性能方面的一次重大突破，成为目前提高灰铸铁力学性能的最有效的措施，在生产中得到了广泛应用。

二、灰铸铁的孕育处理工艺

1. 孕育铸铁的熔制原理

在普通灰铸铁的生产中，为了进一步提高其力学性能，就必须使组织中的石墨数量减少且细化，基体组织中的珠光体数量增多，片间距变小。最有效的措施是降低铸铁的碳、硅含量，但到一定程度后，会使组织中出现麻口或白口，在性能上反而降低，这时就必须对铸铁进行孕育处理，目的是防止这种情况的发生。

孕育铸铁的熔制原理就是在炉前向低碳、硅铁液中加入一定数量的促进石墨化元素（如FeSi75等），将原来按亚稳定系结晶的部分转变为按稳定系结晶。由于人为地在很短时间内加入大量的结晶核心，从而降低了过冷度，使共晶团细化，得到具有细小A型石墨片和细珠光体或索氏体基体的灰铸铁，力学性能显著提高。这种处理过程就叫做孕育处理。经孕育处理所得到的铸铁称为孕育铸铁。处理时向铁液中加入的促进石墨化的元素称为孕育剂。

2. 孕育铸铁的熔制工艺

（1）孕育铸铁化学成分的确定　当孕育铸铁原铁液部分或全部按亚稳定进行结晶时，若不进行孕育处理，铸件将会出现麻口或白口组织，而这时进行孕育处理不仅能消除麻口或白口倾向，而且还能使铸铁的力学性能大幅度提高。如果原铁液中的碳、硅含量较高，不经孕育处理就已经是灰铸铁了，那么再在炉前加入孕育剂，势必造成石墨数量增多，石墨粗大，力学性能反而更低。但碳、硅含量也不能太低，否则铸造性能恶化，增加孕育剂的消耗量，熔化困难。因此，一般将孕育铸铁的化学成分选在位于铸件组织图上的麻口区或白口区与麻口区交界处而靠近麻口区，如图2-9所示。在图2-9中，Ka是石墨化常数，即

$$Ka = C(Si + \lg R) \tag{2-13}$$

式中　Ka——石墨化常数，为铸铁组织状态的特征值；

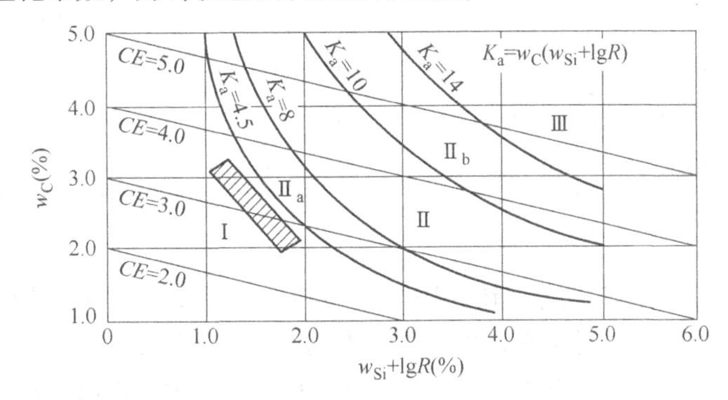

图2-9　铸件组织图

Ⅰ—白口区　Ⅱ$_a$—麻口区　Ⅱ、Ⅱ$_b$、Ⅲ—灰口区

（Ⅱ—珠光体+石墨　Ⅱ$_b$—珠光体+铁素体+石墨　Ⅲ—铁素体+石墨）

C、Si——铸铁的碳、硅的质量分数；

R——当量厚度，铸件体积与表面积之比。

当浇注、铸型等工艺条件确定后，即使铸件形状各异，只要当量厚度相等，铸件冷却条件就相似。当量厚度是铸件各部分组织是否均一的决定性因素。

生产实践表明，孕育处理效果与铸铁的化学成分有关，如图2-10所示。在一定的范围内，碳当量越低，孕育效果越好，铸铁的强度也越高。在考虑原铁液含碳量时，总是把碳的质量分数维持在2.8%～3.0%左右，而把硅的质量分数控制在稍低于能显著促进石墨化的临界值，只要稍加孕育就可获得较好的孕育效果。

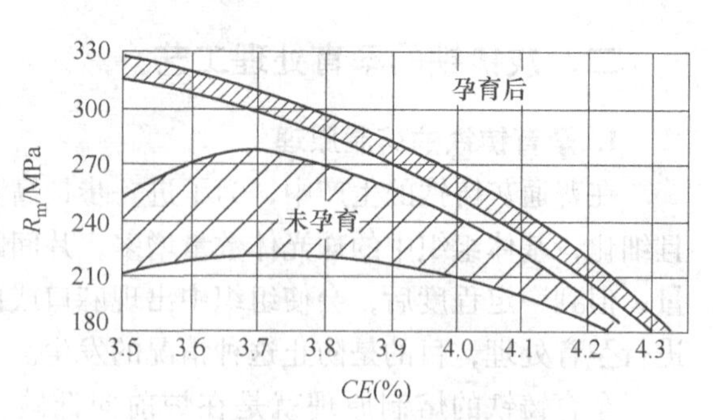

图2-10　孕育处理对灰铸铁抗拉强度的影响

在确定化学成分时，同样要考虑到铸件壁厚和冷却速度的影响。对于一定牌号的铸铁来说，选取碳、硅的质量分数时厚大件取下限，薄小件取上限。锰在孕育铸铁中有助于得到珠光体基体，因此可适当放宽到 w_{Mn} = 0.8%～1.2%；硫的质量分数一般限制在 w_S = 0.12%以下，而将磷的质量分数控制在 w_P = 0.15%以下。对于有特殊要求的零件（如机床铸件），磷的质量分数可适当放宽到 w_P = 0.4%～0.5%左右或更高。表2-19中列出了中等壁厚（20～50mm）孕育铸铁件的化学成分和配料比例，可供参考。

为了保证充分的孕育处理，防止铁液降温过多，要求原铁液有足够的出炉温度，最好大于1450℃。铁液的过热温度越高，则过冷倾向也越大，若能适当进行孕育处理，则使铸铁强度大幅度提高，其作用与降低碳当量相类似。若条件许可，提高孕育铸铁原铁液的过热温度和高温保持时间，对于进一步提高孕育铸铁的质量是有利的。国外有些工厂要求孕育铸铁原铁液出炉温度为1500～1550℃。

表2-19　孕育铸铁件的化学成分和配料比例

铸铁牌号	化学成分（质量分数,%）						炉料配比（质量分数,%）			孕育剂加入量FeSi75（质量分数,%）	出铁温度/℃
	C	孕育前Si	孕育后Si	Mn	P	S	新生铁	回炉铁	废钢		
HT250	3.0～3.3	1.3～1.5	1.5～1.7	0.7～1.0	<0.15	<0.12	30～35	40～50	20～35	0.2～0.4	>1420
HT300	2.9～3.2	1.1～1.9	1.4～1.6	0.9～1.2	<0.15	<0.12	25～30	30～40	35～40	0.4～0.6	>1420
HT350	2.8～3.1	0.9～1.0	1.3～1.5	1.0～1.4	<0.12	<0.12	15～20	25～35	45～55	0.6～0.8	>1420

（2）孕育剂

1）孕育剂的种类及化学成分。铸铁用孕育剂的种类很多，成分也比较复杂。在我国常用的是FeSi75和硅钙合金。近年来，含其他元素的孕育剂迅速发展。

据国外研究，纯硅或纯硅铁对灰铸铁有很少或甚至没有孕育作用。硅铁起载体作用，真正起孕育作用的是其中的铝、钙等。因此，一些国家规定了硅铁中Al和Ca的含量（质量分数），如美国规定Al（质量分数）0.75%～1.75%，Ca（质量分数）0.5%～1.5%，前苏联规定Al（质量分数）1.8%～2.5%。一些国内外常用孕育剂的化学成分见表2-20。

表 2-20　一些国内外常用孕育剂的化学成分

商业名称	化学成分（质量分数,%）									
	Si	Al	Ca	Sr	Ba	Zr	RE	Mn	C	Fe
SiFe-1	74～79	0.8～1.6	0.5～1.0	—	—	—	—	—	—	余量
SiFe-2	74～79	0.8～1.6	<0.5	—	—	—	—	—	—	余量
SiSrFe	73～78	≤0.5	≤0.1	0.6～1.2	—	—	—	—	—	余量
BaSiFe	60～68	1.0～2.0	0.8～2.2	—	4～6	—	—	—	—	余量
Ba10G	60～65	1.3～1.7	1.0	—	9～11	—	—	—	≤0.1	余量
TG-1	33～40	≤0.1	5～8	—	—	—	—	—	27～37	余量
RECaBa	46～54	≤0.3	1.0～3.0	—	1.5～4.0	—	3～5	—	—	余量
CaSiZr	50～55	～1.0	15～20	—	—	15～20	—	—	—	余量

2）孕育剂的性能特点及适用范围。表 2-21 列出了国产系列化孕育剂的性能特点和适用范围，供选用时参考。

表 2-21　国产系列化孕育剂的性能特点和适用范围

孕育剂名称	性能特点	适用范围	备　注
硅铁（FeSi）	孕育速度快，在 1.5min 内达到高峰，8～10min 后衰退到未孕育状态。可减少过冷度和白口倾向，增加共晶团数量，形成 A 型石墨，提高抗拉强度和断面的均匀性，具有良好的孕育效果	适用于 HT200、HT300 的生产，由于抗衰退能力差，若不用瞬时孕育则效果较差	价格便宜，来源最广泛
钡硅铁（FeSiBa）	比硅铁有更强的增加共晶团和改善断面均匀性的能力，抗衰退能力强，孕育效果可维持 20min 左右	适用于各种牌号的灰铸铁，特别适用于大型厚壁件及浇注时间长的铸件	价格比硅铁高 20%～30%，用量减少 20%
锶硅铁（FeSiSr）	降低白口能力比硅铁强，和碳硅钙相近，断面的均匀性和抗衰退能力比硅铁好，易熔解，渣量少	适用于薄壁件，特别是不希望有高共晶团数的，对缩松渗漏有要求的零件	价格比硅铁高，但可防止铸件渗漏
碳硅钙（TG-1）	其石墨化能力与锶硅铁相近，抗衰退能力略低于钡硅铁，但优于硅铁，熔点高，易于获得均匀分布、细小的 A 型石墨	适用于高温熔炼下生产各种灰铸铁	价格略高于硅铁，用量少
稀土钙钡硅铁（RECaBa）	高碳当量时仍有较好的孕育效果，抗衰退能力仅次于钡硅铁和碳硅钙，其孕育的强度、硬度比硅铁孕育的高，使可加工性和断面均匀性得到改善	适用于碳当量比较高的薄壁件，特别是适用于耐水、气压力的薄壁铸件	价格比硅铁高一倍，其用量仅为硅铁的一半

3）孕育剂加入量的确定。在一定的条件下，每一种孕育剂都有其最佳加入量，过多或过少都会使其孕育的效果受到影响。若加入量不足，铸件会出现麻口、白口或晶间石墨，力学性能较低；若加入量过多，不仅不会带来更好的孕育效果，反而会浪费孕育剂，降低铁液的温度，增加铸件的生产成本，力学性能达不到使用的要求。孕育剂的加入量和许多因素有关，如原铁液的化学成分、温度和氧化程度，铸件壁厚及冷却条件，孕育剂的种类及处理方法等。其中主要是原铁液的化学成分和铸件壁厚。若原铁液碳当量较高或对于厚壁铸件，加

入量应少些；否则加入量应多些。一般铸铁牌号越高，其加入量就越多。

以最常见的FeSi75为例，加入量（质量分数）大约为0.2%～0.6%，使用前要破碎成一定的粒度，其大小和所处理的浇包容量有关。一般随包内铁液量增多，其粒度增大，对于1～2t浇包，孕育剂粒度取3～10mm左右。孕育剂在加入铁液前必须进行预热烘烤（约在250～450℃）以去除水分。

（3）孕育处理方法　孕育处理方法近年来有了很大发展。最常用的孕育方法是在出铁槽内加入一定粒度的孕育剂（粒度大小随浇包大小而定，一般在5～10mm左右）。这种方法简单易行，但缺点不少，一是孕育剂消耗很大，二是易发生孕育衰退现象，衰退的结果导致白口倾向的重新加大及力学性能的下降。为此，近年来发展了许多瞬时孕育（后孕育）技术，此法是尽量缩短从孕育到凝固的时间，可极大程度地防止孕育作用的衰退，也即最大限度地发挥了孕育的作用。下面分别介绍。

1）随流孕育。将粒度为20～40目的粒状孕育剂随铁液浇注流加入，加入量（质量分数）为0.08%～0.2%，即可使铁液得到充分的孕育。这种方法的孕育剂用量少，对消除碳化物非常有效，并可大幅度增加共晶团和石墨球数。

最简单的随流孕育方法是用定量漏斗将孕育剂撒入浇口杯内或浇包铁液流股中。大量流水生产的孕育机构安装在浇注机上，配有光电控制系统，孕育剂可自动加入，用量任意调节，如图2-11所示。

2）孕育丝孕育。将粒度为40～140目的粒状孕育剂包扎在壁厚为0.2～0.4mm、直径为1.8～7.0mm的薄钢管内制成孕育丝，绕成卷状安装到喂丝机构上，由控制机构将孕育丝喂入直浇口中进行孕育，如图2-12所示。

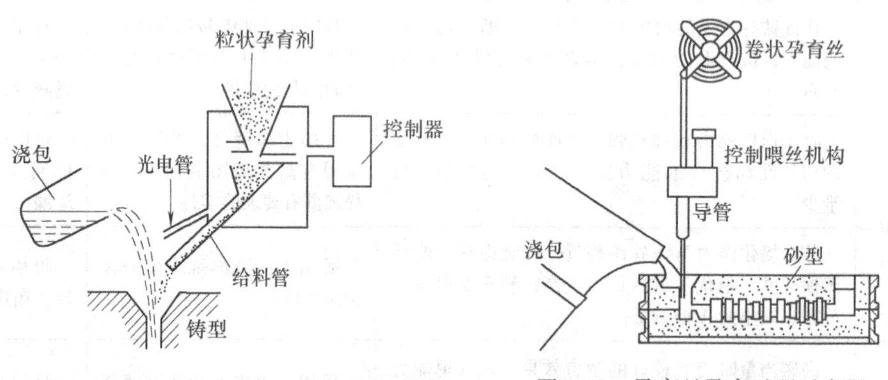

图2-11　孕育剂自动输送装置示意图　　图2-12　孕育丝孕育过程示意图

该法的优点是孕育剂用量少（质量分数为0.02%～0.03%），无粉尘污染，可避免将不熔质点带入铸型，造成白点（碳化物），便于自动控制；缺点是孕育丝的轧制和输送比较复杂。

3）孕育块孕育。孕育块可用铸造方法制造，也可将粒状孕育剂用硬脂酸粘接成块，然后插入浇口杯或特设的反应室内。当铁液流过时孕育块逐层熔化带入铸型产生孕育作用。为了保证均匀孕育，合金的溶解速度和浇注系统的设计要仔细控制。按照铸型大小可装一块或几块孕育块。孕育块的安装方法如图2-13所示，孕育块可放在直浇道底部的过滤网上（图2-13a），或插入直浇道底部的反应室（图2-13b）和浇口杯内（图2-13c）。

4）型内孕育。将孕育剂放在浇注系统上，当铁液经浇注系统而进入型腔时就会被孕育。此法具有孕育效果均匀、无衰退、孕育剂加入量少等特点，特别适用于大批量流水线生产。

（4）孕育效果的炉前控制　孕育铸铁的炉前控制是一项很重要的工作。控制的目的是使经孕育处理的铸铁符合铸件的性能要求。从出铁液到浇注的时间间隔很短（出铁槽孕育或包内孕育），这就要求炉前检验方法快速而准确。化学分析和金相检验等方法尽管很准确，但其检验速度远不能满足要求。而采用三角试片检验，虽比较粗略，但简单易行，因而得到普遍应用。

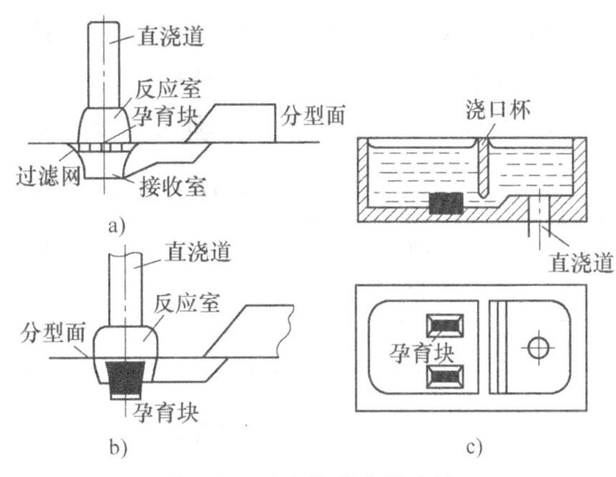

图 2-13　孕育块的安装方法

孕育前和孕育后所浇注的三角试片的白口数与铸铁牌号的对应关系见表 2-22。

表 2-22　孕育前后三角试片白口数与铸铁牌号的关系

铸铁牌号	HT250	HT300	HT350
孕育前白口数/mm	6～12	8～18	12～24
孕育后白口数/mm	3～7	4～8	5～10

孕育前白口数用来检验原铁液是否符合低碳硅铁液的要求。若孕育后白口数相同，孕育前白口数越大，则强度越高。当然，过高地提高孕育前白口数也是不必要的。因孕育前白口数越大，在配料时就增加废钢的加入量，孕育剂消耗也多。故孕育前白口数只要能保证铸件所要求的强度即可。

一般孕育前白口数以不超过铸件壁厚为原则，最好稍小些。如白口数超过规定值，孕育剂加入量要适当增加。如白口数过小，可降级使用。

孕育后白口数应为铸件主要壁厚的 1/4～1/3，不得大于铸件最小壁厚的一半，以免出现白口。若孕育后三角试片白口数过大，在温度允许时可补加孕育剂；若白口数过小，可加入锰铁或铬铁进行调整或降级使用。

（5）孕育铸铁的金相组织和性能特点

1）金相组织特点。由于孕育铸铁含碳、硅量较低，而锰量较高，因此基体组织中很少有大块的铁素体组织出现，而全部是弥散度较高的珠光体或索氏体组织。经过孕育处理改变了原铁液的结晶过程，使共晶团细化，单位体积内的共晶团数量增多，石墨也明显细化，由原来的 D、E 型石墨变成细小均匀分布的 A 型石墨，这样无论对基体的缩减作用还是切割作用，都比普通灰铸铁中的小。

2）力学性能和使用性能特点。孕育铸铁的力学性能优于普通灰铸铁。一般冲天炉熔炼的孕育铸铁其抗拉强度为 250～350MPa，并且随着碳、硅量的降低，炉料中的废钢量增加，其强度还能有所提高。但孕育铸铁仍属于灰铸铁的范畴，因而其塑性、韧性和普通灰铸铁相差不大。

孕育铸铁和普通灰铸铁相比，其最大的特点是组织和性能的均匀性大为提高，对不同断面的敏感性很小（即强度性能因断面增大而下降的趋势），以及同一断面上的齐一性较好（在同一断面上的不同位置，其强度不因部位的改变而下降），见表2-23。

表2-23　普通灰铸铁和孕育铸铁的抗拉强度与试样直径的关系

试样毛坯直径 /mm	20	30	50	75	100	150
普通灰铸铁 R_m/MPa	193	182	128	102	—	—
孕育铸铁 R_m/MPa	—	375	380	372	356	340

从表2-23中可以看出，孕育铸铁的均匀性较高。随着试样直径的变化，其抗拉强度降低幅度很小。

孕育铸铁的减振性能较普通灰铸铁差，但其耐磨性、抗氧化性和抗生长性能均比普通灰铸铁高，因此广泛应用在承受动载荷较小、而静力强度要求高的重要铸件上，如机床及发动机铸件等。

在铸造性能方面，由于孕育铸铁的碳、硅含量低，再加上炉前孕育处理（降温），故其流动性较差，收缩倾向大，易产生缩孔、缩松，铸造应力也较大。因此，一般要求较高的出炉温度和浇注温度；同时适当地加大浇注系统，采取加快浇注速度的措施；设置合适的冒口，并防止变形、开裂。对于重要的孕育铸铁件，还必须进行人工时效，以去除内应力。

三、灰铸铁的热处理

1. 铸铁的热处理特点

铸铁的热处理和钢的热处理均是通过加热和冷却的方法有目的地改变其组织，从而获得所需要的性能。但由于铸铁与钢的化学成分及组织差异很大，尤其是由于石墨的存在，使铸铁的热处理具有一定的特殊性，其具有以下几个方面的特点。

（1）奥氏体化温度较高

1）铸铁含硅量的影响。碳和硅是铸铁的主要组成元素，铸铁含硅量高，而硅能提高临界点温度。随着硅含量的增加，共析转变温度移向高温，当含硅量（质量分数）超过2.5%时，临界点的升高更趋明显。

2）铸铁中常存在一些磷共晶组织，它会使铸铁脆性增加，降低铸铁的力学性能。一般常采用提高加热温度的方法，使磷共晶溶解而降低脆性。

（2）加热升温速度比较缓慢　因为铸铁中的碳绝大部分以石墨形状存在，石墨是热的不良导体，它的存在阻碍传热过程的进行。因此，铸铁的导热性比钢差，加热时应缓慢升温。同时，石墨的形状、大小和分布状态对铸铁的导热性有很大影响，石墨越接近球状，越细小分散，对传热阻碍作用也越小。反之，对传热阻碍作用也越大。

（3）需要的保温时间较长　铸铁的导热性能差，同时铸铁中的硅较强烈地阻止碳的扩散，使碳溶于奥氏体中的速度减慢。为了使基体获得比较均匀的奥氏体组织，加热保温时间应比碳钢长。

（4）奥氏体中碳的含量可用改变加热温度和保温时间的方法来调整　在铸铁的基体上分布着石墨，当正火或淬火时，石墨表面的碳将部分溶入奥氏体中，通过调整奥

氏体化的加热温度和保温时间，可以调整奥氏体中的含碳量，从而调整铸铁的力学性能。

（5）铸铁对淬火冷却介质不如钢敏感　由于铸铁中的石墨存在能阻碍传热过程的进行，同样石墨也阻碍淬火时热量的散出，所以在同样条件下，铸铁的实际冷却速度比钢慢得多。铸铁对淬火时的冷却介质不如钢敏感，不论水冷还是油冷，获得的硬度值差别不大。为了减少变形和开裂，一般不宜水淬。

（6）热处理强化效果与其石墨形状、大小及分布密切相关　通常的热处理方法（除石墨化退火）不能改变原有石墨的形状和分布，而主要是通过改变其基体的组织而获得所需性能要求。但是，铸铁热处理的效果取决于石墨形状、大小与分布状态。如灰铸铁中的片状石墨削弱基体作用较大，不易淬硬。而球墨铸铁中石墨呈球状，削弱基体作用较小，且传热较好，故实际冷却速度较快，淬火后强化效果显著。

（7）回火稳定性好　铸铁含碳量高，硅能提高耐回火性。故铸铁淬火后，在保证力学性能的前提下，为了充分消除应力，一般采用较高的回火温度，回火时间也应较长些。

2. 灰铸铁的热处理工艺

由于一般热处理只能改变基体组织，不能改变片状石墨的形状和分布，也就不能从根本上改善灰铸铁的力学性能。因此，灰铸铁除了进行表面淬火以提高其耐磨性外，一般不进行以强化为目的的热处理。灰铸铁的热处理工艺有以下几种。

（1）消除内应力的低温退火　消除内应力的低温退火也称为人工时效，是将铸件在室温或低温（200～300℃）装炉，缓慢加热（加热速度60～120℃/h）至500～550℃，保温4～6h或更长时间，使其内应力逐渐消除，然后缓慢冷却（冷却速度30～50℃/h）至150～200℃时出炉空冷。灰铸铁消除内应力的退火工艺如图2-14所示。

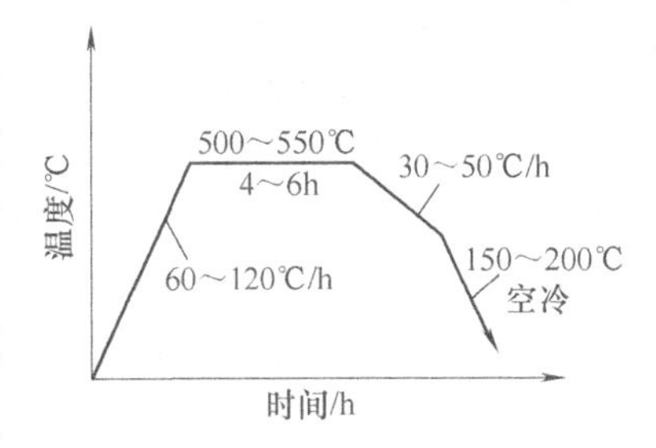

图2-14　灰铸铁消除内应力的退火工艺

退火温度越高，消除内应力越彻底。但退火温度也不能过高，一般为500～550℃。保温时间取决于加热温度、铸件厚度和装炉量，一般按铸件有效厚度1h/10mm计算，如加热温度低，则可适当延长。退火可在箱式炉或燃料炉中进行。

（2）石墨化退火（软化退火）　铸件在冷却时，表面及薄壁处由于冷却速度快而产生白口，使切削加工困难，此时可通过石墨化退火（软化退火）处理，使铸件中的共晶渗碳体全部或部分分解为石墨，从而软化铸件，以利于加工，并可提高铸件的塑性和韧性。根据铸件原始组织和要求的基体组织不同，石墨化退火按温度的高低可分为两种。

1）低温石墨化退火。铸铁的原始组织为珠光体＋石墨时，采用低温石墨化退火，主要使共析渗碳体球化和分解出石墨，从而降低铸件硬度。

低温石墨化退火工艺是：将铸件加热至650～700℃，保温一定时间，使渗碳体分解，然后随炉缓冷。保温时间应根据铸件壁厚、原始硬度和退火后所要求的组织与硬度值确定，一般为1～4h。形状复杂的铸件，加热与冷却速度均应较低。

2）高温石墨化退火。若铸件中存在较多的游离渗碳体时，铸件硬而脆，无法加工，需采用高温石墨化退火。灰铸铁高温石墨化退火工艺是：将铸件在300℃以下低温装炉，以70～

100℃/h 速度升温至 850 ~ 950℃，保温 2 ~ 5h，然后根据基体组织要求按一定冷却方式冷却。

高温石墨化退火的操作要点如下：

①加热和保温时间。一般壁厚较大的铸件，加热温度取 900 ~ 950℃，保温时间为 2 ~ 3h，薄壁铸件取 850 ~ 900℃，保温时间为 3 ~ 5h。如果灰铸铁中含有某些阻碍第一阶段石墨化的元素，则需要较高的加热温度。

②冷却方式。冷却方式根据所要求的基体组织而定。要求铁素体基体的铸铁件，应在高温石墨化后再在 720 ~ 760℃进行低温石墨化，使珠光体内渗碳体分解为铁素体与石墨，然后炉冷至室温或炉冷至 600℃出炉空冷，也可以高温石墨化退火后直接随炉缓冷（冷却速度 < 40℃/h）至室温或 600℃以下出炉空冷。退火后的组织为铁素体 + 石墨。

③如果要求获得珠光体基体，则在高温石墨化后直接出炉空冷，或在空冷至 600℃时，为减少内应力的产生，可再次进炉以 50 ~ 100℃/h 的冷却速度冷至 300℃以下出炉空冷。这样处理后的组织为珠光体 + 石墨。

（3）灰铸铁的正火　灰铸铁正火的目的是为了增加基体的珠光体量，以提高强度、硬度和耐磨性，有时也为表面淬火做好组织准备。

正火工艺是将铸件加热至 800 ~ 950℃，使铁素体转变成奥氏体，保温一定时间后，出炉空冷获得珠光体基体或索氏体基体，其硬度可达 200 ~ 250HBW。

正火操作的要点如下：

1）正火的加热温度主要取决于灰铸铁的原始组织、化学成分和所要求的基体组织。如原始组织中存在的游离渗碳体在允许范围内，加热温度一般取 850 ~ 900℃，如存在过量游离渗碳体，则加热温度为 900 ~ 950℃。如果铸件中硅含量高时，也应提高加热温度。当铸件要求具有较高硬度和耐磨性时，应选择上限加热温度。

2）正火的保温时间应根据加热温度、化学成分和铸件大小而定，一般为 1 ~ 4h。

3）正火冷却通常采用空冷、风冷和喷雾冷却。正火冷却速度越快，析出的铁素体量越少，可用控制冷却速度的方法调整铸件的硬度。

4）形状复杂或较重要的铸件，正火后需进行消除内应力的低温退火处理。如原始组织中存在过量的游离渗碳体，应先进行高温石墨化退火，以消除游离渗碳体，然后出炉直接空冷进行正火。

（4）灰铸铁的淬火、回火　灰铸铁淬火的目的是提高铸铁硬度和耐磨性。但淬火组织不稳定，其内应力大、强度低、脆性大，淬火后必须进行回火，以获得所需要的组织。

淬火工艺是将铸件加热至 750 ~ 900℃，保温一定时间，使组织转变为奥氏体，并增加碳在奥氏体中的溶解度，然后出炉油冷或水冷。

铸件淬火后通过不同温度的回火，得到的组织与性能也不相同。回火温度一般为 400 ~ 600℃。400 ~ 500℃回火得到回火托氏体；500 ~ 600℃回火得到回火索氏体。

淬火、回火操作的要点如下：

1）铸铁件加热温度范围为 750 ~ 900℃，过低达不到淬火目的，过高使马氏体点降低，残留奥氏体量增加。当铸铁中含有降低临界温度的元素（锰、镍、铜）时，淬火温度需适当降低。反之，若铸铁中含有铬、钼、钒、钨、钛等元素或含硅量高时，淬火温度则适当

提高。

2）对于形状复杂的铸件或大型铸件，升温必须缓慢，应在500～650℃预热后，再进行高温加热。保温时间根据铸件大小和化学成分来定（一般为1～3h）。形状简单的铸件可直接在淬火温度装炉。

3）铸件淬火冷却介质，常用的有水、油、盐和碱水溶液。油淬开裂倾向性小，故一般铸件采用油冷。

4）灰铸铁的回火温度在400～600℃，可以直接装炉，保温3h出炉空冷。在500～550℃范围内有回火脆性，必须在低于或高于该温度范围时回火，或回火后快速冷却。回火组织为回火托氏体+回火索氏体+石墨。

（5）灰铸铁的表面淬火　当铸件的工作表面要求有较高的硬度和耐磨性时，如机床导轨、气缸套等，可进行表面淬火。表面淬火的方法有：火焰淬火、感应淬火、接触电阻加热自冷淬火等。

要求进行表面淬火的铸件，原始组织中珠光体量（质量分数）最好大于65%，并希望石墨细小和分布均匀。在进行表面淬火前，铸件需进行一次正火处理。

四、灰铸铁的铸造性能

1. 灰铸铁的流动性

灰铸铁具有良好的流动性，可生产形状复杂的薄壁件。影响灰铸铁流动性的因素有化学成分、浇注温度、液体的过热情况等，而浇注温度影响最大。通常所用的灰铸铁多为亚共晶成分，随碳、硅含量增加，碳当量提高，越接近共晶点，液相线温度越低，其流动性也越好。

锰和硫对共晶度影响不大，主要影响夹杂物的形态。当形成硫化锰时，其熔点为1610℃，提高铁液的粘度，降低流动性；磷和硅一样，能使共晶点左移，降低共晶温度和凝固开始温度，提高流动性。提高浇注温度可改善其流动性。

2. 灰铸铁的收缩及缩孔、缩松

灰铸铁的收缩包括液态收缩、凝固收缩、固态收缩，降低浇注温度，提高铸铁的含碳量及其他促进石墨化元素的含量，都能减少液态、凝固收缩。由于灰铸铁凝固后仍有一定的石墨化作用，故使其固态收缩因石墨化膨胀而大大减少。石墨化程度越大，则固态收缩越小。一般固态总线收缩量为0.9%～1.3%，受阻线收缩为0.8%～1.0%。

灰铸铁形成缩孔、缩松的倾向主要是和液态、凝固收缩值的大小有关。因为在灰铸铁凝固过程中有石墨析出，抵消了部分液态和凝固时的收缩。同时由于析出石墨的膨胀，可使铸件内部未凝固的铁液产生“自补缩”作用，以获得无缩孔的健全铸件，但必须提高铸型刚度，以防止型壁外移而使缩孔产生。

对于一般的灰铸铁件，由于碳、硅含量较高，石墨化膨胀大，总的收缩量小，故不需要设冒口；对于碳、硅含量较低的高强度孕育铸铁，由于具有一定的收缩量，因此在某些情况下必须设置冒口以补偿液态和凝固收缩。

3. 灰铸铁的应力、变形与裂纹

由于石墨化的作用，灰铸铁收缩小，产生应力、发生变形和裂纹的倾向都比较小。只有当受到来自铸型、型芯及其他方面的机械阻碍，铸件冷却过快，应力加大时，才会出现开裂。故凡能减少铸造应力的方法（提高碳当量、促进石墨化以减少收缩及阻力，缩小铸件内的温度差等）都能使变形和开裂的倾向减小。

不管怎样，铸件内部都有应力存在。对一些精度要求较高的铸件，为了防止在使用过程中发生变形和开裂，一般需要进行时效和低温退火加以消除。

任务二　球墨铸铁的熔炼

【学习目标】

1）掌握球墨铸铁的力学性能、组织、牌号表示方法及热处理特点。

2）掌握 QT700-2 化学成分的确定方法。

3）掌握熔炼 QT700-2 的炉料配制方法。

4）掌握 QT700-2 的熔炼过程。

【任务描述】

球墨铸铁是指铁液经过球化处理而不是在凝固后经过热处理，使石墨大部或全部呈球状，有时少量为团絮状的铸铁。和灰铸铁相比，由于石墨呈球状，对金属基体的割裂作用大为减少，使金属基体的利用率提高，可达 70% ~90%（普通灰铸铁的基体利用率仅为 30% ~50%），基体的塑性和韧性也得以发挥。因此，球墨铸铁可以采用各种形式的热处理和合金化等措施来进一步提高它的力学性能和使用性能。球墨铸铁同铸钢相比，它的强度指标接近甚至超过非合金钢和一些合金钢，具有铸造性能好、耐磨性和耐蚀性好、生产工艺和设备简单、成本低的特点。

QT700-2 的基体组织为珠光体，属高强度球墨铸铁，经过热处理后还可获得回火马氏体、回火托氏体、回火索氏体、贝氏体等基体，使其获得了非常广泛的应用。

【相关知识】

一、球墨铸铁金相组织的特点

球墨铸铁由金属基体和球状石墨所组成。

1. 石墨

（1）石墨的形态　石墨的形态对球墨铸铁的力学性能影响很大。在球墨铸铁中经常出现以下几种石墨形态：球状石墨，其外形近似圆球形，在放大 100 倍的金相显微镜下观察，其周界呈比较圆滑的圆形或椭圆形；团状石墨，外形似团状，周界有明显的凹凸不平；蠕虫状石墨，外形比团状石墨更不规则，边缘明显向外伸长，呈蠕虫状。

在石墨的各种形态中，以球状石墨最好，它对基体的割裂作用最小；而团状和蠕虫状石墨就比球状石墨差。当蠕虫状石墨大量出现时，就会使铸铁的力学性能急剧下降。衡量石墨球化状况的标准是球化率、石墨球径和石墨球的圆整度。球化率是在微观组织的有代表性的视场中，在单位面积上球状石墨数目与全部石墨数目的比（以百分数表示）。石墨球径是在放大 100 倍条件下测量有代表性的球状石墨的直径。而圆整度则是对石墨圆整情况的一种定量概念。GB/T 9441—2009《球墨铸铁金相检验》中按照石墨的形态将球化等级分为六级，作为球墨铸铁分级的依据，如图 2-15 和表 2-24 所示。

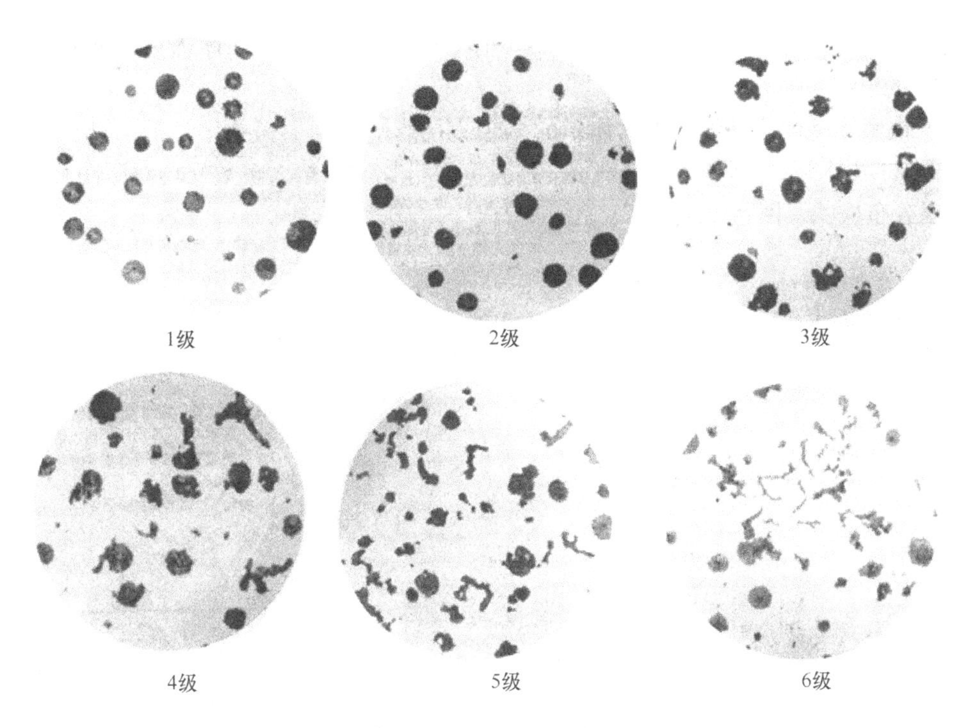

图 2-15　石墨的球化分级

表 2-24　石墨的球化分级

球化分级	说　　明	球化率（%）
1 级	石墨呈球状，少量团状，允许极少量团絮状	≥95
2 级	石墨大部分呈球状，余为团状和极少量团絮状	90
3 级	石墨大部分呈团状和球状，余为团絮状，允许有极少量的蠕虫状	80
4 级	石墨大部分呈团絮状、团状，余为球状和少量蠕虫状	70
5 级	石墨呈分散的蠕虫状、球状、团状、团絮状	60
6 级	石墨呈聚集分布的蠕虫状、球状、团状、团絮状	50

（2）石墨球的大小　球状石墨的大小，可在金相显微镜下放大 100 倍后，用测微目镜直接量得。球墨铸铁中石墨大小根据 GB/T 9441—2009《球墨铸铁金相检验》分为六级，见表 2-25。

表 2-25　球墨铸铁中球状石墨大小分级（100×）

级　　别	3 级	4 级	5 级	6 级	7 级	8 级
石墨直径/mm	>25 ~50	>12 ~25	>6 ~12	>3 ~6	>1.5 ~3	≤1.5

2. 金属基体

球墨铸铁在不同化学成分和状态下，形成不同的基体组织。球墨铸铁的基体组织是决定其力学性能的关键因素。球墨铸铁的基体组织主要有铁素体、珠光体 + 铁素体、珠光体三种，经过合金化和热处理后，也可获得贝氏体、马氏体、托氏体、索氏体或奥氏体-贝氏体的基体。由于化学成分或熔制工艺方面的问题，基体中也可能出现共晶渗碳体以及晶间碳化物（包括磷共晶）。由于球状石墨对基体的削弱作用大大减弱，基体强度的利用率可高达70%～90%。

（1）铁素体基体　基体中铁素体量的多少直接影响到球墨铸铁塑性的高低，如图2-16所示。根据GB/T 9441—2009评定铁素体数量和百分比时，按大多数视场对照图片评定。铁素体多以分布块状及网状形式存在。

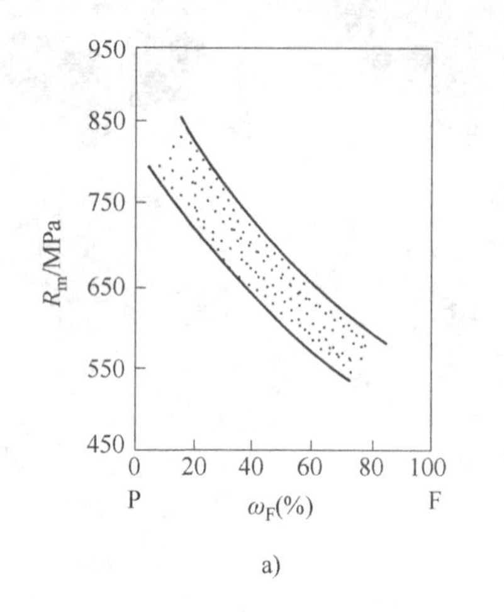

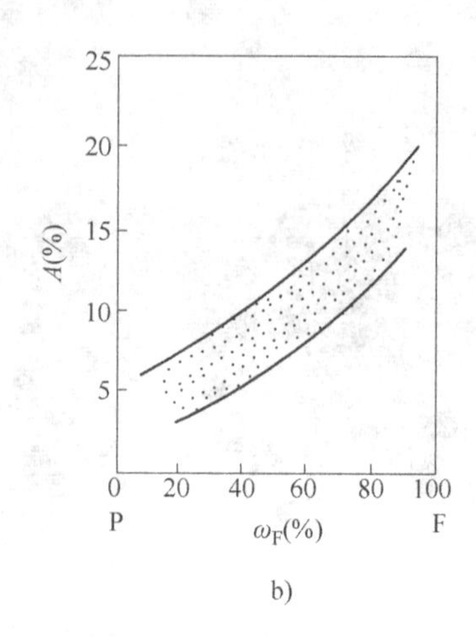

图2-16　球墨铸铁基体与力学性能的关系

a）铁素体量与抗拉强度的关系　b）铁素体量与伸长率的关系

（2）珠光体基体　基体组织中珠光体数量增多，铁素体数量减少，可以使球墨铸铁的强度提高而伸长率下降，如图2-16所示。在球墨铸铁中，珠光体的形态一般分为四种：粗片状珠光体、中片状珠光体、细片状珠光体和粒状珠光体。同样是珠光体，随着珠光体片间距的减小，珠光体细化，强度和硬度提高。若为粒状珠光体，在保持一定强度的同时，还具有更高的塑性。

（3）贝氏体基体　贝氏体基体是铸态球墨铸铁经等温淬火后得到的一种组织，具有强度和硬度高、塑性和韧性好的综合力学性能。若在230～350℃等温淬火，则得到细针状的下贝氏体组织。

（4）马氏体及回火组织　马氏体强度和硬度高、耐磨性好，但塑性、韧性差。为了保持高的强度和硬度，同时又不至于太脆，可采用淬火后经低温、中温和高温回火，分别获得回火马氏体、回火托氏体和回火索氏体。

（5）磷共晶　磷共晶在球墨铸铁中的危害远比灰铸铁中大。它使铸铁的硬度提高，而塑性和韧性大幅度降低，因此在球墨铸铁中应降低磷共晶的数量。

（6）渗碳体　渗碳体在球墨铸铁中常呈针状、条状或以莱氏体存在，易使球墨铸铁变脆，因此在生产中应尽量避免其出现。

图2-17所示为几种典型基体球墨铸铁的显微组织。

二、球墨铸铁的性能特点

1. 力学性能

为了进一步了解球墨铸铁的性能特点，现将球墨铸铁和其他钢铁材料的力学性能列

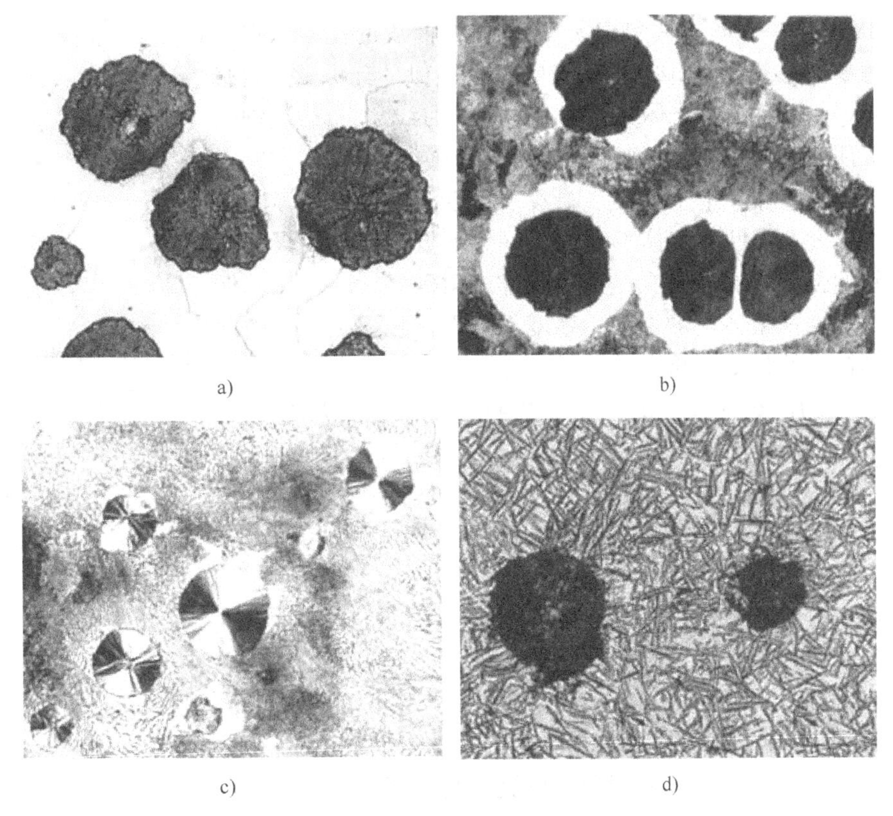

图 2-17　几种典型基体球墨铸铁的显微组织（200×）

a）铁素体球墨铸铁　b）铁素体 + 珠光体球墨铸铁　c）珠光体球墨铸铁　d）下贝氏体球墨铸铁

于表 2-26 中。可以看出，球墨铸铁的力学性能远超过普通灰铸铁和孕育铸铁，也比同基体的可锻铸铁好。贝氏体球墨铸铁则超过正火 45 钢，但塑性、韧性和疲劳强度比钢差。

表 2-26　球墨铸铁和其他钢铁材料的力学性能比较

材料名称	抗拉强度 R_m/MPa	屈服强度 $R_{p0.2}$/MPa	抗弯强度 σ_{bb}/MPa	伸长率 A(%)	硬度（HBW）	冲击韧度 a_k/J·cm^{-2}
铸态铁素体球墨铸铁	450 ~ 650	—	—	8 ~ 22	160 ~ 190	50 ~ 150
铸态珠光体球墨铸铁	600 ~ 800	420 ~ 530	—	2 ~ 4	217 ~ 269	15 ~ 35
退火铁素体球墨铸铁	450 ~ 550	320 ~ 420	—	10 ~ 28	110 ~ 170	110 ~ 160
正火珠光体球墨铸铁	600 ~ 900	420 ~ 600	1600 ~ 2640	2 ~ 8	240 ~ 310	20 ~ 40
贝氏体球墨铸铁	900 ~ 1100	600 ~ 850	—	1 ~ 4	38 ~ 50HRC	40 ~ 80
回火索氏体球墨铸铁	600 ~ 920	—	—	0.5 ~ 5	200 ~ 380	20 ~ 60
退火 25 钢	430 ~ 490	210 ~ 290	—	18 ~ 19	120 ~ 140	50 ~ 110（有缺口）
正火 45 钢	650 ~ 850	>400	—	24 ~ 26	180 ~ 190	30 ~ 90（有缺口）
KTH350-10	330 ~ 360	200 ~ 220	—	10 ~ 14	<150	30 ~ 50
孕育铸铁 HT300	300	—	540	0.5	197 ~ 248	3 ~ 5
HT200	200	—	400	—	170 ~ 230	—

图2-18所示为球墨铸铁和正火45钢拉伸曲线的比较。它表明铁素体球墨铸铁的拉伸曲线和正火45钢很相似，有明显的屈服现象，有良好的塑性；珠光体球墨铸铁的拉伸曲线和正火45钢差别很大，无屈服和缩颈现象，塑性较差，抗拉强度较高。

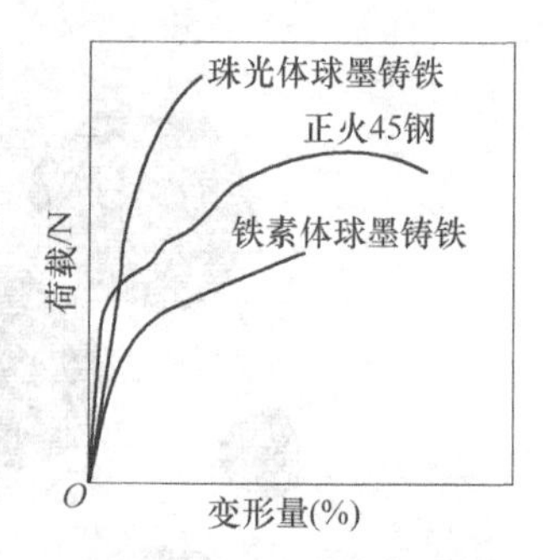

图2-18 球墨铸铁和正火45钢拉伸曲线的比较

（1）静载荷性能（包括强度、硬度、塑性和弹性模量等） 球墨铸铁的强度和塑性随基体不同而不同。下贝氏体或回火马氏体球墨铸铁的强度最高，其次是上贝氏体、索氏体、珠光体基体的球墨铸铁。随铁素体量的增多，强度下降而伸长率提高，因此铁素体球墨铸铁的强度最低。

球墨铸铁的静载荷性能的一个突出特点是屈服强度高，超过正火45钢，屈强比也高于钢（据测试：球墨铸铁的屈强比为0.7～0.8，钢的屈强比为0.3～0.5）。屈服强度是防止零件产生过量塑性变形时选取许用应力的设计依据，而屈强比则进一步反映材料的强度利用系数。因此，球墨铸铁可以代替钢制造静态承载力大、材料强度要求高的零件。

球墨铸铁的硬度比同基体的钢和灰铸铁要高，所以耐磨性好。球墨铸铁的弹性模量为135 000～186 000MPa，而且随着球化率的降低而降低。

（2）动载荷性能（包括冲击韧度、弯曲疲劳强度和多次冲击韧度） 冲击韧度仅对高韧性球墨铸铁而言，而珠光体球墨铸铁的一次冲击韧度比45钢低。因此，在一些要求承受大冲击载荷的零件上，珠光体球墨铸铁的应用就受到了限制。但在实际应用中的许多零件，如曲轴、连杆等，工作时承受的是小能量多次冲击载荷，当冲击吸收能量小于2.4J时，珠光体球墨铸铁的小能量多次冲击韧度优于正火45钢。而且试验还证明，珠光体球墨铸铁的小能量多次冲击韧度也优于铁素体球墨铸铁，但常规的大能量一次冲击韧度则相反。

球墨铸铁对缺口的敏感性比钢小。在用光滑试样试验时，球墨铸铁的弯曲疲劳强度比钢低，但用带孔、带肩的试样试验时比钢高。故珠光体球墨铸铁适合于制造各种动力机的曲轴、凸轮轴等轴类零件。

（3）高温和低温力学性能 和其他钢铁材料一样，球墨铸铁的常温力学性能随温度的升高而下降，伸长率则相反。珠光体球墨铸铁的持久强度高于铁素体球墨铸铁。在650℃珠光体呈粒状后，二者的持久强度差别减少。因此，高温时应优先选用珠光体球墨铸铁。铁素体球墨铸铁的高温性能与25钢相近，持久承载温度可达450℃。

珠光体球墨铸铁随温度的下降，其抗拉强度略有提高，而伸长率降低。它的脆性转变温度接近室温，因此在低温下承受冲击载荷的零件不宜选用珠光体球墨铸铁。铁素体球墨铸铁的脆性转变温度大大低于珠光体球墨铸铁（约－50℃），因此在低温下承受冲击载荷的零件多选用铁素体球墨铸铁。铁素体球墨铸铁可在－40℃以下工作，广泛用于农机、汽车、拖拉机底盘类零件、阀门和管道等。在低于－40～－253℃的极低温度下推荐采用高镍奥氏体球墨铸铁。

2. 使用性能

（1）耐磨性能 球墨铸铁是良好的耐磨和减磨材料，耐磨性优于同样基体的灰铸铁、非合金钢甚至低合金钢。如贝氏体球墨铸铁，既有很高的强度、抗疲劳性能和硬度，又有良好的抗冲击性能，可用于制造承受变动载荷、耐磨性能要求较高的零件；而含钼的下贝氏体

球墨铸铁可代替18CrMnTi钢制造传动用凸轮等。

（2）耐蚀性 球墨铸铁的耐蚀性优于钢，与灰铸铁和可锻铸铁相近。

（3）耐热性能 由于石墨球不像片状那样相连在一起，因此球墨铸铁的抗氧化性和抗生长性能优于灰铸铁和可锻铸铁，铁素体球墨铸铁优于珠光体球墨铸铁。

3. 工艺性能

（1）可加工性 由于球墨铸铁中含有较多的石墨，可以在切削时起润滑作用，使切削的阻力减小，切削速度高。但球墨铸铁切削产生的塑性变形使刀具温度升高，珠光体增多使可加工性下降，贝氏体球墨铸铁的可加工性较差。

（2）焊补性能 当球墨铸铁需要焊补时，在焊缝及近缝区，若镁和稀土含量较高时易产生白口或马氏体，形成内应力和裂纹；若镁和稀土含量不足时焊缝呈现灰铸铁组织，使力学性能降低。

三、球墨铸铁的牌号

根据GB/T 1348—2009中的规定，我国球墨铸铁牌号按单铸试块分为14个牌号，见表2-27。球墨铸铁的牌号由代表“球铁”两字的汉语拼音第一个大写字母“QT”和两组数字表示，第一组数字表示抗拉强度的最小值，第二组数字表示伸长率的最小值。如QT500-7表示最小抗拉强度为500MPa，最小伸长率为7%的球墨铸铁。

表2-27 球墨铸铁的牌号及力学性能（单铸试块）（GB/T 1348—2009）

材料牌号	抗拉强度 R_m/MPa	屈服强度 $R_{p0.2}$/MPa	伸长率 A（%）	备注	
	最小值			硬度（HBW）	主要基体组织
QT350-22L	350	220	22	≤160	铁素体
QT350-22R	350	220	22	≤160	铁素体
QT350-22	350	220	22	≤160	铁素体
QT400-18L	400	240	18	120～175	铁素体
QT400-18R	400	250	18	120～175	铁素体
QT400-18	400	250	18	120～175	铁素体
QT400-15	400	250	15	120～180	铁素体
QT450-10	450	310	10	160～210	铁素体
QT500-7	500	320	7	170～230	铁素体+珠光体
QT550-5	550	350	5	180～250	铁素体+珠光体
QT600-3	600	370	3	190～270	铁素体+珠光体
QT700-2	700	420	2	225～305	珠光体
QT800-2	800	480	2	245～335	珠光体或索氏体
QT900-2	900	600	2	280～360	回火马氏体或托氏体+索氏体

注：1. 字母“L”表示该牌号有低温（-20℃或-40℃）下的冲击性能要求；字母“R”表示该牌号有室温（23℃）下的冲击性能要求。

2. 伸长率是从原始标距 $L_0=5d$ 上测得的，d 是试样上原始标距处的直径。

➢【任务实施】

一、QT700-2 化学成分的确定

1. 球墨铸铁化学成分的确定原则

选择适当化学成分是保证铸铁获得良好的组织状态和高性能的基本条件，化学成分的选择既要有利于石墨的球化和获得满意的基体，以期获得所要求的性能，又要使铸铁有较好的铸造性能。下面讲述铸铁中各元素对组织和性能的影响以及适宜的含量。

2. 碳和硅

（1）碳当量　因石墨在球墨铸铁中呈球状，对基体的割裂作用相对于片状石墨减到最小，而石墨数量对性能的影响相对比较小，当含碳量（质量分数）在3.2%～3.8%范围内变化时，实际上对球墨铸铁的力学性能影响并不显著。所以在球墨铸铁中，碳、硅含量的选择主要是考虑保证球化、改善铸造性能、消除铸造缺陷，因此将碳当量选择在共晶点附近。由于球化元素使相图上共晶点的位置右移，因而使共晶碳当量移至4.6%～4.7%，具有共晶成分的铁液流动性最好。碳当量过低时，铸件易产生缩松和裂纹；碳当量过高时，易产生石墨漂浮，其结果是使铸铁中夹杂物数量增多，降低铸铁性能，且污染工作环境。

（2）含碳量　当碳当量选定后，按照高碳低硅加强孕育即可。若含碳量高，则析出的石墨个数增多，球径小，圆整度好；若含碳量高，石墨化膨胀大，在铸型刚度较高的前提下，可减轻或消除缩孔和缩松，得到致密铸件。但含碳量过高易产生石墨漂浮，因此含碳量（质量分数）一般取为3.6%～3.9%，厚大件取下限，薄小件取上限。

（3）含硅量　提高球墨铸铁的含硅量，可使铸态铁素体量增加，珠光体量减少，含硅量过高则会使铸件脆性增加。因此，在满足石墨化要求的前提下，尽量降低终硅量。一般厚大件含硅量应低些，以防止产生石墨漂浮；薄小件含硅量可高些，以防止产生大量的渗碳体和白口。对于铁素体球墨铸铁，终硅量（质量分数）可控制在2.0%～2.4%；对于珠光体球墨铸铁，终硅量（质量分数）可控制在2.0%～2.6%。由于球化和孕育处理时要带入一定量的硅，所以要求原铁液中的含硅量要低。对于铁素体球墨铸铁，含硅量（质量分数）取1.6%～1.9%，对于珠光体球墨铸铁，含硅量（质量分数）取1.0%～1.4%。在保持终硅量不变的情况下，将较多的硅采用高效强化孕育（型内孕育、瞬时孕育等）加入铁液，可使球墨铸铁的性能（铸造性能、力学性能）、石墨球的圆整度得到较大的改善。

3. 含锰量

球墨铸铁中锰所起的作用与其在灰铸铁中所起的作用有不同之处。在灰铸铁中，锰除了强化铁素体和稳定珠光体外，还能减小硫的危害作用，而在球墨铸铁中，由于球化元素有很强的脱硫能力，因而锰已不再能起这种有益的作用。而由于锰有严重的正偏析倾向，往往有可能富集于共晶团晶界处，严重时会促使形成晶间碳化物，因而显著降低球墨铸铁的韧性。有资料介绍，对于铸态铁素体球墨铸铁，通常含锰量（质量分数）控制在0.3%～0.4%；对于热处理状态铁素体球墨铸铁，可控制含锰量（质量分数）<0.5%；对于珠光体球墨铸铁，含锰量（质量分数）控制在0.4%～0.8%，其中铸态珠光体球墨铸铁，含锰量虽可适当高些，但通常推荐用铜来稳定珠光体。在球墨铸铁中，锰的偏析程度实际上受石墨球数量及大小的支配。如能把石墨球数量控制得较多，则可放宽对锰的限制。由于我国低锰生铁资源较少，这种技术是很有实际意义的。

4. 含磷量

磷在球墨铸铁中有严重的偏析倾向，易在晶界处形成磷共晶，严重降低球墨铸铁的韧性。磷还增大球墨铸铁的缩松倾向。当要求球墨铸铁有高韧性时，应将含磷量（质量分数）控制在0.04%~0.06%以下。对于寒冷地区使用的铸件，宜采用下限的含磷量。如球墨铸铁有钼存在时，更应注意控制磷的含量，因为此时易在晶界处形成脆性的磷钼四元化合物。

5. 含硫量

在球墨铸铁中硫也是有害元素。球墨铸铁中的硫与球化元素有很好的化合能力，生成硫化物或硫氧化物，不仅消耗球化剂，造成球化不稳定，而且使夹杂物增多，导致铸件产生缺陷。此外，还会使球化衰退速度加快，故在球化处理前应对原铁液的含硫量加以控制。国外生产中一般要求原铁液中硫的含量（质量分数）低于0.02%。我国目前由于焦炭含硫量较高等熔炼条件的原因，原铁液的含硫量往往达不到这一标准，一般要求冲天炉熔炼铁液含硫量（质量分数）<0.06%~0.1%，电炉熔炼含硫量（质量分数）≤0.04%。对于含硫量较高或有特殊要求的铸件，应进一步改善熔炼条件，有条件时，进行炉前脱硫，力求降低含硫量（质量分数）到≤0.02%。

6. 含镁量和含稀土量

镁和稀土元素都是球化元素，同时又是脱硫、脱氧十分强烈的反石墨化元素。因此，铁液中含镁量和含稀土量不能过低，也不能过高。若残余量过低，会使球化不良，易产生衰退。含镁量和含稀土量过高虽能保证球化，但基体组织中易产生大量的渗碳体，而且伴随许多铸造缺陷（夹渣、皮下气孔、缩松及白口等）产生，使石墨球形恶化，性能降低。所以，一般控制残余镁量（质量分数）为0.04%~0.06%，残余稀土量（质量分数）为0.03%~0.05%为宜。

综上所述，QT700-2的化学成分初步确定为：w_C=3.7%（3.6~3.8%），w_{Si}=1.3%（1.2%~1.4%），w_{Mn}=0.4%（0.3~0.5%），w_S≤0.08%，w_P≤0.07%。

二、QT700-2熔炼的炉料配制计算

1. 确定原始资料

QT700-2的化学成分初步确定为：w_C=3.7%（3.6~3.8%），w_{Si}=1.3%（1.2%~1.4%），w_{Mn}=0.4%（0.3~0.5%），w_S≤0.08%，w_P≤0.07%。

各金属炉料的化学成分见表2-28。

表2-28 各金属炉料的化学成分（质量分数,%）

炉料名称	化学成分				
	C	Si	Mn	S	P
新生铁	4.15	1.03	0.35	0.02	0.04
回炉铁	3.75	2.34	0.45	0.006	0.018
硅铁	—	75	—	—	—
锰铁	—	—	65	—	—
废钢	0.15	0.35	0.50	0.05	0.05

2. 确定各元素增减率和考虑元素增减后的炉料成分

各元素增减率和考虑元素增减后的炉料成分见表2-29。

表2-29 各元素增减率和考虑元素增减后的炉料成分

类别	C	Si	Mn	P	S
设计成分（%）	3.7	1.3	0.4	≤0.07	≤0.08
元素增减率 *A*（%）	-5	-10	-15	0	+75
考虑元素增减后的炉料成分（%）	3.89	1.44	0.47	≤0.07	≤0.046

3. 确定配料比并校核

根据生产条件，确定球墨铸铁回炉铁配比为30%，设炉料总重为100%，其中新生铁为x%，则废钢为$(100-30-x)\% = (70-x)\%$，可根据各种炉料的含碳量列出下式

$$4.15x + 0.15(70 - x) + 3.75 \times 30 = 3.89 \times 100$$

$$4.15x + 10.5 - 0.15x + 112.5 = 389$$

$$4.00x = 266$$

$$\text{解得 } x = 66.5$$

而废钢为$(70-66.5)\% = 3.5\%$。

将计算结果填入计算表内（表2-30）进行校核。

表2-30 炉料计算表（质量分数，%）

炉料名称	配比	C		Si		Mn		S		P	
		原料	炉料	原料	炉料	原料	炉料	原料	炉料	原料	炉料
新生铁	66.5	4.15	2.76	1.03	0.68	0.35	0.23	0.02	0.013	0.04	0.027
回炉铁	30	3.75	1.12	2.34	0.70	0.45	0.14	0.006	0.002	0.018	0.005
废钢	3.5	0.15	0.01	0.35	0.01	0.50	0.02	0.05	0.002	0.05	0.002
合计	100	—	3.89	—	1.39	—	0.39	—	0.017	—	0.034
炉料		—	3.89	—	1.44	—	0.47	—	≤0.046	—	≤0.07
差额		—	合格	—	0.05	—	0.08	—	合格	—	合格

计算铁合金加入量：

$$\text{硅铁} = \frac{0.05}{75} = 0.07\%$$

$$\text{锰铁} = \frac{0.08}{65} = 0.12\%$$

4. 炉料计算

设冲天炉熔化率为5t/h，炉料以500kg计，层铁焦比为10∶1，则炉料如下：

$$\text{新生铁} = 500\text{kg} \times 66.5\% = 332.5\text{kg}$$

$$\text{回炉铁} = 500\text{kg} \times 30\% = 150\text{kg}$$

$$\text{废钢} = 500\text{kg} \times 3.5\% = 17.5\text{kg}$$

$$\text{硅铁} = 500\text{kg} \times 0.07\% = 0.35\text{kg}$$

$$锰铁 = 500kg \times 0.12\% = 0.6kg$$

$$层焦 = 500kg \times \frac{1}{10} = 50kg$$

三、QT700-2 的熔炼要求及炉前处理技术

1. 球墨铸铁对熔炼的要求

优质的铁液是获得优质球墨铸铁的关键，可以说我国球墨铸铁生产和国外工业先进国家的差距主要表现在铁液熔炼的质量方面。其中既有设备条件的因素，也有技术水平的因素。适用于球墨铸铁生产的优质铁液应该是高温，低硫、磷含量，低的杂质含量（如氧及反球化元素含量等）。

球墨铸铁的球化、孕育处理过程中要加入大量的处理剂，这使得铁液温度要降低 50 ~ 100℃。此时，为了保证浇注温度，铁液必须有较灰铸铁高得多的出炉温度，如至少应在 1450 ~ 1470℃以上。国外通常要求在 1500℃以上。其次，由于处理剂带入硅，因此要求原铁液有较低的含硅量（质量分数小于 1.2% ~ 1.4%），这就要求选用专供球墨铸铁生产用的低硅生铁。为了扩大球墨铸铁用生铁的来源，也可选用低硅团块状球化剂。

低含硫量的铁液是对球墨铸铁生产的又一要求，这除了对原材料的含硫量加以限制外，还包含对冲天炉使用焦炭含硫量的要求。为了获得满意的低硫、高温铁液，采用冲天炉和感应电炉双联熔炼，中间配合有效的脱硫措施是十分有益的。但目前我国大部分工厂还没有条件或重视不够，因而多年来球墨铸铁的生产水平始终没有较大的突破。

对熔炼要求的第三方面体现在对原材料的要求上，希望原材料有足够低的硫、磷含量，并含有尽可能少的反球化元素以及来源成分的稳定。此外，对铁液的氧化程度也必须严格控制，以控制铁液中的含氧量。

2. 球化处理

（1）球化剂　凡加入到铁液中能使石墨结晶成球状的物质称为球化剂。在工业生产的条件下，为了获得球状石墨铸铁，在铁液中必须残留足够的球化元素，因此必须加入球化剂。目前，工业生产中采用的球化剂具有以下共同特点：与硫、氧有很大的亲和力，生成稳定的反应生成物，显著减少溶于铁液中的反球化元素含量，在铁液中的溶解度很低；可能与碳有一定的亲和力，但在石墨晶格中有低的溶解度。

根据大量的生产实践和理论研究，到目前为止，认为镁是球化剂中最主要的元素。镁在元素周期表中第三周期第二主族，是碱土金属，具有银白色光泽，密度小（$1.74g/cm^3$），熔点低（651℃）。镁的化学性质极为活泼，易氧化，与硫和氧的亲和力很强，加入铁液后首先起脱硫、脱氧去气的作用，所生成的硫化物和氧化物的稳定性高，熔点高，密度小，易上浮随渣去除。镁的球化能力最强，当铁液中含硫量（质量分数）降至 0.01% ~ 0.02% [原铁液含硫量（质量分数）<0.07%] 时，铁液中残留镁量（质量分数）>0.04% 就可使石墨完全球化。镁又是一个强烈的碳化物稳定元素，尽管球墨铸铁的含碳量比灰铸铁高，但其白口倾向仍比灰铸铁大。同时镁的球化作用受某些微量元素（也称反球化元素或干扰元素）的影响较大，这些元素有钛、铅、铋、锑、锡、砷等。

由于镁的密度小，沸点低，在球墨铸铁处理时产生激烈的沸腾作用，使铁液飞溅，并有强烈的白光和浓烟，球化处理效果易衰退，恶化了劳动条件，铸造性能变差，易产生夹渣、缩松和皮下气孔等缺陷。

稀土元素也是一种常用的球化剂。稀土元素包括第六周期第三副族的镧系元素（原子序数为57～71）和与它性能相近的钪和钇共17个元素。稀土元素的密度大（6～9 g/cm³），熔点高（一般在800～1500℃），沸点高（除铈为1238℃外，一般都在1600℃以上），球化处理时无沸腾现象，反应平稳，操作安全。稀土元素的化学性质很活泼，可与硫、氧、氮等形成化合物。它有比镁更强的脱硫、脱氧作用（约为镁的4倍），和镁配合使用可除去密度较大的氧化夹渣，提高铁液的流动性，有利于减少铸造缺陷（如冷隔、夹渣、缩松和皮下气孔等）的形成。稀土元素能和反球化元素组成高熔点的化合物，以保证球化，从而扩大原生铁的来源。同时，稀土元素中的铈和钇有较强的球化能力，用钇等重稀土元素做复合球化剂还具有很强的抗衰退能力。稀土元素在铁液中具有细化石墨、强化基体、提高球墨铸铁的力学性能及耐磨、耐热和耐蚀性的作用。

稀土元素是一种辅助球化剂，与镁球墨铸铁相比，石墨不够圆整，在铁液中残留量过多时会引起石墨球形恶化，白口倾向大，易产生石墨漂浮。

表2-31给出了常用球化剂的类别及适用范围。

表2-31　常用球化剂的类别及适用范围

序　号	球化剂名称	主要成分的质量分数（%）	密度/（g/cm³）	熔点/℃	沸点/℃	球化处理方法	球化剂选用范围
1	纯镁球化剂	Mg≥99.85	1.74	651	1105	压力加镁法 转动包法 钟罩压入法	主要用于干扰元素含量少的炉料生产大型厚壁铸件、离心铸管及高韧性铁素体球墨铸铁
2	稀土硅铁镁合金	RE 1～20 Mg 5～12 Si 35～45 Ca、Mn<4	4.5～4.6	～1100	—	冲入法 型内球化法 密封流动法 复包法	用于含有干扰元素的炉料生产各种铸件，具有良好的抗干扰及脱硫去渣作用
3	钇基重稀土硅铁合金	RE（重稀土）16～28 Si 40～50 Ca 5～8	4.4～5.1	1140～1145	—	冲入法	多用于大断面重型铸件，具有较强的抗球化衰退能力
4	铜镁合金	Cu 80 Mg 20	7.5	800	—	冲入法	多用于大型珠光体基体的球墨铸铁件
5	稀土硅铁合金	RE 17～37 Si 35～46 Ca、Mn 5～8	4.75～4.8	1082～1089	—	冲入法	与纯镁联合使用可抵消干扰元素的作用

（2）QT700-2球化剂的选用　球化剂种类多，选用时应从以下几个方面考虑。

1）注意金属炉料中干扰元素的含量。我国大部分生铁中含有大量的钛，球化剂应选用含有适量稀土的，如稀土硅铁镁合金或纯镁与稀土硅铁联合使用。当炉料中干扰元素含量较高时，应选用稀土元素含量较高的球化剂；若使用高纯生铁，总干扰元素含量（质量分数）小于0.1%时，可选用纯镁或镁硅铁球化剂。

2）注意原铁液中的含硫量及铁液温度。对于低硫高温铁液应选用低稀土低镁含量的稀土硅铁镁合金球化剂；对于冲天炉熔炼，铁液温度在1400～1450℃，含硫量（质量分数）为0.05%～0.2%范围时，可选用FeSiMg8RE7、FeSiMg8RE5球化剂；对于电炉熔炼，铁液温度在1460～1520℃，含硫量（质量分数）在0.02%～0.04%时，可选用FeSiMg6RE4、FeSiMg8RE3球化剂；对于铁液温度在1460～1520℃，含硫量较高，经脱硫处理后硫的质量分数小于0.02%时，可选用FeSiMg5RE1、FeSiMg6RE2球化剂。

3）根据不同的生产工艺要求和球墨铸铁的牌号来选用球化剂。若生产高韧性球墨铸铁时，宜选用纯镁球化剂。若生产铸态铁素体球墨铸铁时，则选用低稀土球化剂；若生产铸态珠光体球墨铸铁时，可选用含铜或镍的球化剂。对于大型厚大断面球墨铸铁件，可选用钇基重稀土镁硅铁球化剂。

综上所述，QT700-2的球化剂选用稀土硅铁镁合金。

（3）球化剂加入量的确定　以镁为例，在球化处理时，球化剂的去向如图2-19所示。

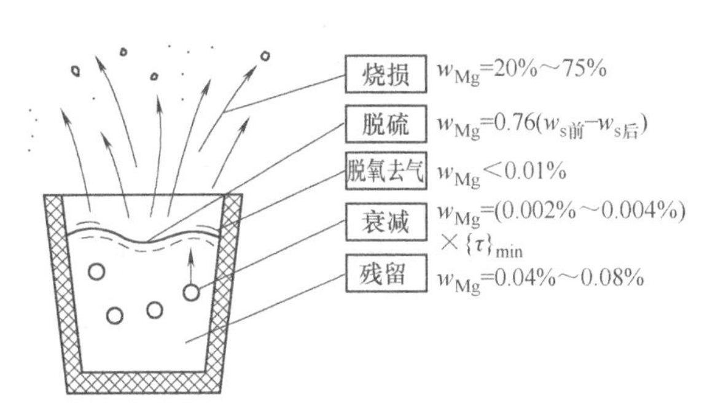

图2-19　球化处理时球化剂（镁）的去向

由图2-19可见，球化剂的烧损量较大，其次是脱硫、去气，仅有少量用于球化上。在保证球化的前提下，应尽量减少球化剂的加入量，这既可降低成本，又可防止因残镁、稀土过高所带来的组织和性能缺陷。

镁的吸收率和球化剂的加入量取决于铁液的化学成分（主要是铁液中的含硫量）、铸件的壁厚（冷却速度）、铁液温度、所用球化剂种类及球化处理的方法等因素，参考数据见表2-32。其中最主要的因素是原铁液中的含硫量。如生产中常用的稀土硅铁镁合金球化剂，采用冲入法处理工艺，原铁液含硫量与球化剂加入量的对应关系见表2-33。

表2-32　镁的吸收率和球化剂的加入量（质量分数）

处理方法	镁吸收率（%）	球化剂的加入量（%）
中间合金，冲入法	35～45	1.1～1.7
镁质量分数5%的硅铁镁合金，型内球化	约80	约0.8
纯镁，自建压力加镁法	50～80	0.15～0.2
纯镁，普通压入法	5～15	0.5～1.0

表2-33　原铁液含硫量与球化剂加入量的对应关系（质量分数）

原铁液含硫量（%）	0.04～0.06	0.08～0.1	≥0.12
球化剂的加入量（%）	1.1～1.3	1.4～1.6	≥1.7

一般来说，冲天炉铁液的含硫量（质量分数）一般在0.05～0.08%，故本任务中选择球化剂的加入量（质量分数）为1.4%。

（4）QT700-2的球化处理　球化处理方法较多，根据不同的球墨铸铁件工艺要求，选择不同的球化剂就应有不同的处理方法。各种球化处理方法的特点及适用范围见表 2-34。

表 2-34 各种球化处理方法的特点及适用范围

名称	特点	适用范围
冲入法	设备简单，操作简便，但镁的吸收率低（质量分数为 30% ~40%），烟尘闪光大，污染严重	广泛适用于各种温度和含硫量的铁液及各种批量、各类铸件
压力加镁法	镁吸收率高（质量分数为 70% ~80%）而且稳定，无镁光，烟尘少，但设备费用高，操作麻烦，技术要求高	大型厚断面铸件、铸态高韧性铁素体球墨铸铁、大量生产并要求严格控制镁量的铸件
转动包法	镁吸收率高（质量分数为 60% ~70%），镁光及烟尘轻，可处理高硫铁液（w_S = 0.15%），但设备费用高，操作麻烦	适用于大批量生产，浇注大中型铸件，处理含硫量较高的铁液
型内法	镁吸收率高（质量分数为 70% ~80%），无镁光及烟尘、无球化孕育衰退现象，但对铁液温度、铁液含硫量、球化剂、球化剂粒度等要求严格，易产生夹渣	适用于大批量流水线生产高强度和高韧性的球墨铸铁件，含硫量低的铁液
密封流动法	镁吸收率较高（质量分数为 60% ~70%），烟尘及镁光较少，但修理费时，操作麻烦	适用于批量生产

生产中常用的几种球化处理方法简介如下：

1）冲入法。该法用于密度大，与铁液反应平稳的稀土硅铁镁球化剂处理。为了提高球化效果，防止球化剂过早反应或上浮烧损，多采用专用浇包。

球化处理包深度 H 与内径 D 之比为 1.5 ~1.8，常用的堤坝式包底（或其他形式）如图 2-20 所示。堤坝内面积占包底的 2/5 ~1/2，高度以能容纳球化剂和覆盖剂为宜。

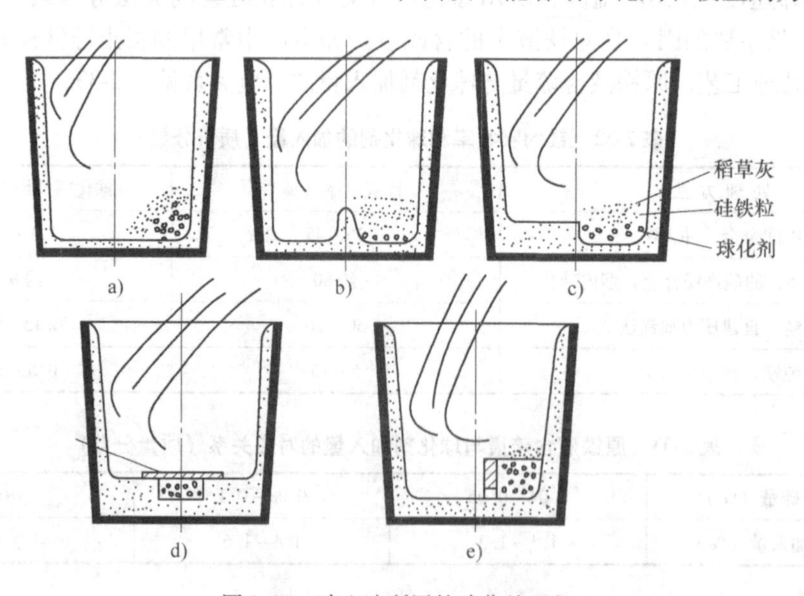

图 2-20 冲入法所用的球化处理包

a）平底式 b）堤坝式 c）凹坑式 d）洞穴式 e）复包式

球化处理前先将处理包预热到大于 600 ~800℃（暗红色），再将破碎成一定粒度（15 ~

30mm）的球化剂装入堤坝内（平底包放入一侧）紧实，上面覆盖硅铁粒（粒度等于或小于球化剂），然后再覆盖草木灰、珍珠岩等集渣剂。若出炉温度高时，还可在硅铁粒上盖一薄铁板，以控制球化时间和反应速度，球化剂加入量（质量分数）为1.3%～1.8%。

出铁液时不能正对球化剂，冲入2/3～1/2包铁液时停止出铁，让铁液充分沸腾反应1～3min后扒渣，再补入其余的1/3～1/2铁液，同时在出铁槽内进行孕育，在补加铁液时若液面逸出镁光及白黄火焰，表示球化正常。处理完毕，加集渣剂经搅拌、扒渣、炉前检验合格后即可浇注。

采用冲入法时镁的吸收率低，处理时烟尘及镁闪光大，劳动条件差，故有的工厂采用密封流动法。

2）密封流动法。该法是将反应器置于出铁槽与浇包之间，在反应器内加入球化剂（如FeSiMg8RE5）约1.0%～1.1%（质量分数），铁液在密封条件下流过反应室并吸收球化元素，其处理温度为1450℃，可保证球化。处理后反应室内不得有残留铁液及球化剂。密封流动法的原理与型内球化相同，可以改善劳动环境，提高镁的吸收率（质量分数为60%～70%），节约球化剂。其工艺图如图2-21所示。

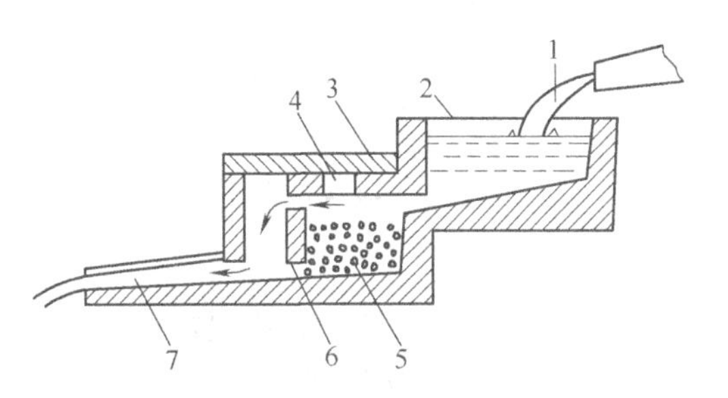

图2-21 密封流动法球化工艺示意图
1—原铁液 2—反应器承接入口 3—压盖 4—球化剂装入口 5—球化剂 6—残留铁液泄流通道 7—经球化处理的铁液流出槽

3）压力加镁法。该法原理是利用镁的沸点低，随压力增大而沸点提高（若铁液表面上有6～8个大气压，则镁的沸点增大为1350～1400℃）的特点，在密封的压力加镁浇包中，首先装入1/3容量的铁液，然后密封包盖，将装有镁的钟罩压入铁液中，镁在高温下产生大量的蒸气，使包内的压力升高。当镁的蒸气压上升到和铁液温度相对应的平衡蒸气压时，沸腾停止。此法劳动条件好，镁的吸收率高（质量分数为50%～80%），处理后的铁液中镁的质量分数在0.15%以上，再补加1～2倍铁液即稀释到质量分数为0.04%～0.08%。

压力加镁装置如图2-22所示。压力加镁用的浇包必须密封、坚固、安全可靠。处理包的耐压能力应大于1MPa，处理时放入工作坑中。密封后进行球化处理，在此期间人员必须撤离到安全区，在钟罩压杆停止振动前不得开启包盖，防止稀土合金飞溅伤人。处理温度在1350～1400℃，处理时间约4～6min，镁的加入量与铁液含硫量有关，见表2-35。

表2-35 压力加镁法镁的加入量与原铁液含硫量的关系（质量分数）

原铁液含硫量（%）	<0.02	0.02～0.04	0.04～0.06	0.06～0.08	0.08～0.12
加镁量（%）	0.10	0.1～0.12	0.12～0.15	0.15～0.18	0.18～0.22

处理后一般降温80～150℃，应补加高温铁液，同时添加孕育剂。当铁液表面镁光及火焰强度减弱至不明显时，停止兑入铁液（控制补加铁液量为球化处理铁液量的1～2倍）。搅拌扒渣后覆盖保温集渣剂，即可浇注。

4）转动包法。转动包法国内外均有应用，其示意图如图2-23所示。此法可有效控制镁的沸腾反应，有利于脱硫、脱氧，有利于提高镁的吸收率（质量分数为60%～70%），且石

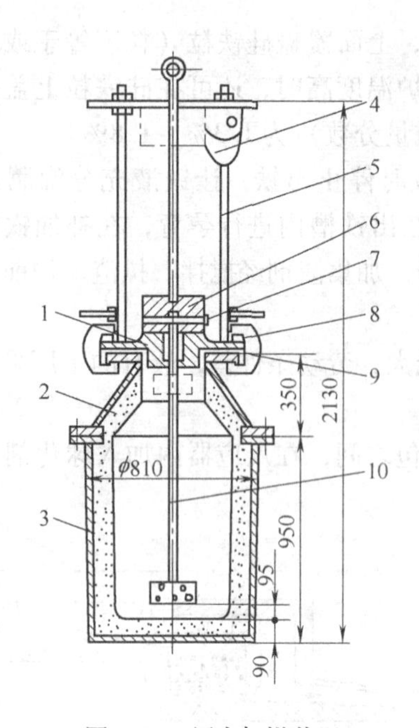

图 2-22 压力加镁装置

1—包盖 2—包体上部 3—包体下部

4—重锤紧固钩 5—导架 6—重锤 7—钟罩销

8—紧固螺栓 9—垫圈 10—加镁钟罩

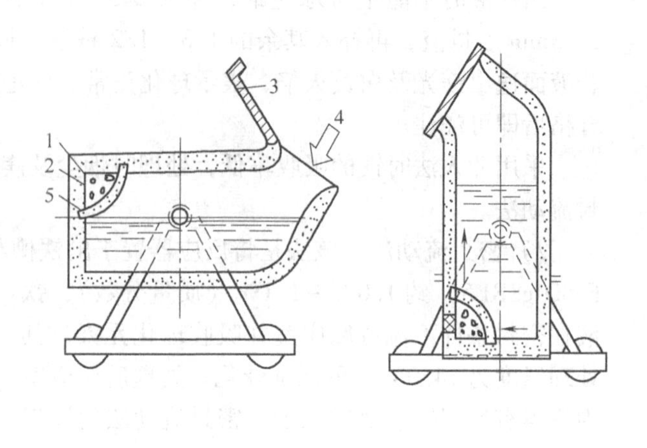

图 2-23 转动包法示意图

1—反应室 2—球化剂 3—安全盖

4—铁液 5—耐火材料罩

墨粘土制的反应室使用寿命长（300～350 次），可处理含硫量高的铁液（$w_S<0.25\%$）。镁的加入量与压力加镁法相似，含硫量高加镁量多。若原铁液含硫量 $w_S=0.06\%$，则镁的加入量（质量分数）为 0.12%～0.2%。

该法操作简便，劳动条件好，降温少。

综上所述，本任务中 QT700-2 球化处理选择冲入法。

3. QT700-2 的孕育处理

（1）孕育剂

1）孕育处理的目的。经球化处理后，应在铁液中直接加孕育剂，这是获得优质球墨铸铁的重要环节。孕育处理的目的是：消除球化元素造成的白口倾向，获得铸态无自由渗碳体的铸件；增加石墨球数量，使石墨变小，分布均匀，形状圆整，提高球化等级；进一步细化共晶团，减少偏析，提高球墨铸铁的力学性能。

2）对孕育剂的要求。孕育剂要有较强的孕育能力，并能维持较长的有效作用时间；易被铁液吸收，铁液降温少，不引起缺陷和其他副作用；来源广，价格便宜，孕育时操作简便。

3）常用孕育剂。我国普遍应用的孕育剂是 FeSi75。它具有来源广，价格便宜，孕育效果好等优点；缺点是衰退快。为了改善这种缺点，以硅铁为主，加入少量其他元素组成的复合孕育剂，可延长孕育时间，改善效果。常用孕育剂见表 2-36。

4）孕育剂加入量。孕育剂加入量根据铸件的壁厚、性能要求、孕育剂类型、孕育方法、球化剂等来确定。为了防止带入水分和气体，孕育前应预热，并破碎成一定的粒度。加

大孕育剂的加入量可使石墨球更细、更圆整，力学性能更好，前提是原铁液中含硅量越低越好，否则力学性能变差。

表 2-36　球墨铸铁常用孕育剂及化学成分

孕育剂名称	化学成分（质量分数,%）								用途及特点
	Si	Ca	Al	Ba	Mn	Sr	Bi	Fe	
硅铁	74～79	0.5～1.0	0.8～1.6	—	—	—	—	其余	常用
硅铁	74～79	<0.5	0.8～1.6	—	—	—	—		
含钡硅铁	60～65	0.8～2.2	1.0～2.0	4～6	8～10	—	—		大件、长效、熔点低
含锶硅铁	73～78	≤0.1	≤0.5	—	—	0.6～1.2	—		适用于薄壁及高镍耐蚀球墨铸铁
硅钙	60～65	25～30	—	—	—	—	—		高温铁液
铋	—	—	—	—	—	—	≥99.5		与硅铁复合、薄壁件

（2）孕育处理工艺

1）炉前一次孕育法。球化处理后，扒净表面的渣子，在补加剩余铁液时将孕育剂撒入出铁槽冲入包内。此法简便易行，但孕育效果易衰退，孕育剂加入量大。一般生产珠光体球墨铸铁所需 FeSi75 约占铁液量的 0.4%～0.6%（质量分数），若要生产高韧性球墨铸铁，加入量为 0.8%～1.2%（质量分数）。

2）倒包孕育法。为了改善孕育效果，将一次孕育剂分成两次或多次，在倒包时随流或加入包底，也可加在表面并搅拌。孕育剂加入量（质量分数）约为 0.1%～0.3%，其孕育效果优于炉前一次孕育法，且适用于各种铸件，但操作麻烦。

3）瞬时孕育法。在铁液浇注入铸型前的瞬间进行孕育，使进入型腔的铁液处于充分孕育状态，完全避免孕育衰退，孕育效果好。此方法与灰铸铁孕育时相同，如图 2-24 和图 2-25 所示。

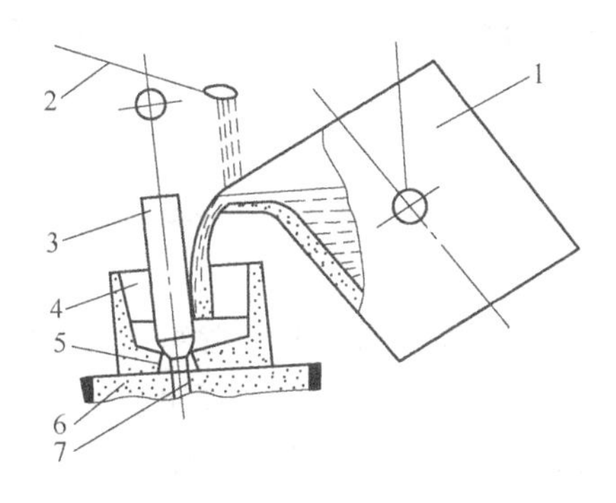

图 2-24　浇口杯孕育处理工艺示意图
1—浇包　2—小勺（加硅铁）　3—石墨塞
4—浇口杯　5—油砂芯　6—铸型　7—直浇道

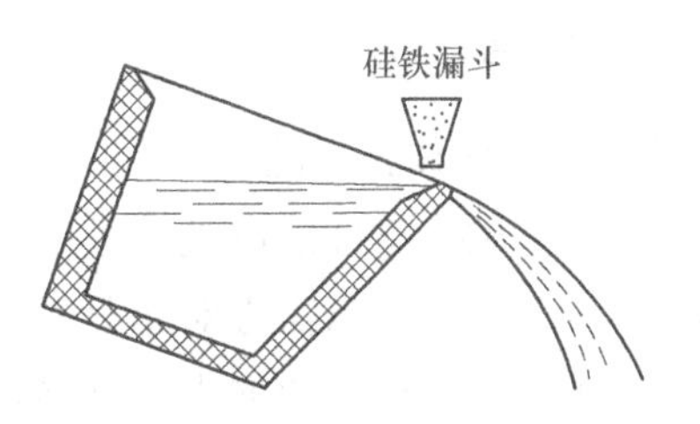

图 2-25　包外孕育处理工艺示意图

经球化和孕育处理后的铁液，马上进行炉前检验。取样后在铁液表面立刻覆盖上草木灰，减少铁液与空气的接触。检验合格后即迅速浇注，以免球化和孕育的衰退。一般要求在处理后的20～30min内浇注完毕。

综上所述，QT700-2的孕育剂选用FeSi75，也可选用复合孕育剂，这样可延长孕育时间，孕育剂加入量选择为铁液量的0.4%（质量分数），采用瞬时孕育法。

四、QT700-2的炉前检验与控制

生产中常用的检验方法有以下几种。

1. 炉前三角试片检验法

从处理好的铁液中取样，浇入炉前三角试片砂型中，待试样冷到暗红色时，底面向下淬入水中，然后打断试样，观察断口来判断球化是否良好。

若三角试片断口晶粒较细，有银白色光泽，尖角白口清晰，侧面有明显的缩陷，中心有缩松，敲击时声音清脆近似钢，遇水有电石臭味，表明球化良好，否则球化不良。若断口呈麻口或白口，且有放射状结构，则认为球化可以而孕育差，应补加孕育剂。此法迅速、简便，且比较可靠、成本低，生产中常采用。

此外还有采用圆棒试样、矩形试样等检验法。

2. 火苗判断法

经球化处理的铁液，在补加铁液孕育或倒包时，可以看到铁液表面会冒出亮白色的火苗，生产中根据火苗的特征可以判断球化情况和控制补加铁液量。火苗多而有力，说明球化良好；火苗少而无力，则可能球化不良。

3. 炉前快速金相法

此法准确可靠，但需要一套金相试验设备和熟练的操作人员，一般在炉前2～3min内完成磨片抛光制样，然后在显微镜下直接观察球化情况。但应注意，由于试样尺寸小，其球化情况比铸件实际的要好，评定时试样要求应高于铸件。

4. 音频法

根据球化程度不同铸件的固有频率也不相同的原理，对于固定形状、尺寸和基体组织相同的铸件，敲击后用音频计测定其音频以数字显示。球化等级越高，音频就越高。若测定的音频数字高于合格的频率值，则铸件合格。

五、检测与评价

1. 抗拉强度和伸长率的检验

球墨铸铁件的力学性能以抗拉强度和伸长率两个指标为验收指标。除特殊情况外，一般不做屈服强度试验。但当需方对屈服强度有要求时，经供需双方商定，屈服强度也可作为验收指标。球墨铸铁单铸试块的力学性能应符合表2-27中的规定，单铸试块应在与铸件相同的铸型或导热性能相当的铸型中单独铸造。试块的落砂温度一般不应超过500℃。单铸试块的形状如图2-26和图2-27所示，其尺寸见表2-37和表2-38。

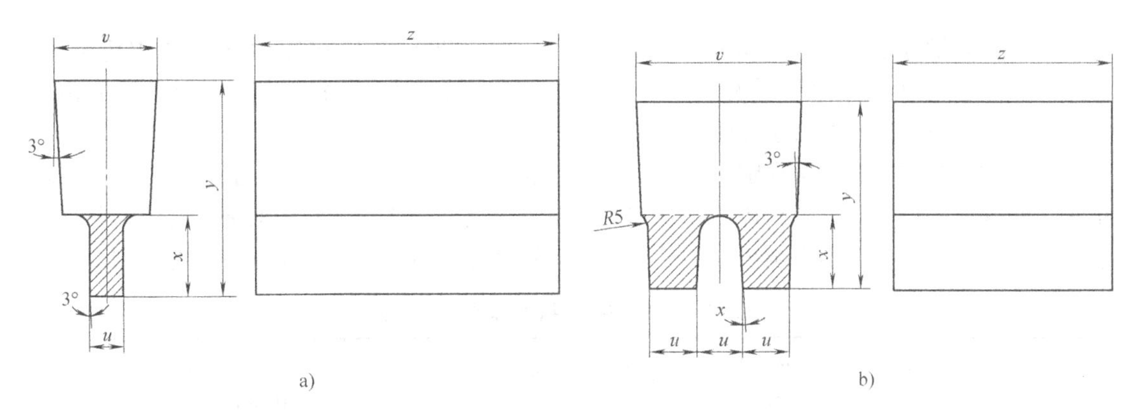

图 2-26 U 形单铸试块

a) Ⅰ、Ⅱa、Ⅲ、Ⅳ型 b) Ⅱb 型

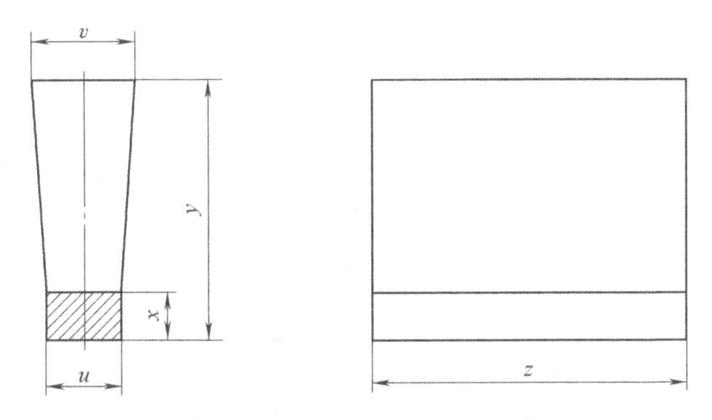

图 2-27 Y 形单铸试块

表 2-37 U 形单铸试块尺寸

试块类型	试块尺寸/mm					试块的吃砂量
	u	*v*	*x*	*y*	*z*	
Ⅰ	12.5	40	30	80	根据不同规格的拉伸试样总长确定	Ⅰ、Ⅱa、Ⅱb 型试块最小吃砂量为 40 mm，Ⅲ和Ⅳ型试块最小吃砂量为 80mm
Ⅱa	25	55	40	100		
Ⅱb	25	90	40～50	100		
Ⅲ	50	90	60	150		
Ⅳ型	75	125	65	165		

注：1. *y* 尺寸数值供参考。

2. 对薄壁铸件或金属型铸件，经供需双方协商，拉伸试样也可以从壁厚 *u* 小于 12.5 mm 的试块上加工。

表 2-38 Y 形单铸试块尺寸

试块类型	试块尺寸/mm					试块的吃砂量
	u	*v*	*x*	*y*	*z*	
Ⅰ	12.5	40	25	135	根据不同规格的拉伸试样总长确定	Ⅰ、Ⅱ型试块最小吃砂量为 40 mm，Ⅲ和Ⅳ型试块最小吃砂量为 80 mm
Ⅱ	25	55	40	140		
Ⅲ	50	100	50	150		
Ⅳ	75	125	65	175		

注：1. *y* 尺寸数值供参考。

2. 对薄壁铸件或金属型铸件，经供需双方协商，拉伸试样也可以从壁厚 *u* 小于 12.5 mm 的试块上加工。

当铸件质量等于或超过 2000kg，而且壁厚在 30～200mm 范围时，优先采用附铸试块；当铸件质量超过 2000kg 且壁厚大于 200mm 时，采用附铸试块。附铸试块的尺寸和位置由供需双方商定。附铸试样的力学性能见表 2-39。

除非供需双方另有特殊规定，附铸试块的形状如图 2-28 所示，其尺寸见表 2-40。附铸试块在铸件上的位置应考虑到铸件形状和浇注系统的结构形式，以避免对邻近部位的各项性能产生不良影响，并以不影响铸件的结构性能、铸件外观质量以及试块致密性为原则。

表 2-39　球墨铸铁附铸试样的力学性能

牌　号	铸件壁厚/mm	抗拉强度 R_m/MPa（min）	屈服强度 $R_{p0.2}$/MPa（min）	伸长率 A（%）(min)	布氏硬度(HBW)	主要基体组织
QT350-22AL	≤30	350	220	22	≤160	铁素体
	>30～60	330	210	18		
	>60～200	320	200	15		
QT350-22AR	≤30	350	220	22	≤160	铁素体
	>30～60	330	220	18		
	>60～200	320	210	15		
QT350-22A	≤30	350	220	22	≤160	铁素体
	>30～60	330	210	18		
	>60～200	320	200	15		
QT400-18AL	≤30	380	240	18	120～175	铁素体
	>30～60	370	230	15		
	>60～200	360	220	12		
QT400-18AR	≤30	400	250	18	120～175	铁素体
	>30～60	390	250	15		
	>60～200	370	240	12		
QT400-18A	≤30	400	250	18	120～175	铁素体
	>30～60	390	250	15		
	>60～200	370	240	12		
QT400-15A	≤30	450	310	15	120～180	铁素体
	>30～60	420	280	14		
	>60～200	390	260	11		
QT450-10A	≤30	450	310	10	160～210	铁素体
	>30～60	420	280	9		
	>60～200	390	260	8		
QT500-7A	≤30	500	320	7	170～230	铁素体+珠光体
	>30～60	450	300	7		
	>60～200	420	290	5		

（续）

牌　　号	铸件壁厚/mm	抗拉强度 R_m/MPa（min）	屈服强度 $R_{p0.2}$/MPa（min）	伸长率 A（%）（min）	布氏硬度（HBW）	主要基体组织
QT550-5A	≤30	550	350	5	180～250	铁素体＋珠光体
	＞30～60	520	330	4		
	＞60～200	500	320	3		
QT600-3A	≤30	600	370	3	190～270	铁素体＋珠光体
	＞30～60	600	360	2		
	＞60～200	550	340	1		
QT700-2A	≤30	700	420	2	225～305	珠光体
	＞30～60	700	400	2		
	＞60～200	650	380	1		
QT800-2A	≤30	800	480	2	245～335	珠光体或索氏体
	＞30～60	由供需双方商定				
	＞60～200					
QT900-2A	≤30	800	480	2	280～360	回火马氏体或索氏体＋托氏体
	＞30～60	由供需双方商定				
	＞60～200					

注：1. 从附铸试块测得的力学性能并不能准确地反映铸件本体的力学性能，但与单铸试棒上测得的值相比更接近于铸件的实际性能值。

2. 伸长率在原始标距 $L_0=5d$ 上测得，d 是试样上原始标距处的直径。

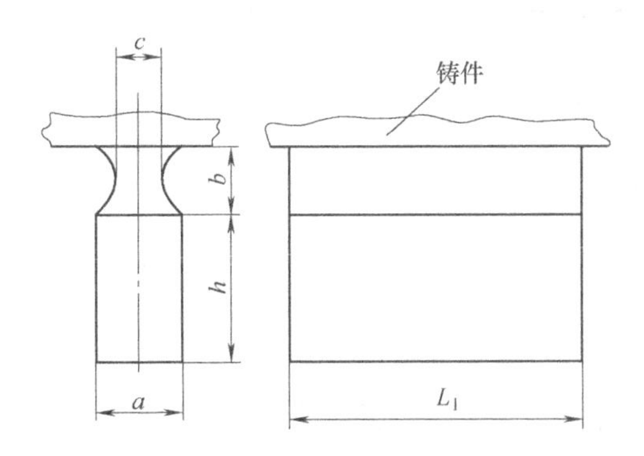

图 2-28　附铸试块

表 2-40　附铸试块尺寸　　（单位：mm）

类　　型	铸件的主要壁厚	a	b（max）	c（min）	h	L_1
A	≤12.5	15	11	7.5	20～30	根据不同规格拉伸试样的总长确定
B	＞12.5～30	25	19	12.5	30～40	
C	＞30～60	40	30	20	40～65	
D	＞60～200	70	52.5	35	65～105	

注：1. 在特殊情况下，表中 L_1 数值可适当减少，但不得少于 125mm。

2. 如用比 A 型更小尺寸的附铸试块，应按下式规定：$b=0.75a$，$c=0.5a$。

2. 冲击试验

表2-41给出了V形缺口附铸试样在室温和低温下的冲击功。表2-42给出了V形缺口单铸试样在室温和低温下的冲击功。如需方要求时，可做冲击试验。

表2-41　V形缺口附铸试样的冲击功

牌　号	铸件壁厚/mm	最小冲击功/J					
		室温（23±5）℃		低温（-20±2）℃		低温（-40±2）℃	
		三个试样平均值	个别值	三个试样平均值	个别值	三个试样平均值	个别值
QT350-22AR	≤60	17	14	—	—	—	—
	>60~200	15	12	—	—	—	—
QT350-22AL	≤60	—		—	—	12	9
	>60~200	—		—	—	10	7
QT400-18AR	≤60	14	11	—	—	—	—
	>60~200	12	9	—	—	—	—
QT400-18AL	≤60	—	—	12	9	—	—
	>60~200	—	—	10	7	—	—

注：从附铸试样测得的力学性能并不能准确地反映铸件本体的力学性能，但与单铸试棒上测得的值相比更接近于铸件的实际性能值。

表2-42　V形缺口单铸试样的冲击功

牌　号	最小冲击功/J					
	室温（23±5）℃		低温（-20±2）℃		低温（-40±2）℃	
	三个试样平均值	个别值	三个试样平均值	个别值	三个试样平均值	个别值
QT350-22L	—	—	—	—	12	9
QT350-22R	17	14	—	—	—	—
QT400-18L	—	—	12	9	—	—
QT400-18R	14	11	—	—	—	—

注：冲击功是从砂型铸造的铸件或者导热性与砂型相当的铸型中铸造的铸块上测得的，用其他方法生产的铸件的冲击功应满足经双方协商的修正值。

➢【拓展与提高】

一、球墨铸铁的凝固特点和铸造性能特点

在球墨铸铁生产中，只有根据球墨铸铁的凝固特点和铸造性能特点制订合理的铸造工艺，才能保证减少废品，获得健全的铸件。

1. 球墨铸铁的凝固特点

球墨铸铁的凝固特点与灰铸铁有明显的差异，主要体现在以下几个方面。

（1）球墨铸铁有较宽的共晶凝固温度范围　由于球墨铸铁共晶凝固时石墨-奥氏体两相离异生长的特点（有的共晶合金两相生长时，并没有共同的生长界面，而是两相分离，并

以不同的生长速率进行结晶，这就是所谓的离异生长方式），使球墨铸铁的共晶团生长到一定程度（奥氏体在石墨球外围形成完整的外壳）后，其生长速度明显减慢，或根本不再生长。此时共晶凝固的进行要借助于温度进一步降低来获得动力，产生新的晶核。因此，共晶转变需要在一个较大的温度区间才能完成。据测定，球墨铸铁的共晶凝固温度范围通常是灰铸铁的一倍以上。

（2）球墨铸铁的糊状凝固特性　由于球墨铸铁的共晶凝固范围较灰铸铁宽，从而使得铸件凝固时在温度梯度相同的情况下，球墨铸铁的液-固两相区宽度比灰铸铁大得多，如图2-29所示。这种大范围的液-固两相区，使球墨铸铁件表现出较强的糊状凝固特性。所谓糊状凝固，是指如果合金的结晶温度范围很宽，且铸件的温度分布较为平均，则在凝固的某段时间内，铸件表面并不存在固体层，而液-固并存的凝固区贯穿整个断面。由于这种凝固方式与水泥类似，即先呈糊状而后固化，故称为糊状凝固。此外，大的共晶凝固温度范围也使得球墨铸铁的凝固时间比灰铸铁及其他合金要长。

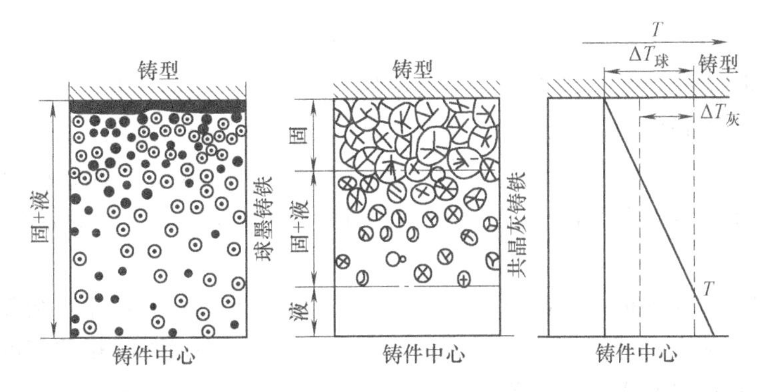

图2-29　温度梯度相同时，球墨铸铁件与灰铸铁件的液-固两相区宽度

（3）球墨铸铁具有较大的共晶膨胀　由于球墨铸铁的糊状凝固特性以及共晶凝固时间较长，使凝固时球墨铸铁件的外壳长时间处于较软的状态，而在共晶凝固过程中溶解在铁液中的碳以石墨的形式结晶出来，其体积约比原来增加2倍。这种由于石墨化膨胀所产生的膨胀力通过较软的铸件外壳传递给铸型，将足以使砂型退让，从而导致铸件外形尺寸胀大。值得注意的是，如采用刚度很高的铸型（如金属型），由于铸型抗变形的能力增加，因而可使铸件胀大的倾向减小。

（4）共晶转变在更大的过冷度下进行　由于球化元素镁和稀土都是强烈的脱硫、脱氧、去气和去除杂质元素，经球化处理后，净化了铁液，减少了结晶时的异质核心，因此使共晶转变在较大的过冷度下进行。

2. 球墨铸铁的铸造性能

（1）流动性　经球化处理后的铁液，由于脱硫、去气和去除了非金属夹杂物，使铁液净化，有利于提高其流动性，球墨铸铁流动性优于较高牌号的灰铸铁。但在实际生产中，有时会发现球墨铸铁的流动性比相同碳当量和浇注温度的灰铸铁差，主要是因为镁使铁液表面形成氧化膜，引起流动性降低，且温度越低，氧化膜越厚，其流动性越差。再加上球化和孕育处理，使铁液降温多，铁液表面张力比灰铸铁大，流动性差。

通常生产中通过提高浇注温度来改善流动性，以保证获得健全铸件。还可在球墨铸铁中加入少量稀土元素，降低铁液表面氧化膜的结膜温度，更好地进行脱硫、去气和去除夹杂物，使流动性提高。故在生产中稀土镁球墨铸铁比镁球墨铸铁的流动性好。

(2) 收缩性

1) 线收缩。如图2-30所示，球墨铸铁和灰铸铁的收缩过程基本相同，而两者的最大区别在于球墨铸铁收缩前的膨胀比灰铸铁大得多。因而，球墨铸铁总的线收缩值比灰铸铁小。实践证明：在生产中，铸铁的凝固过程由于受到铸件结构复杂程度、壁厚大小以及砂芯等因素的影响，实际线收缩要比自由线收缩小。对于尺寸要求较高的铸件，可通过试验，在铸件的不同方向按不同的收缩率进行补缩。

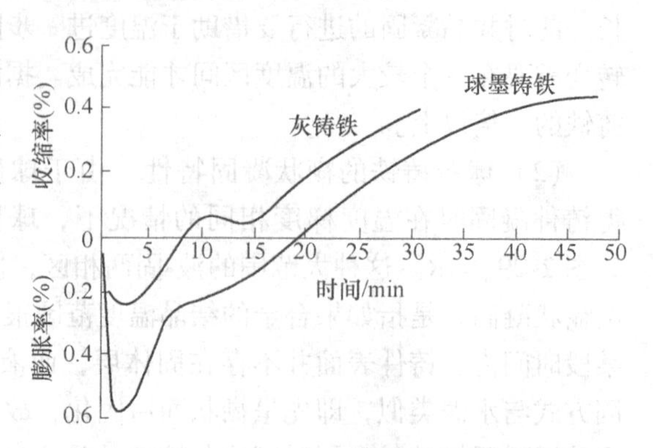

图2-30 球墨铸铁和灰铸铁的自由收缩曲线

2) 体收缩。由于球墨铸铁的碳当量高，析出的石墨数量多，共晶膨胀量大，在凝固时产生的石墨化膨胀完全可抵消液态和凝固时期的收缩量，因而使体收缩减少。但在生产中球墨铸铁生成缩孔、缩松的倾向比较大。其原因是球墨铸铁呈糊状凝固，形成坚固外壳的时间长，膨胀量大，再加上铸型刚度小，石墨化膨胀使铸件外形尺寸扩大，结果使缩孔体积增大，而在铸件的中心部位共晶团之间，由于得不到液体金属的补充，形成缩松，且很难用冒口消除。

与灰铸铁相比，球墨铸铁过冷度大，比灰铸铁大致低20～40℃开始结晶；共晶石墨化有时不足，凝固收缩大；球墨铸铁趋于同时在很大断面上呈现固-液相共存的糊状凝固。补缩通道狭窄，石墨析出时引起体积膨胀，因此球墨铸铁件易产生缩松和尺寸增大，应采用刚性较大的铸型。

在生产中，采用刚度较大的铸型，收缩前的膨胀会受到阻碍，使铸件外形尺寸无法胀大，球墨铸铁的体收缩值会很小，甚至消失，利用这一特点可减少和消除缩孔和缩松。铸型刚度对铸件致密性的影响如图2-31所示。

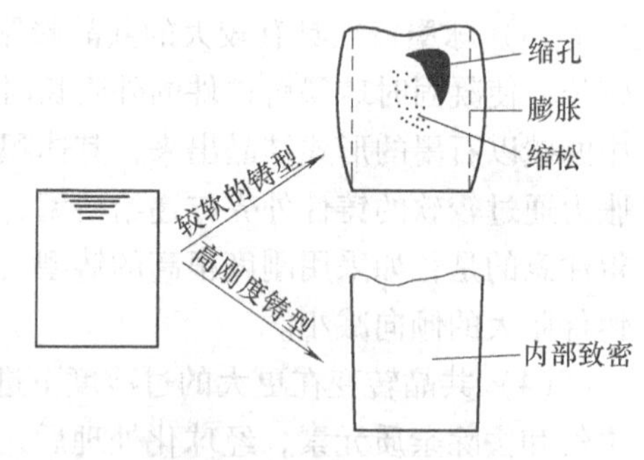

图2-31 铸型刚度对铸件致密性的影响

(3) 铸造应力　由于球墨铸铁的弹性模量较灰铸铁大，加之其热导率较灰铸铁低。因此，无论是其收缩应力还是温差应力均较灰铸铁大，球墨铸铁件的变形及开裂倾向均高于灰铸铁，故应在铸件结构设计和铸造工艺上采取相应的防止措施。生产中采取改善铸件结构，合理制订铸造工艺，提高碳、硅含量，降低含磷量，采取退火等措施以减小应力、防止裂纹的产生。

(4) 气体和夹杂物　由于球化处理产生的净化作用，球墨铸铁中的含气量只有灰铸铁的50%。在灰铸铁中常见的杂质如 SiO_2、Al_2O_3 等在球墨铸铁中也大大减少，而代之一些新的夹杂物如 MgS、MgO 等，但其危害远比在灰铸铁中大。

3. 球墨铸铁的铸造工艺特点

由于球墨铸铁和灰铸铁有显著不同的铸造性能和凝固特点，只有根据这些特点来制订球

墨铸铁的铸造工艺，才能保证获得健全的铸件。

1）合理使用冒口和冷铁，可以有效地减少缩孔和缩松缺陷的产生。对于壁厚较大的零件，可考虑同时采用冒口和冷铁，以控制凝固顺序，加大冒口的补缩范围。

2）提高铸型刚度和采用均衡凝固工艺方案，可实现球墨铸铁的无冒口铸造，减少缩孔和缩松。但必须注意铸型的排气，控制铸型的水分，防止浇注时产生“呛火”。

3）浇注系统设计应能保证铁液的平稳充型，且有良好的挡渣作用，以防止球墨铸铁夹渣和皮下气孔缺陷的产生。

球墨铸铁的浇注温度一般较灰铸铁低。为了防止冷隔和浇不足，必须采用较快的浇注速度，缩短浇注时间，浇注系统各部分截面比例应保证有一定的缓冲作用，国外多采用$F_{横} > F_{直} > F_{内}$（半封闭浇注系统，适用于各类灰铸铁件和球墨铸铁件），使铁液进入横浇道减速，不易出现喷射、飞溅。

二、球墨铸铁常见的铸造缺陷及防止措施

在球墨铸铁生产中，除了产生一般的铸造缺陷外，还会产生一些特有的缺陷，常见的有球化不良、球化衰退、石墨漂浮、缩孔与缩松、皮下气孔、夹渣、反白口等。

1. 球化不良

球化不良是指球化处理未能达到球化等级要求。

（1）特征　在银白色的断口上，分布有肉眼可见的黑点。黑点多、直径大，表明球化不良的程度比较严重。在观察显微组织时，除了球状石墨外，还存在大量的厚片状石墨，因此造成力学性能达不到各牌号所规定的指标而使铸件报废。

（2）产生的原因　主要是因为原铁液中的含硫量过高或铁液严重氧化；球化元素残留量不足（球化剂粘结在包底等）；铁液中有干扰元素存在等。

（3）防止措施　针对上述主要原因，可以采取对应的防止措施。若炉前检查发现球化不良后，应及时向处理包内补加适当数量的球化剂。

2. 球化衰退

球化衰退是指浇注后期铁液中球化元素残留量过低，而引起铸件不合格。

（1）特征　与球化不良相同。在球墨铸铁中，有时会遇到这种情况，经球化处理的同一包铁液，先浇注的铸件球化良好，而后浇注的铸件球化不良；或炉前检验的球化良好，但铸件上出现球化不良。这说明球化处理后的铁液在停留一段时间后，球化效果会消失。当原铁液中含硫量越高，残留镁量越低，包内铁液量越少时，其球化衰退现象就越严重。

（2）产生的原因　主要是铁液中的残留镁和稀土量随时间的延长而逐渐减少，当减少到不足以保证铁液球化时，石墨便由球状过渡到团片状、厚片状，严重时会变成片状；扒渣不充分，铁液覆盖不好，铁液的运输、搅拌、倒包过程中球化元素镁聚集上浮逸出被氧化等。

（3）防止措施　应尽量降低原铁液的含硫、含氧量，适当控制温度，注意扒净渣后加草木灰、冰晶石粉等覆盖好铁液表面，以隔离空气；加快浇注速度，尽量减少倒包、运输及停留时间；最好选用具有抗衰退能力的长效球化剂（如钇基重稀土镁球化剂等），必要时可适当增加球化剂的加入量，以防止衰退。

3. 石墨漂浮

（1）特征　石墨漂浮出现在铸铁最后凝固部位的上表面（如冒口处、厚壁铸铁上部）和型芯的下表面。它的宏观断口呈连续均匀分布的一层密集的石墨黑斑。显微镜下观察，石墨球密集成串，呈开花状。该区域碳、硅含量高，镁和稀土、硫含量高，力学性能差，易剥落。

（2）产生原因　主要是铁液碳当量过高，而且随碳当量的增加而严重；铸件壁厚，凝固缓慢，时间长，加剧了石墨漂浮；浇注温度高，使铁液在铸型内保持液态时间长，促使石墨漂浮（如同一包铁液先浇的铸件比后浇的石墨漂浮严重）；铁液中稀土元素残留量高，使共晶点左移，石墨易漂浮，而增加镁的残留量（使共晶点右移），可以减轻石墨漂浮。

（3）防止措施

1）首先是严格控制碳当量，这是防止石墨漂浮的根本办法。根据铸件壁厚控制碳当量，对于厚大断面，碳当量还可以降低一些。为了避免石墨漂浮，铸件各种壁厚所对应的临界碳当量见表2-43。

表2-43　铸件各种壁厚所对应的临界碳当量

铸件壁厚/mm	≤15	15～30	30～50	50～100	>100
临界碳当量（%）	4.8～4.9	4.5～4.7	4.4～4.6	4.3～4.5	4.2～4.4

2）控制适当的浇注温度。

3）在保证球化的前提下，控制球化剂中稀土的残留量不宜过高。

4）加快铸件的冷却速度（厚壁处放置冷铁），可以消除或减轻石墨漂浮。

5）在大断面球墨铸铁生产时，可加入少量反石墨化元素（如钼）。

6）在配料时，低硅生铁搭配回炉料使用，适当使用废钢。

7）可能的情况下，用电炉替代冲天炉熔炼。

4. 缩孔与缩松

（1）特征　往往出现在铸件最后凝固的部位。集中缩孔多产生在铸件的热节处，使铸件的力学性能降低，耐压零件易发生渗漏而引起报废。

（2）产生原因　由于球墨铸铁凝固时呈糊状凝固，浇注后长时间不能形成坚固的外壳，加上石墨化膨胀力大，特别是铸型刚度小时铸件外形胀大，加上内部的液态和凝固收缩，产生缩孔与缩松；碳当量低，铸造工艺不当。

（3）防止措施

1）严格控制铁液化学成分。提高碳当量，有利于石墨化，铁液流动性好，可减少缩孔与缩松。当 $w_C + w_{Si}/3 \geqslant 3.9\%$ 时，可以获得无缩孔、缩松的健全铸件。当含磷量高时，组织中磷共晶增多，铸件已凝固的外壳变弱，使缩前膨胀增大，缩松增大。减少球化元素的残留量，可以减少缩孔与缩松的形成（因球化元素都是增大白口倾向、加大收缩的元素）；阻碍石墨化的元素（如锰、钼、铬、钒等）都使缩松倾向加大，因此要强化孕育。

2）提高铸型刚度，充分利用球墨铸铁的石墨化膨胀，如采用干型、水玻璃型、金属型、湿砂型、提高紧实度等，都可以减少缩孔和缩松的形成。

3）制订合理的铸造工艺。根据具体的情况确定合理的浇注温度，加强补缩；对有条件的铸件，可采用无冒口铸造，或采用冒口和冷铁配合使用的方法。

5. 皮下气孔

（1）特征　皮下气孔经常发生在浇注结束前铁液温度最低的部位（远离内浇道），在铸件的表皮（上、下表面）下1~3mm处，呈细小的圆形或椭圆形孔洞，直径为1~3mm，内壁光滑。有的气孔位置较浅，落砂清理后就能发现；有的气孔位置较深，热处理或冷加工后除去铸件表面的氧化皮后才能露出来。皮下气孔直接影响铸件的表面质量，严重时会使铸件报废。

（2）产生的原因　经球化处理的铁液表面易形成氧化膜，残留的镁量越多，氧化膜越厚，加上球墨铸铁糊状凝固的特点，阻止已进入铁液的气体外逸；铸型中水分与球墨铸铁中的镁或MgS发生作用，即

$$Mg + H_2O = MgO + H_2$$
$$MgS + H_2O = MgO + H_2S$$

在界面上产生大量的H_2和H_2S而造成的气孔。铸型种类不同，产生皮下气孔的倾向不同，按以下顺序产生皮下气孔的倾向依次减少：湿型、干型、水玻璃型、壳型。浇注温度低，皮下气孔严重；阴雨潮湿，气压较低的天气，易产生皮下气孔；厚大件较薄小件皮下气孔少。

（3）防止措施

1）在保证球化的前提下，尽量减少镁的加入量。适当加入，适当使用稀土。

2）尽量降低原铁液中的含硫量，严格控制$w_{Al} < 0.1\% \sim 0.15\%$，$w_{Ti} < 0.01\%$。

3）提高浇注温度（大于1300℃）和浇注速度，可有效防止皮下气孔的产生。

4）严格控制砂型中的水分，湿型型砂水的质量分数控制在<5%。

5）加强型芯的透气性，配以适当的煤粉（质量分数为8%~15%）或在铸型上撒冰晶石粉，防止铁液与型壁反应。

6）采用开放式浇注系统（即直浇道出口截面积小于横浇道截面积，横浇道出口截面积又小于或等于全部内浇道截面积的浇注系统），使铁液平稳充型，防止在型内翻滚，缩短浇注时间。

7）入炉炉料要求干净无锈。球化剂、孕育剂入炉前要烘烤，防止带入水分。熔化时尽量防止铁液氧化。

6. 夹渣

（1）特征　多出现在铸件上表面和型芯下表面及死角处，断面上呈现出暗黑色、无光泽、深浅不一的夹杂物，断续分布。金相观察可见夹渣区内除球状石墨外，还有片状石墨、碎点状石墨、氧化物等非金属夹杂物。出现夹渣会使铸件力学性能降低，特别是冲击韧度、伸长率、耐压性、耐磨性、耐蚀性下降，严重时会使铸件报废。

（2）产生的原因　镁稀土球化剂和铁液中的硫、氧反应形成夹渣没及时扒除残留于铁液中；经球化处理的铁液在运输、转包、浇注、流动过程中，铁液的二次氧化严重，氧化膜破碎卷入铸型形成夹渣。

（3）防止措施

1）在保证球化的前提下，尽量减少铁液中的镁残留量，降低原铁液中的硫、氧含量，可减少夹渣。

2）控制稀土残留量为0.02%~0.04%（质量分数），可以降低球墨铸铁氧化膜的形成

温度，有效地防止夹渣的产生。

3）提高浇注温度（大于1350℃）有利于夹渣的上浮去除。

4）浇注前将铁液表面的炉渣清除干净，必要时加盖冰晶石粉（质量分数0.3%）溶解氧化膜，使渣子变稀，便于扒除，还能防止铁液继续氧化。

5）浇注系统设计应保证平衡充型，提高挡渣能力。

7. 反白口

（1）特征　出现在铸件热节中心，宏观断面为界限清晰的白亮块，与该部位外观轮廓呈相似形；有时界限不清，呈方向性白亮针，常伴随缩松。金相组织观察为过冷密集细针状渗碳体，常邻接显微缩松。反白口多出现于小件，妨碍内孔加工，降低零件力学性能。热处理可消除针状渗碳体，形成方向性虫状或链球状石墨，削弱强度。厚大铸件则表现为热节中心珠光体增加或呈网状渗碳体。

（2）产生的原因　最后凝固的热节中心偏析，富集镁、稀土、锰、铬等白口化元素，石墨化元素硅因反偏析而贫乏，增大该区残余铁液过冷度，同时由于孕育不足或孕育衰退不利于石墨形核；薄壁小件热节比大件冷却速度快，因此在偏析过冷和孕育不足的热节中心形成细针状渗碳体；铁液中含铬或稀土残留量过高易出现此缺陷。

（3）防止措施　在保证球化条件下尽量减少残留镁和稀土量，必要时使用低稀土球化剂；防止炉料内混入铬等强烈白口化元素；强化孕育，如采用瞬时孕育工艺或用钡硅铁长效孕育剂；适当提高小件浇注温度。

三、球墨铸铁的热处理

热处理对于球墨铸铁具有特殊的重要作用。石墨的有利形状使得它对基体的破坏作用降到了最低限度，因此通过各种改变基体组织的热处理工艺，可大幅度地调整或改善球墨铸铁的性能，满足不同服役条件的要求。球墨铸铁的热处理与钢相比有相同之处，也有不同之处。这些不同之处是由于球墨铸铁的成分及组织特点造成的，属于铸铁的共性。因此，了解这些共性不仅对球墨铸铁，而且对其他铸铁的热处理工艺参数的制订都是十分有益的。

1. 球墨铸铁的热处理特点

1）球墨铸铁主要是以铁-碳-硅三元素为主的多元合金，其共析转变有一较宽的温度范围。在此温度范围内有铁素体、奥氏体和石墨的稳定平衡及铁素体、奥氏体及渗碳体的介稳定平衡。在此范围内的不同温度对应着铁素体和奥氏体的不同平衡数量。这样，只要控制不同的加热温度和保温时间，冷却后即可获得不同比例的铁素体和珠光体整体组织，因而可较大幅度地调整铸铁的力学性能。

2）球墨铸铁组织的最大特点是有高碳相。它在热处理过程中虽无相变，但却会参与整体组织的变化过程。在加热过程中，奥氏体中碳的平衡浓度要增加，碳原子会从高碳相向奥氏体中扩散并溶入。当冷却时，由于奥氏体中碳的平衡浓度要降低，因此又会伴随碳原子向高碳相沉积或析出。所以，在热处理过程中，高碳相相当于一个碳的集散地。如果控制热处理的温度及保温时间，就可以控制奥氏体中碳的浓度，再依照不同的冷却速度，就可获得不同的组织及性能。

3）球墨铸铁中的杂质含量较钢高，在一次结晶后共晶团的晶内和晶界处成分往往会有较大差异，通常晶内硅含量偏高，而晶界处则锰、磷、硫含量偏高。此外，由于凝固过程的

差异，即使同样在共晶团晶界处，也会产生成分的差异。这种成分的偏析，使热处理后的组织在微观上会产生一些差异。

2. 退火

球墨铸铁退火工艺包括消除内应力退火、高温石墨化退火和低温石墨化退火三种。

（1）消除内应力退火　球墨铸铁的弹性模量比灰铸铁高，铸造后产生残余内应力的倾向比灰铸铁高 2～3 倍。因此，球墨铸铁件特别是形状复杂、壁厚不均匀的铸件，即使不进行其他热处理，也应进行消除内应力退火。球墨铸铁消除内应力退火一般是以 50～100℃/h 的速度加热到 550～650℃，铁素体基体球墨铸铁取 600～650℃，珠光体球墨铸铁取 550～600℃。保温时间根据铸件的形状、复杂程度等因素确定（根据铸件壁厚可按每 25mm 保温 1h 来计算），一般为 2～8h，保温结束后随炉缓冷至 200～250℃后出炉空冷。这种方法可消除铸件应力达 90%～95%，可提高铸件的塑性及韧性，但组织并没有发生明显改变。

（2）高温石墨化退火　球墨铸铁的白口倾向大，铸件中往往会出现游离的渗碳体，从而使铸件的脆性增加，硬度偏高，导致切削加工困难。为了消除铸态组织中游离的渗碳体，改善切削加工性能或获得铁素体球墨铸铁，须进行高温石墨化退火。高温石墨化退火是将铸件加热到 900～950℃，保温 2～4h，进行第一阶段石墨化，然后炉冷至 600℃，使铸件进行中间和第二阶段石墨化，再出炉空冷。其工艺曲线和组织变化如图 2-32 所示。

（3）低温石墨化退火　当铸态基体组织为珠光体 + 铁素体、无游离渗碳体存在时，为了获得塑性、韧性较高的铁素体球墨铸铁，须进行低温石墨化退火。低温石墨化退火是将铸件加热到 720～760℃，保温 2～8h，然后随炉缓冷至 600℃，再出炉空冷，使珠光体中渗碳体发生石墨化分解。其工艺曲线和组织变化如图 2-33 所示。

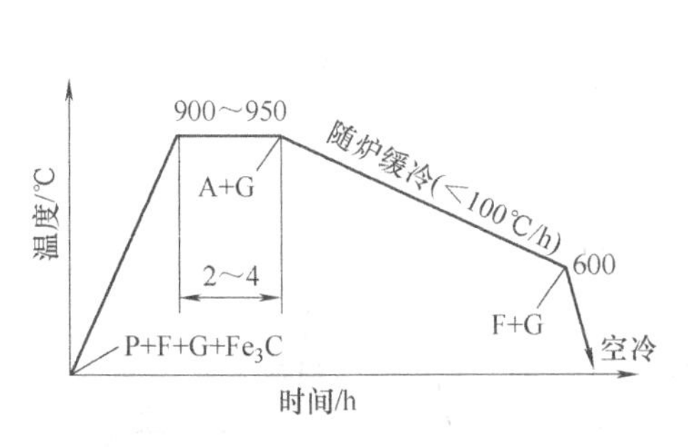

图 2-32　球墨铸铁高温石墨化退火工艺曲线和组织变化

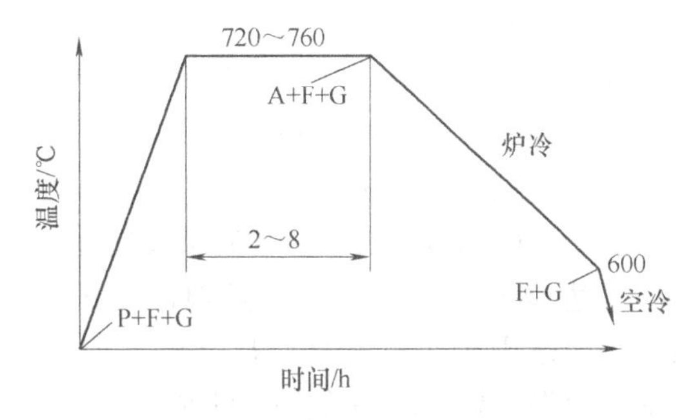

图 2-33　球墨铸铁低温石墨化退火工艺曲线和组织变化

3. 正火

正火的目的是为了增加基体组织中珠光体的数量，并细化组织，从而获得高的强度、硬度和耐磨性。有时正火是为了表面淬火作组织准备。根据正火加热温度不同，可分为高温正火（完全奥氏体化正火）和低温正火（不完全奥氏体化正火）两种。球墨铸铁的两种正火工艺如图 2-34 所示。

（1）高温正火　高温正火是将球墨铸铁加热到 880～920℃保温 1～3h，使其基体全部转变为奥氏体，然后出炉空冷、风冷或喷雾冷却，从而获得全部珠光体基体的球墨铸铁，如图 2-34a 所示。球墨铸铁导热性差，正火冷却时容易产生内应力，故球墨铸铁正火后需进行回火消除，回火加热到550～600℃，保温3～4h后空冷。由于高温正火得到珠光体基体的球墨铸铁，所以有高的强度、硬度和耐磨性，但韧性、塑性较差。

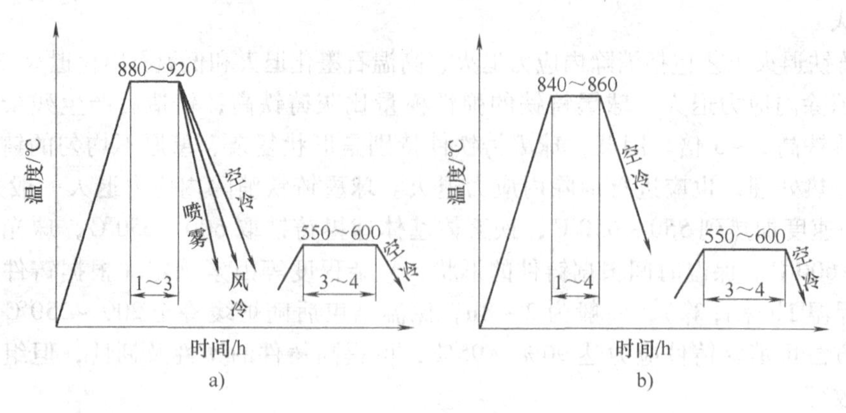

图2-34　球墨铸铁的正火工艺
a）高温正火　b）低温正火

（2）低温正火　低温正火是将球墨铸铁加热到840～860℃（共析温度区间），保温1～4h，使球墨铸铁组织处于奥氏体、铁素体和球状石墨三相平衡区，然后出炉空冷，得到珠光体加少量铁素体加球状石墨组织，如图2-34b所示。正火后也应进行一次消除应力退火。由于低温正火后的组织中保留有一部分铁素体，加热温度低所以组织也较细，从而可以使球墨铸铁获得较高的塑性、韧性，但强度稍低，具有较高的综合力学性能。

正火冷却可采用风冷、空冷或喷雾冷却。小件空冷，大件应在吹风中强制冷却。冷却速度不同，所获得的珠光体数量也是不同的。

4. 调质处理

对于承受交变应力，对综合力学性能要求较高的球墨铸铁件，如连杆、曲柄等，可采用调质处理。淬火加热温度为860～920℃，保温后一般采用油淬火得到细片马氏体，再经550～600℃回火，其组织为回火索氏体加球状石墨。调质不仅使强度增高，抗拉强度可达800～1000MPa，而且塑性、韧性比正火状态好，但仅适用于小型铸件。尺寸过大时，内部淬不透，调质效果不好。球墨铸铁的调质处理工艺如图2-35所示。

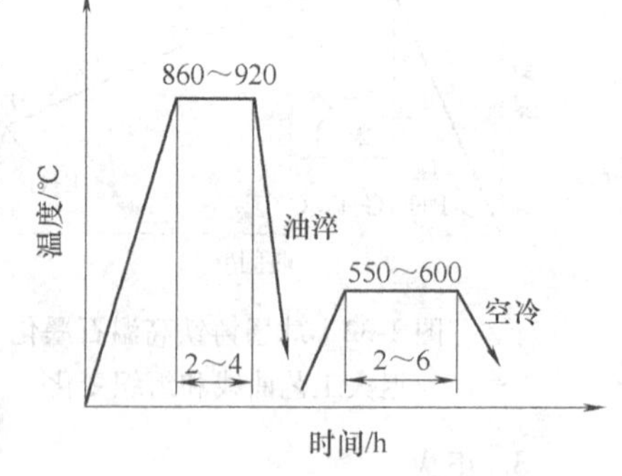

图2-35　球墨铸铁的调质处理工艺

球墨铸铁淬火后硬度可达58～60HRC，但脆性大，必须进行回火。球墨铸铁的回火也分为低温回火（140～250℃）、中温回火（350～500℃）和高温回火（500～600℃）三种。在回火时其组织的转变与钢相同。只是当回火温度接近600℃或超过600℃后，珠光体开始分解，所以球墨铸铁的回火温度一般不超过600℃。

5. 等温淬火

对于需要很高强度的铸件，正火与调质均难满足技术要求时，可采用等温淬火。等温淬火是获得高强度和超高强度球墨铸铁的重要热处理方法。这种热处理后的组织是贝氏体加少量的残留奥氏体及马氏体，具有较高的综合力学性能。

将铸件加热到860~920℃，待奥氏体均匀化后，迅速投入到温度为250~350℃的硝盐中恒温停留1~1.5h，然后取出空冷，使过冷奥氏体转变为下贝氏体组织，不需进行回火。经等温淬火后其抗拉强度可达1100~1400MPa，硬度可达38~50HRC。由于硝盐浴冷却能力有限，只能处理截面不大（有效厚度≤30mm）的铸件，例如大功率柴油机中受力复杂的齿轮、曲轴、凸轮轴等。

等温淬火的加热温度一定要高于奥氏体转变终了温度30~80℃，一般采用860~920℃。当球墨铸铁中含硅量高时取上限，含硅量低时取下限；铸态组织中铁素体多时取上限，少时取下限。等温淬火的保温时间应使奥氏体成分均匀，保温时间过长容易使碳在奥氏体中的浓度过高，等温后出现残留奥氏体增多，并且分布不均匀；保温时间过短，碳在奥氏体中的扩散未充分进行，等温后容易出现牛眼状铁素体。由于球墨铸铁导热性差，加热保温时间一般是钢的一倍。

6. 感应淬火

球墨铸铁的感应淬火本质上与钢没有区别，但由于处理前的铸造组织较粗，成分不均匀，铁素体向奥氏体转变温度较高，因此在快速加热中转变不易完成。感应加热主要适用于珠光体为基体的球墨铸铁。以铁素体为基体的球墨铸铁，由于感应加热太快，碳来不及向奥氏体溶解及扩散，淬火后马氏体硬度不高，并保留有大量未转变的铁素体，所以硬度低。因此以铁素体为基体的球墨铸铁，感应淬火前先要经过正火使其转变成珠光体再进行。感应加热温度常采用850~900℃。淬火层组织为细针状马氏体及球状石墨，过渡层组织为小岛状马氏体和细小的铁素体。感应淬火后球墨铸铁具有很好的耐磨性，还可显著提高其疲劳强度及使用寿命。

任务三　蠕墨铸铁的熔炼

【学习目标】

1）掌握蠕墨铸铁的力学性能、组织、牌号表示方法及热处理特点。

2）掌握RuT450化学成分的确定方法。

3）掌握熔炼RuT450的炉料配制方法。

4）掌握RuT450的熔炼过程。

【任务描述】

大部分石墨为蠕虫状石墨的铸铁称为蠕墨铸铁。关于蠕虫状石墨的报道最早可见Morrogh在1948年的著作中，他在研究铈处理球墨铸铁的过程中，发现了“厚片状”石墨，即蠕虫状石墨。但是，Morrogh当时一直认为它是处理球墨铸铁失败的产物，没有实用价值。直到20世纪60年代中期，人们对它的研究才取得了一定的突破：美国国际镍公司的R. D. Shelleng分别于1966年和1969年取得英国专利（专利号1069058）和美国专利（专利号3421886），主要用镁-钛系合金制取蠕虫状石墨铸铁；随后，奥地利的W. Thury等人于1970年获得用混合稀土金属制取蠕虫状石墨铸铁的奥地利专利（专利号290592）；1976年美国国际镍公司根据英国铸铁研究协会提供的配方，加以改进后，生产了“Foote”合金作为工业产品投放市场，此后蠕虫状石墨铸铁才有了迅速发展。

我国对蠕虫状石墨的认识，也是随着球墨铸铁的出现而开始的。尤其是20世纪60年代初，我国某些单位用稀土硅铁合金制取稀土球墨铸铁时，这种石墨更为常见。然而，和国外一样，它却是被作为构成“黑斑”缺陷的组织来对待的。有意识地把含有这种石墨的铸铁作为新型工程材料来研究和应用的首先是山东省机械设计研究院邱汉泉，他从1965年用稀土处理铁液开始，先后在济南材料试验机厂和济南机床铸造厂代替该厂产品的主要高级铸铁件上成功地进行了工业生产。

RuT450的特点是其金相组织和力学性能介于灰铸铁和球墨铸铁之间，力学性能接近于球墨铸铁，而导热性、减振性、抗热疲劳性能、铸造性能和可加工性则更接近于灰铸铁。该铸铁具有良好的综合性能，组织致密。因此，主要应用在一些经受热循环载荷及组织要求致密的铸铁上。

➢【相关知识】

一、蠕墨铸铁金相组织的特点

蠕墨铸铁的金相组织由金属基体和蠕虫状石墨所组成。

1. 石墨

蠕虫状石墨在金相显微镜下观察，看起来像片状，但与片状石墨相比，石墨短而厚，长厚比比较小，侧面高低不平，头部较圆钝，呈现出类似蠕虫的外形，如图2-36所示。在蠕墨铸铁中常伴有球状石墨的存在。蠕化率用于表示蠕墨铸铁中蠕虫状石墨占总石墨的比例，测定时在金相显微镜下对未侵蚀的试样放大100倍，选有代表性的视野进行观察，测出蠕虫状石墨数和总石墨数，计算蠕化率。

蠕化率 = 蠕虫状石墨数/(蠕虫状石墨数 + 球状石墨数) × 100%。

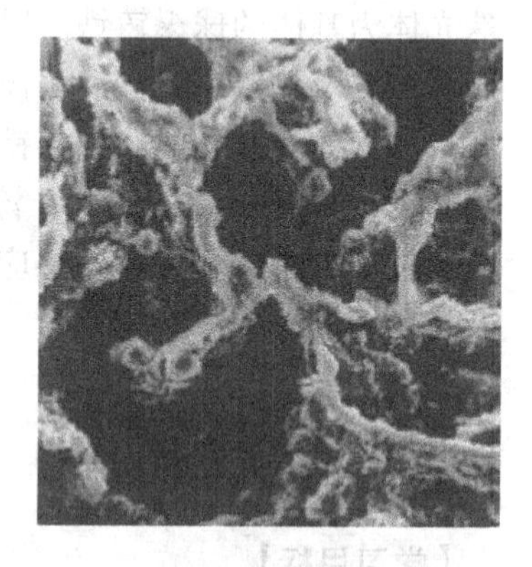

图2-36　经深腐蚀后的蠕虫状石墨扫描电镜照片1000×

蠕化率可对照标准图册，按蠕墨铸铁金相标准规定进行评定。评定时允许出现小于5%的片状石墨。表2-44给出了蠕化率的分级。

表2-44　蠕化率的分级

蠕化率级别	蠕95	蠕90	蠕85	蠕80	蠕70	蠕60	蠕50	蠕40
蠕虫状石墨数量（%）	≥95	90	85	80	70	60	50	40

蠕化率对蠕墨铸铁的性能影响较大。蠕化率低，球化程度就高，其导热性、铸造性能、减振性降低。因此蠕墨铸铁件必须保证一定的蠕化率，我国规定一般要大于50%。

2. 蠕墨铸铁的基体组织

一般铸态蠕墨铸铁的基体组织有较高的铁素体量（常有质量分数为40%～50%的铁素体），其强度和耐磨性均有下降，这主要是由于石墨的特征及元素偏析分布的特点所造成的。如加入珠光体稳定元素（Cu、Ni、Sn、Sb）可使铸态珠光体量提高至70%（质量分数）左右。如再进行正火处理，可使珠光体量进一步提高到80%～85%（质量分数），但要在铸态下得到这样高的珠光体量或正火后得到全部珠光体，有一定困难。

二、蠕墨铸铁的性能特点

1. 力学性能特点

蠕墨铸铁的力学性能在很大程度上取决于石墨的形状、大小和致密度，其介于灰铸铁与球墨铸铁之间。表2-45、表2-46分别给出了蠕墨铸铁的典型力学性能，蠕墨铸铁和球墨铸铁铸态试样的力学性能比较。

表2-45　蠕墨铸铁的典型力学性能

力学性能 ϕ30mm试棒	基体类型		
	珠光体型	铁素体型	混合型
珠光体的质量分数（%）	>90	<10	10～90
最小抗拉强度/MPa	448	276	345
最小屈服强度/MPa	379	193	276
最小伸长率（%）	1	3～5	1
硬度（HBW）	217～270	130～179	163～241

表2-46　蠕墨铸铁和球墨铸铁铸态试样的力学性能比较

<table>
<tr><th>材料名称</th><th>蠕墨铸铁</th><th>球墨铸铁</th><th>力学性能</th><th>蠕墨铸铁</th><th>球墨铸铁</th></tr>
<tr><td rowspan="6">C（质量分数,%）
Si（质量分数,%）
Mn（质量分数,%）
共晶度 S_c</td><td rowspan="6">3.61
2.54
0.05
1.04</td><td rowspan="6">3.56
2.72
0.05
1.05</td><td>伸长率（%）</td><td>6.7</td><td>25.3</td></tr>
<tr><td>抗拉强度/MPa</td><td>336</td><td>438</td></tr>
<tr><td>弹性模量/MPa</td><td>158000</td><td>176000</td></tr>
<tr><td>硬度（HBW）</td><td>150</td><td>159</td></tr>
<tr><td>屈服强度/MPa</td><td>257</td><td>285</td></tr>
<tr><td>冲击韧度（有缺口）/J·cm^{-2}</td><td></td><td></td></tr>
<tr><td rowspan="5">石墨形状 球状
（质量分数,%）
团状
（质量分数,%）
蠕虫状
（质量分数,%）
片状
（质量分数,%）</td><td rowspan="5"><5
<5
95
0</td><td rowspan="5">80
20
0
0</td><td>+20℃</td><td>9.3</td><td>24.5</td></tr>
<tr><td>-20℃</td><td>6.6</td><td>9.8</td></tr>
<tr><td>冲击韧度（无缺口）/J·cm^{-2}</td><td></td><td></td></tr>
<tr><td>+20℃</td><td>32.1</td><td>176.5</td></tr>
<tr><td>-20℃</td><td>26.5</td><td>148.1</td></tr>
<tr><td rowspan="2">铁素体基体
（质量分数,%）
珠光体基体
（质量分数,%）</td><td rowspan="2">>95
<5</td><td rowspan="2">100
0</td><td>-40℃</td><td>26.7</td><td>121.6</td></tr>
<tr><td>弯曲疲劳强度/MPa</td><td>210.8</td><td>250.0</td></tr>
</table>

（1）抗拉强度和伸长率　蠕墨铸铁具有较高的抗拉强度，特别是伸长率明显优于灰铸铁。随着蠕化率的降低，强度会有所提高，但会妨碍其他性能（如降低热导率等），从而失去它综合性能好的特点，因此对于蠕墨铸铁的生产应根据具体要求综合考虑，按标准执行。随着温度升高，蠕墨铸铁的强度下降，伸长率则有所提高。蠕墨铸铁的强度对断面的敏感性

比灰铸铁要小，如图 2-37 所示。

（2）硬度　硬度取决于基体的种类。随着基体组织中珠光体的增多，硬度增加。

（3）冲击韧度　蠕墨铸铁的冲击韧度远高于灰铸铁，但低于球墨铸铁，且随珠光体量的增多而下降，随碳当量的增加而提高，随含磷量的增加而降低。

（4）疲劳性能　蠕墨铸铁的疲劳性能大大超过了灰铸铁，接近于球墨铸铁。降低蠕化率或提高基体中珠光体的比例，可使疲劳强度提高。当有缺口存在时，疲劳强度明显降低。

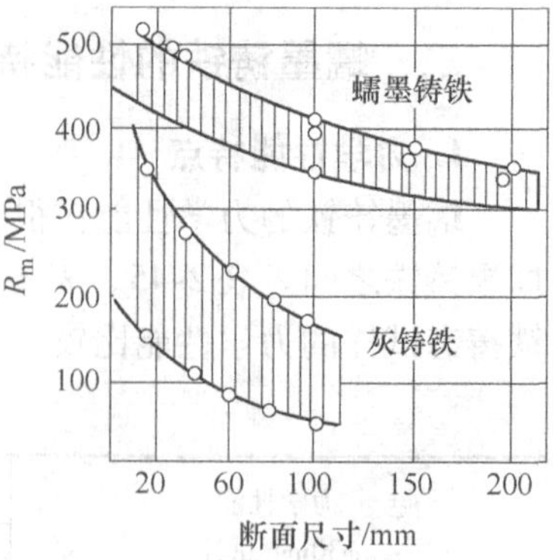

图 2-37　蠕墨铸铁的强度对断面的敏感性

2. 其他性能特点

（1）导热性　在其他条件相同时，石墨形态对铸铁的导热性影响较大，表 2-47 列出了不同碳当量和不同石墨形状铸铁在 100～500℃间的热导率。蠕墨铸铁的热导率明显高于球墨铸铁而略低于灰铸铁。蠕墨铸铁随着碳当量的提高，热导率提高；随着温度提高，热导率在 200℃时达到最大值。而灰铸铁随着温度的提高，热导率连续下降。由于这个特点，蠕墨铸铁特别被推荐用在气缸盖等要求导热的铸件上。

表 2-47　各种铸铁的热导率（100～500℃）

石墨形状	碳当量 *CE*/%	热导率/W（m·K）$^{-1}$				
		100℃	200℃	300℃	400℃	500℃
片状石墨	3.8	50.24	48.88	45.22	41.87	38.52
片状石墨	4.0	53.59	50.66	47.31	43.12	38.94
球状石墨	4.2	32.34	34.75	33.08	31.40	29.31
蠕虫状石墨	3.9	38.1	41.0	39.4	37.3	35.2
蠕虫状石墨	4.2	41.0	43.5	41.0	38.5	36.0

（2）抗生长和抗氧化性　将厚大断面铸件在空气中连续加热 32 星期的耐久性试验表明，在 500℃下灰铸铁和蠕墨铸铁的氧化与生长无明显区别。但在 600℃时蠕墨铸铁的氧化与生长比灰铸铁小。

（3）减振性　蠕墨铸铁的减振性比球墨铸铁好，而比灰铸铁差。减振性不因为碳当量或基体的改变而明显变化。但蠕化率提高，减振性增强。

（4）耐磨性　蠕墨铸铁具有良好的耐磨性。经长期实际应用证明，蠕墨铸铁的耐磨性是孕育铸铁（HT300）的 2～3 倍，比高磷铸铁提高约一倍，而与磷铜钛耐磨铸铁相近。

三、蠕墨铸铁的牌号

表 2-48 给出了蠕墨铸铁件标准（GB/T 26655—2011）中规定的蠕墨铸铁牌号。牌号中“RuT”是“蠕铁”两字汉语拼音的大写字头，为蠕墨铸铁的代号；在“RuT”后面的数字表示最小抗拉强度。

表 2-48　蠕墨铸铁的牌号及技术要求

牌　号	抗拉强度 R_m/MPa（min）	屈服强度 $R_{p0.2}$/MPa（min）	伸长率 A（%）（min）	典型的布氏硬度范围（HBW）	主要基体组织
RuT300	300	210	2.0	140～210	铁素体
RuT350	350	245	1.5	160～220	铁素体＋珠光体
RuT400	400	280	1.0	180～240	铁素体＋珠光体
RuT450	450	315	1.0	200～250	珠光体
RuT500	500	350	0.5	220～250	珠光体

注：布氏硬度（指导值）仅供参考。

【任务实施】

一、RuT450 化学成分的确定

蠕墨铸铁的化学成分直接影响其组织和性能。蠕墨铸铁的化学成分与球墨铸铁的化学成分要求相似，即高碳、低硫、低磷，一定的硅、锰含量。

1. 五大元素

蠕墨铸铁的一般成分范围为：$w_C=3.5\%\sim3.9\%$，$w_{Si}=2.0\%\sim3.0\%$，$w_{Mn}=0.4\%\sim0.8\%$，w_S、$w_P<0.1\%$（最好在 0.06% 以下），$w_{CE}=4.3\sim4.7\%$。

（1）碳　在 $w_C=3.5\%\sim3.9\%$ 时，使铁液具有较好的流动性和较小的收缩性，一般薄壁件取上限，以防产生白口；厚大件取下限，以避免产生石墨漂浮。

（2）硅　硅是强烈促进石墨化的元素，对基体影响十分显著。含硅量增加会使基体的铁素体量增加而珠光体量减少；否则，则相反。但含硅量过低，会产生白口。因此，多将含硅量控制在 $w_{Si}=2.0\%\sim2.8\%$（原铁液应控制在 $w_{Si}=1.5\%\sim2.0\%$），一般大而厚的铸件取下限，薄而小的铸件取上限；要获得珠光体基体的蠕墨铸铁，除了硅取下限外，还必须采取其他措施，如加合金元素和热处理等。

在蠕墨铸铁生产中一般采用共晶或过共晶成分，保持碳当量 $w_{CE}=4.3\%\sim4.7\%$ 范围内，这样有利于改善合金的铸造性能，获得健全铸件。对于薄小件取上限（壁厚＜12mm，取 $w_{CE}=4.6\%\sim4.7\%$），厚大件取下限（壁厚＞50mm，取 $w_{CE}=4.3\%\sim4.4\%$），以防止产生石墨漂浮。

（3）锰　由于蠕墨铸铁中硫的含量较低，锰在常规含量（$w_{Mn}=0.4\%\sim0.8\%$）范围内对石墨蠕化影响不大，而主要起稳定珠光体的作用。如果在铸态下要求获得高韧性的铁素体基体，就必须将锰含量控制在 $w_{Mn}<0.4\%$ 或更低；若要求获得强度、硬度较高，耐磨性好的珠光体基体，锰可取上限，$w_{Mn}>0.8\%\sim1.0\%$ 或更高。

（4）硫　硫和所有蠕化元素都有较强的亲和力，蠕化剂加入铁液中首先起脱硫、脱氧作用，将铁液中硫降至 $w_S\leqslant0.03\%$，剩余蠕化元素才能使石墨蠕化。原铁液中含硫量越多，消耗蠕化剂也越多，形成的夹渣也越多，使铸铁性能降低。如果原铁液的含硫量 $w_S<0.04\%$，而且保持稳定，就能保证稳定生产蠕墨铸铁。

（5）磷　蠕墨铸铁和球墨铸铁一样具有良好的力学性能，特别是冲击韧度。因此，希望含磷量尽可能低，$w_P<0.08\%$ 以防止形成磷共晶体。但对于耐磨性要求较高的铸件（如

轧辊、制动闸瓦以及机床导轨等)，含磷量可提高至 $w_P=0.2\%$ 以上。

2. 其他元素

除了上述五大元素外，在蠕墨铸铁生产时为了增加珠光体的含量，提高耐磨性和力学性能，国外常加入 Cu、Ni、Sb、Sn、V、Ti 等；我国多加入 Cu、Cr、V、Ti、B、Mo、Sb 等。

综上所述，因 RuT450 基体组织为珠光体，故初步确定其化学成分为：$w_C=3.7\%$，$w_{Si}=2.0\%$，$w_{Mn}=0.9\%$，$w_S<0.04\%$，$w_P<0.08\%$。

二、RuT450 熔炼的炉料配制计算

1. 确定原始资料

RuT450 初步确定的化学成分为：$w_C=3.7\%$，$w_{Si}=2.0\%$（原铁液 $w_{Si}=1.5\%$），$w_{Mn}=0.9\%$，$w_S<0.04\%$，$w_P<0.08\%$。

各金属炉料的化学成分见表 2-49。

表 2-49　各金属炉料的化学成分（质量分数，%）

炉料名称	化学成分				
	C	Si	Mn	S	P
新生铁	4.19	1.56	0.76	0.04	0.036
回炉铁	3.75	2.05	0.90	0.006	0.018
硅铁	—	75	—	—	—
锰铁	—	—	65	—	—
废钢	0.15	0.35	0.50	0.05	0.05

熔炼中各元素的变化率见表 2-50。

表 2-50　熔炼中各元素的变化率（质量分数，%）

元　素	C	Si	Mn	S	P
变化率	增碳 +1.7~1.9	—	—	+50	—
	脱碳 −0.5	−15	−20	—	—

2. 配料计算

1）设定初步配料比。设新生铁加入量为 $x\%$，废钢加入量为 $(60-x)\%$，回炉铁加入量为 40%。

2）计算炉料中各元素的质量分数。

$$w_{C炉料}=\frac{w_{C铁液}-1.8}{0.5}\%=\frac{3.7-1.8}{0.5}\%=3.8\%$$

$$w_{Si炉料}=\frac{w_{Si铁液}}{1-0.15}\%=\frac{1.5}{1-0.15}\%=1.76\%$$

$$w_{Mn炉料}=\frac{w_{Mn铁液}}{1-0.2}\%=\frac{0.9}{1-0.2}\%=1.13\%$$

$$w_{S炉料}=\frac{w_{S铁液}}{1+0.5}\%=\frac{0.04}{1+0.5}\%=0.026\%$$

$$w_{P炉料}=w_{P铁液}=0.08\%$$

3）计算新生铁配比。

$$4.19x+0.15(60-x)+3.75\times40=3.8\times100$$

$$解得\ x=54.7$$

4）将计算结果填入计算表内（表2-51）。

表2-51　炉料计算表（质量分数，%）

炉料名称	配　比	C		Si		Mn		S		P	
		原料	炉料	原料	炉料	原料	炉料	原料	炉料	原料	炉料
新生铁	54.7	4.19	2.29	1.56	0.85	0.76	0.42	0.04	0.022	0.036	0.02
回炉铁	40	3.75	1.5	2.05	0.82	0.90	0.36	0.006	0.002	0.018	0.007
废钢	5.3	0.15	0.01	0.35	0.02	0.50	0.03	0.050	0.002	0.050	0.003
合计	100	—	3.80	—	1.69	—	0.81	—	0.026	—	0.03
炉料		—	3.80	—	1.76	—	1.13	—	0.026	—	0.08
差额		—	0.00	—	0.07	—	0.32	—	合格	—	合格

5）计算铁合金加入量。

$$硅铁=\frac{0.07}{75}=0.09\%$$

$$锰铁=\frac{0.32}{65}=0.49\%$$

6）炉料计算。设熔化率为5t/h，层铁取5t/10 = 500kg，层铁焦比为10∶1，则炉料如下：

$$新生铁=500kg\times54.7\%=273.5kg$$

$$废钢=500kg\times5.3\%=26.5kg$$

$$回炉料=500kg\times40\%=200kg$$

$$硅铁=500kg\times0.09\%=0.45kg$$

$$锰铁=500kg\times0.49\%=2.45kg$$

$$层焦=500kg\times\frac{1}{10}=50kg$$

三、RuT450的熔炼

1. 生产蠕墨铸铁对设备的要求

熔制蠕墨铸铁可用酸性或碱性冲天炉，碱性冲天炉易获得高温低硫铁液；也可用电弧炉或感应电炉熔炼；还可用高炉铁液直接处理成蠕墨铸铁。最好采用冲天炉或高炉与电炉双联熔炼，将铁液温度控制在1400～1460℃。在熔炼设备的选择上根据各自的实际情况确定，本任务中选择冲天炉熔炼。

2. 蠕化剂的选用

在熔炼蠕墨铸铁时，向铁液中加入的使石墨变成蠕虫状的物质称为蠕化剂。事实上所有能使石墨球化的元素均能使石墨蠕化，只要能够有效地控制其加入量即可。最早期的蠕墨铸铁实际上就是由于球化元素加入量不足所产生的。所以人们尝试用减少球化元素加入量的方法来生产蠕墨铸铁，如采用单独加入较少量镁、稀土的方法，但在生产上的控制较为困难。从已发表的资料可知，常用的蠕化剂有镁系蠕化剂、钙系蠕化剂和稀土系蠕化剂。以下介绍镁系蠕化剂和稀土系蠕化剂。

(1) 镁系蠕化剂　单独用镁或稀土作蠕化剂，只能在一个很窄的镁、稀土含量范围内制得蠕墨铸铁（从片状石墨变为球状石墨时，铁液中残留镁的质量分数只相差0.005%），如图2-38所示，这在生产中几乎难以实现。因此镁系蠕化剂中都加少量铝、钛和微量稀土，从而使蠕化处理的范围宽，白口倾向小，处理时不需要搅拌。在蠕化剂中镁和稀土为蠕化元素，而铝、钛则为干扰元素，扩大蠕化作用范围。若所用生铁中本身含有较高的干扰元素，则蠕化剂中的干扰元素可酌量减少。表2-52给出了几种典型的镁系蠕化剂的化学成分、特点及应用举例。

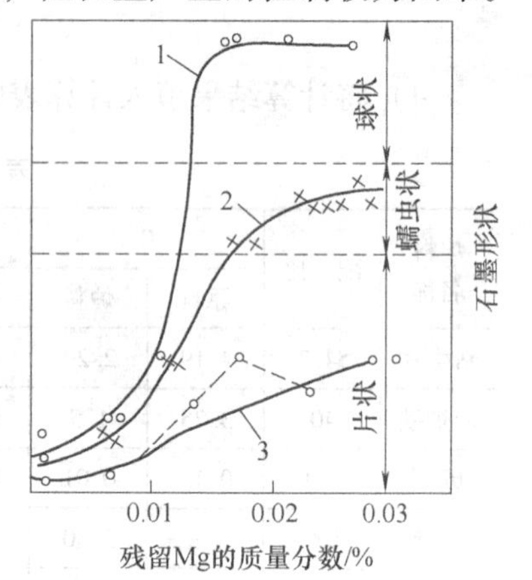

图2-38　单加镁及加镁合金对蠕化范围的影响

1—单加镁　2—加镁钛稀土合金　3—含干扰元素但不含稀土的镁合金

表2-52　几种典型的镁系蠕化剂

蠕化剂种类	化学成分（质量分数,%）	特　点	应用举例
镁钛合金	Mg 4.0～5.0 Ti 8.5～10.5 Ca 4.0～5.5 RE 0.25～0.35 Si 48.0～52.0 Al 1.0～1.5 余量为Fe	熔点为1100℃，密度为3.5g/cm³，沸腾适中，操作简便，白口倾向小，渣量少，用于近共晶成分、铁液含硫量（质量分数）小于0.03%，大批量生产，加入量（质量分数）为0.7～1.3%，易产生钛污染	美英等国应用较多，商品名FooteCG合金（英国铸铁研究会和美国Foote矿业公司研制并生产）
镁钛稀土合金	Mg 4.0～6.0 Ti 3.0～5.0 Ca 3.0～5.0 RE 1.0～3.0 Si 45.0～50.0 Al 1.0～2.0 余量为Fe	基本与镁钛合金相同。但加入一定量的稀土后利于改善石墨的形貌，并提高铸铁的耐热疲劳性能，延缓蠕化反应，扩大蠕化剂的加入量范围，也应注意钛的污染和积累	东风汽车公司生产的薄壁铸件
镁钛铝合金	Mg 4.0～5.0 Ti 4.0～5.0 Ca 2.0～2.5 RE 约0.3 Si 约50.0 Al 2.0～3.0 余量为Fe	采用以镁作为蠕化剂，以加入钛和铝作为干扰元素，这样可增加生产的稳定性	罗马尼亚等国用此蠕化剂生产大型钢锭模和液压阀体件

必须特别注意的是，用含钛的镁系蠕化剂时，会使回炉铁中含残钛量（质量分数）为0.08%～0.1%。此回炉铁在生产球墨铸铁时，会妨碍形成良好的球墨组织；在生产灰铸铁时，又促使产生过冷石墨，与其相联系的铁素体可能会引起磨损问题。因此应将蠕墨铸铁废料进行分类管理，以避免化学成分污染。

（2）稀土系蠕化剂　在我国生产蠕墨铸铁应用最广泛的蠕化剂是稀土硅铁合金。用稀土硅铁合金来处理铁液生产蠕墨铸铁，除其和镁处理同样有适宜的含量范围窄而生产不易控制的特点外，还因处理时铁液无沸腾作用，使稀土硅铁合金熔化吸收不好，以及处理后的铁液对激冷作用敏感，从而使铸件残留有一定数量的自由渗碳体而影响性能。为了克服稀土硅铁合金处理时的上述缺点，采用稀土和镁两者联合处理的方法来获得蠕墨铸铁，其中镁作为引爆剂，在对铁液起到搅拌作用的同时，适当地残留在铁液中。表2-53给出了几种典型的稀土系蠕化剂。

表2-53　几种典型的稀土系蠕化剂

蠕化剂种类	化学成分（质量分数，%）	特　点	应用举例
稀土硅铁合金 FeSiRE21 FeSiRE24 FeSiRE27 FeSiRE30	Mg<1 Ca<5 RE 20～30 Si<45 余量为Fe	处理平稳，无沸腾，回炉料无钛污染，白口倾向大，加入量取决于蠕化剂中稀土含量和原铁液中的含硫量	此蠕化剂在我国应用广泛，适用于冲天炉和电炉熔炼生产中等壁厚或厚大件
稀土钙硅铁合金 RECa13～15	Mg<2 Ca 12～15 RE 12～15 Si 40～45 余量为Fe	克服了稀土硅铁合金白口倾向较大的缺点，但用该蠕化剂处理时合金表面易形成CaO薄膜，阻碍反应进行，因此处理时需加萤石等助熔剂并搅拌	特别适合于电炉熔炼的高温低硫铁液以生产薄壁小件，也有工厂用于冲天炉熔炼，生产中等件
稀土硅铁镁合金	FeSiMg8RE7	有搅拌作用，加入量范围窄，影响蠕化效果	国内部分工厂使用
	FeSiMg8RE18	有搅拌效果，蠕化效果稳定	适用于冲天炉高硫铁液
	FeSiMg3RE8	有搅拌效果，蠕化效果稳定	

（3）蠕化剂加入量　蠕化剂的加入量应能保证石墨的蠕化率在50%以上，其受原铁液含硫量、蠕化剂种类以及蠕化处理方法等影响。常用几种蠕化剂的加入量见表2-54。

表2-54　常用几种蠕化剂的加入量（质量分数）

蠕化剂种类	处理方法	加入量（%）	备　注
稀土硅铁合金	包底冲入法 出铁槽随流加入法	1.0～2.0	主要适用于中等及厚大断面蠕墨铸铁件
稀土钙硅合金	出铁槽随流加入法	1.0～1.8	主要适用于生产薄壁蠕墨铸铁件
稀土镁钛合金	包底冲入法	0.8～1.8	多用于生产薄壁蠕墨铸铁件

注：原铁液含硫量高时，蠕化剂加入量取上限，反之则取下限。

3. 蠕化处理方法的选用

蠕墨铸铁的蠕化处理工艺和球墨铸铁的球化处理工艺相似，但工艺控制更严。为了确保稳定生产蠕墨铸铁，合理选择蠕化剂及蠕化处理工艺，保持蠕化处理中各工艺（原铁液含硫量、处理温度和处理铁液量等）的相对稳定是非常必要的。

蠕化处理前先将蠕化剂预热至200～300℃，由铁液温度和铁液量多少确定蠕化剂的粒度（一般为3～6mm），加入全部的蠕化剂进行蠕化处理后，再进行孕育处理，次序不能颠倒，也不能同时加入。几种常用的蠕化处理方法如下：

（1）包底冲入法　适用于有自沸能力的蠕化剂。如某厂用稀土硅铁镁合金和钛铁联合处理生产蠕墨铸铁柴油机缸盖，工频炉熔化，原铁液含硫量（质量分数）<0.04%，处理温度为1440～1460℃，钛铁加入炉内（包内也可），蠕化剂加入量（质量分数）为0.8%～1.0%，处理采用凹坑式包底冲入，蠕化剂放在坑底，上面覆盖硅铁，再盖以草木灰及铁板。因处理温度高，覆盖要严，以防烧损过大。将孕育硅铁在出炉后期撒于铁液流中。

对于无自沸能力的蠕化剂如稀土硅铁合金，在处理时可在包底放入适量的镁或锌，或采用含少量镁和锌的稀土硅铁合金作蠕化剂，利用镁和锌的汽化沸腾起搅拌作用，处理效果稳定而适用于冲天炉铁液。

（2）炉内加入法　适用于用稀土硅铁合金蠕化剂在电炉熔炼条件下，将蠕化剂在出铁前（温度>1480℃）直接加入到炉内进行处理，既可加速合金熔化，又可在出铁过程中利用铁液在包内的翻动充分进行搅拌。如某厂采用工频炉熔炼生产蠕墨铸铁柴油机缸盖，用含稀土量（质量分数）20%～30%的稀土硅铁合金作蠕化剂，原铁液含硫量（质量分数）≤0.04%，蠕化剂加入量（质量分数）为0.75%～0.8%，处理效果稳定。

（3）出铁槽随流加入法　适用于无自沸能力的稀土硅铁、稀土钙硅铁合金在冲天炉熔炼条件下，出铁液时将蠕化剂均匀撒在铁液流中，操作简便，吸收率高。如某厂在冲天炉熔炼条件下用稀土钙硅铁合金作为蠕化剂生产蠕墨铸铁，处理温度>1400℃，出铁槽随流加入，加入量（质量分数）为1.0%～2.0%，且随原铁液中含硫量不同而变化。

（4）中间包处理法　将铁液在流入包内之前先在中间包内与蠕化剂混合，再注入包内。此法吸收率高，处理效果稳定，但操作比较麻烦。

综合上述各方法的特点，本任务选择稀土硅铁镁合金作为蠕化剂，处理温度为1440～1460℃，采用凹坑式包底冲入法，蠕化剂的加入量（质量分数）为1.0%～2.0%，且随原铁液中含硫量不同而变化。

4. 孕育处理

（1）孕育处理的目的　消除或减少由于蠕化处理元素（镁、稀土）的加入而引起的白口倾向，以防止基体中出现自由渗碳体和莱氏体。提供足够的石墨结晶核心，细化石墨，提高铸铁的力学性能，延缓蠕化衰退。

（2）孕育剂的选用　常用的孕育剂是FeSi75合金，加入量根据炉前三角试片的白口宽度进行调整，一般为铁液量的0.5%～0.8%（质量分数）；为了提高孕育效果，也可采用稀土的质量分数为25%～30%的硅铁进行孕育；若采用锆的质量分数为20%～33%的硅铁复合孕育剂，加入量仅为硅铁的1/4～1/3，蠕化率大于80%。

（3）孕育处理工艺　孕育处理温度宜为1360～1400℃。所用孕育剂必须完全干燥。孕育剂的粒度应根据孕育铁液量和温度来控制（铁液温度高、处理量大时，粒度大，否则相反）。孕育处理后的铁液应尽快浇注，以防止孕育衰退。孕育处理方法与球墨铸铁的孕育处理方法相同。

5. 炉前检测与控制

蠕墨铸铁的生产过程在炉前主要是控制好原铁液的成分和复合蠕化剂的加入量；同时要严格检验蠕化处理的效果。目前多数工厂炉前仍根据三角试片断口所反映的宏观情况来判断蠕化处理的效果。

蠕化良好：断口呈银白色，有均匀分布的小黑点；试片两侧有轻微的凹陷；悬空敲击，声音清脆。

蠕化过度：球状石墨过多；断口呈银白色；两侧凹陷严重；中心明显缩松；悬空敲击，声音清脆。

蠕化不良：以片状石墨为主；断口呈灰色；两侧无凹陷；悬空敲击，声音沉闷。

四、检测与评价

RuT450 单铸试样的力学性能应符合表 2-48 中的规定。单铸试块的尺寸见表 2-55 和表 2-56，其形状如图 2-39 和图 2-40 所示。

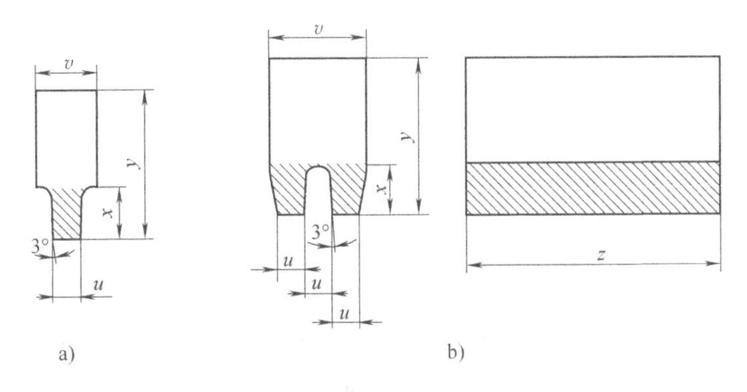

图 2-39　单铸试块（方案 1）

a）Ⅰ、Ⅱa 和Ⅲ型　b）Ⅱb

表 2-55　Ⅰ和 U 型试块的尺寸（GB/T 26655—2011）　　（单位：mm）

尺　寸	型　式			
	Ⅰ	Ⅱa	Ⅱb	Ⅲ
u	12.5	25	25	50
v	40	55	90	90
x	30	40	40～50	60
y	80	100	100	150
z	随试样长度而定			

注：1. 试块铸型吃砂量：Ⅰ、Ⅱa、和Ⅱb 型最小 40mm，Ⅲ型最小 80mm。

2. 对薄壁或金属型铸件，试样可考虑取自 $u<12.5$ mm 的试块，力学性能可由供需双方商定。

单铸试块应在与铸件相同的铸型或导热性能相当的铸型中单独铸造，并与它所代表的铸件用同一批次的铁液浇注，试块的落砂温度应与铸件相近，不应超过 500℃。若需热处理，试块应与同批次的铸件同炉热处理。

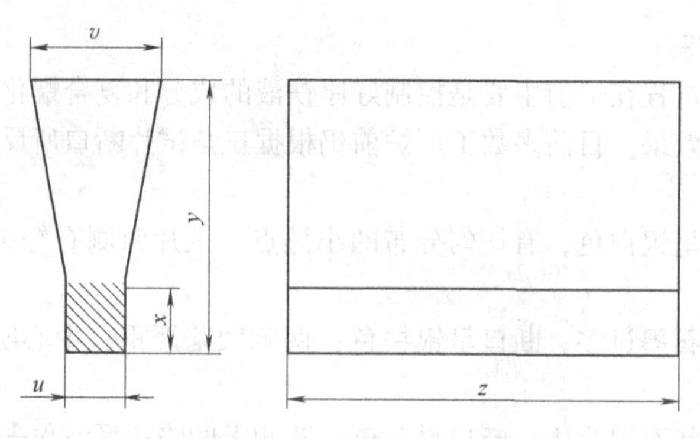

图 2-40　单铸试块（方案 2）

表 2-56　Y 型试块的尺寸（GB/T 26655—2011）　（单位：mm）

尺　寸	型　式		
	Ⅰ	Ⅱ	Ⅲ
u	12.5	25	50
v	40	55	100
x	25	40	50
y	135	140	150
z	随试样长度而定		

注：1. 试块铸型吃砂量：Ⅰ、Ⅱ型最小 40mm，Ⅲ型最小 80mm。
2. 对薄壁或金属型铸件，试样可考虑取自 $u<12.5$mm 的试块，力学性能可由供需双方商定。

一般当铸件的质量≥2000kg，而且壁厚为 30～200mm 时，优先采用附铸试块。当铸件质量≥2000kg 且壁厚 >200mm 时，采用附铸试块。附铸试块的尺寸和位置由供需双方商定。除非供需双方有特殊规定，附铸试块的形状如图 2-41 所示，其尺寸见表 2-57。附铸试块在铸件上的位置应考虑到铸件形状和浇注系统的结构形式，以避免对邻近部位的各项性能产生不良影响，并以不影响铸件的结构性能、铸件外观质量以及试块致密性为原则。所有的试块都应有明显的标记，以保证能全程跟踪该铸件的质量情况。附铸试块代表与其连在一起的铸件，也代表所有与其有相似壁厚的同批铸件。蠕墨铸铁附铸试样的力学性能应符合表 2-58 中的规定。

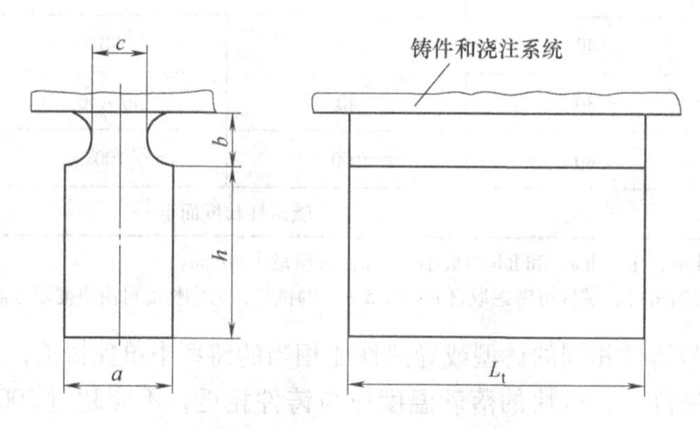

图 2-41　附铸试块

表 2-57 附铸试块的尺寸 （单位：mm）

型　式	铸件主要壁厚 t/mm	a	b(max)	c(min)	h	L_t
A	t≤12.5	15	11	7.5	20～30	L_t 应根据拉伸试样所允许的尺寸 L_c 来确定
B	12.5＜t≤30	25	19	12.5	30～40	
C	30＜t≤60	40	30	20	40～65	
D	60＜t≤200	70	52.5	35	65～105	

注：如果商定用较小直径试样，适用下列关系式：$b=0.75a$，$c=0.5a$。

表 2-58 附铸试样的力学性能

牌　号	主要壁厚 t /mm	抗拉强度 R_m /MPa（min）	屈服强度 $R_{p0.2}$ /MPa（min）	伸长率 A（%）（min）	典型布氏硬度范围(HBW)	主要基体组织
RuT300A	t≤12.5	300	210	2.0	140～210	铁素体
	12.5＜t≤30	300	210	2.0	140～210	
	30＜t≤60	275	195	2.0	140～210	
	60＜t≤200	250	175	2.0	140～210	
RuT350A	t≤12.5	350	245	1.5	160～220	铁素体＋珠光体
	12.5＜t≤30	350	245	1.5	160～220	
	30＜t≤60	325	230	1.5	160～220	
	60＜t≤200	300	210	1.5	160～220	
RuT400A	t≤12.5	400	280	1.0	180～240	铁素体＋珠光体
	12.5＜t≤30	400	280	1.0	180～240	
	30＜t≤60	375	260	1.0	180～240	
	60＜t≤200	325	230	1.0	180～240	
RuT450A	t≤12.5	450	315	1.0	200～250	珠光体
	12.5＜t≤30	450	315	1.0	200～250	
	30＜t≤60	400	280	1.0	200～250	
	60＜t≤200	375	260	1.0	200～250	
RuT500A	t≤12.5	500	350	0.5	220～260	珠光体
	12.5＜t≤30	500	350	0.5	220～260	
	30＜t≤60	450	315	0.5	220～260	
	60＜t≤200	400	280	0.5	220～260	

注：1. 采用附铸试块时，牌号后加字母“A”。
2. 从附铸试样测得的力学性能并不能准确地反映铸件本体的力学性能，但与单铸试块上测得的值相比更接近于铸件的实际性能值。
3. 力学性能随铸件结构（形状）和冷却条件而变化，随铸件断面厚度增加而相应降低。
4. 布氏硬度值仅供参考。

【拓展与提高】

一、蠕墨铸铁的铸造性能特点

1. 流动性

由于蠕墨铸铁碳当量高（$CE=4.3\% \sim 4.6\%$），加上经蠕化处理去硫、去氧，使铁液净化。因此在相同浇注温度下具有良好的流动性。表2-59列出了湿型浇注条件下几种铸铁的流动性比较。

表2-59　湿型浇注条件下几种铸铁的流动性比较

铸铁种类	化学成分（质量分数，%）											浇注温度/℃	螺旋线长度/mm
	C	Si	Mn	P	S	RE	Mg	Ti	Cr	Mo	Cu		
蠕墨铸铁	3.36	2.43	0.6	0.06	0.028	0.024	0.014	0.13	—	—	—	1330	960
球墨铸铁	3.45	2.62	0.51	0.07	0.027	0.024	0.04	—	—	—	—	1315	870
合金灰铸铁	2.98	1.85	0.89	0.07	0.044	—	—	—	0.35	0.95	0.92	1340	445

从表2-59中可以看出，即使在蠕墨铸铁比合金灰铸铁的浇注温度略低的条件下，其流动性也比合金灰铸铁好得多；其与球墨铸铁的流动性相近。

2. 收缩性

由表2-60中可见，蠕墨铸铁的缩前膨胀大于灰铸铁，介于灰铸铁和球墨铸铁之间，在共晶转变过程中具有较大的膨胀力，获得无内、外缩孔的致密铸件比球墨铸铁容易。

蠕墨铸铁的体收缩率与蠕化率有关，蠕化率越低，体收缩率就越大，最终接近球墨铸铁；反之，蠕化率越高，体收缩率也越小，当蠕化率>50%时而最终接近灰铸铁。

表2-60　蠕墨铸铁和灰铸铁的收缩性比较

铸铁种类	缩前膨胀	线收缩率	体收缩率
蠕墨铸铁	0.3~0.6	0.9~1.1	1~5
灰铸铁	0.05~0.25	1.0~1.2	1~3
球墨铸铁	0.4~0.94	0.5~1.2	与铸型刚度有关

3. 铸造应力

蠕墨铸铁的铸造应力比合金铸铁大，但比球墨铸铁小。表2-61所列为采用圆形断面应力框测定的各种铸铁的铸造应力值比较。由此可见，在用蠕墨铸铁生产气缸盖等复杂铸件时，应和合金铸铁一样进行消除应力的退火处理。

表2-61　各种铸铁的铸造应力值比较

材　质	灰铸铁	合金铸铁	蠕墨铸铁	球墨铸铁
铸造应力/MPa	51.25	104.2	119~134	176.4
伸长量 ΔL/mm	0.26	0.34	0.32~0.36	0.4

注：ΔL 为应力框粗杆锯开后的伸长量。

4. 白口倾向

蠕墨铸铁在薄壁铸件中产生白口的倾向比灰铸铁大，但比球墨铸铁小。增加碳当量和加强孕育可减轻白口倾向。因此，在生产薄壁蠕墨铸铁时，应选用白口倾向小的蠕化剂，并加强孕育处理，可以消除白口倾向。

二、蠕墨铸铁的铸造工艺特点

蠕墨铸铁由于碳当量接近共晶点，又经添加蠕化剂使铁液得以净化，因此具有良好的流动性，收缩特性接近灰铸铁。因此，当由灰铸铁件改为蠕墨铸铁件时，一般不需要重新设计木模和浇注系统。对于形状复杂和工艺性能差的铸件要按照定向凝固的原则，常采用和高强度灰铸铁一样的补缩措施。对于一些致密性要求较高的、壁厚相差较大的复杂件，可采用类似球墨铸铁的浇注和补缩系统，提高铸型的刚度，如将湿型改为 CO_2 水玻璃砂或自硬砂型，避免不必要的过高浇注温度，采取共晶成分等都可改善其铸件的致密性。由此可见，蠕墨铸铁具有铸造工艺简便、生产成品率高的特点。

三、蠕墨铸铁的热处理特点

蠕墨铸铁的热处理主要是为了改善基体组织和力学性能，使其符合技术要求。对于相当复杂的或有特殊要求的铸件，还必须进行消除铸造应力的热处理。

1. 退火热处理

目的是为了获得85%以上的铁素体基体或消除局部白口。铁素体化退火工艺如图2-42所示，而消除渗碳体退火工艺如图2-43所示。

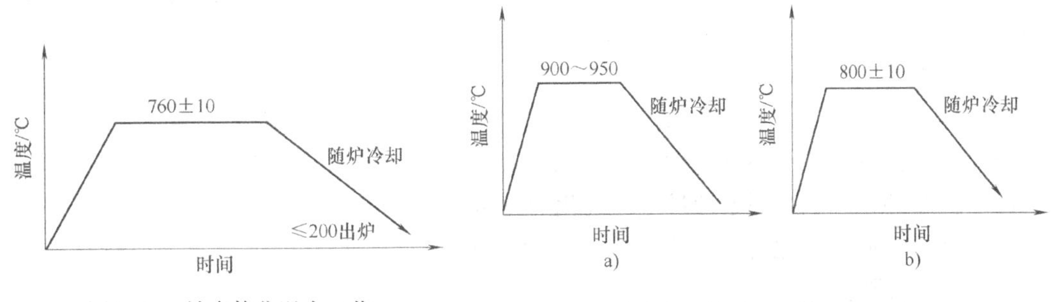

图2-42　铁素体化退火工艺

图2-43　消除渗碳体退火工艺
a）用于渗碳体较多时　b）用于渗碳体较少时

2. 正火热处理

正火的目的是为了增加基体中的珠光体数量，提高强度和耐磨性。受蠕虫状石墨及蠕墨铸铁本身化学成分和组织特点的影响，经正火后的基体组织很难获得90%以上的珠光体，因此强度提高不大，但耐磨性可提高近一倍。常用的正火工艺如图2-44和图2-45所示。

四、蠕墨铸铁常见缺陷及防止措施

1. 蠕化不良

（1）特征　炉前三角试片断口呈暗灰色，两侧无缩凹，中心无缩松；铸件断口粗，暗灰色；金相组织中片状石墨≥10%；力学性能低，特别是强度低，甚至低于 HT150 灰铸铁；敲击声哑，如灰铸铁。

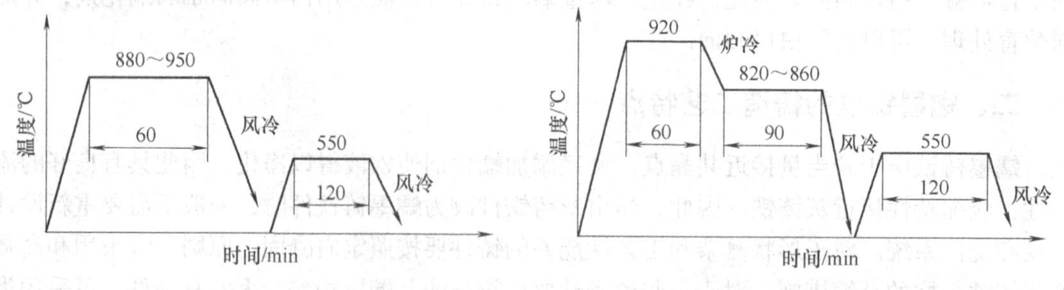

图 2-44　全奥氏体化正火　　图 2-45　两阶段低碳奥氏体化正火

（2）产生的原因　原铁液含硫量高；铁液氧化严重；铁液量过多；蠕化剂少或质量差；蠕化剂未发挥作用（包底冲入法蠕化剂熔粘于包底；出铁槽随流加入法蠕化剂块度大或铁液温度低）；含 Mg 蠕化剂烧损大；干扰元素过多。

（3）防止措施　严格掌握原铁液含硫量使之稳定，用低硫生铁或作脱硫处理；调整冲天炉送风制度；防止铁液氧化；铁液及蠕化剂准确定量；蠕化剂分类存放，成分清楚，按原铁液含硫量计算蠕化剂加入量；包底冲入法处理时有足够的镁、锌等搅拌元素，并不熔粘于包底；出铁槽随流加入处理时蠕化剂块度适当，铁液温度不应过低，处理时作充分搅拌，液面覆盖；含 Mg 蠕化剂在包底压实、覆盖；铁液温度不应过高；防止或减少干扰元素的混入。

（4）补救措施　若发现炉前三角试片异常，判断为蠕化不良，立即扒渣，补加蠕化剂（一般为加入量的 1/3 ~ 1/2）及孕育剂，搅拌，取样，检查正常后浇注。

2. 蠕化率低（球化率高）

（1）特征　炉前三角试片断口细，呈银灰色；两侧缩凹或中心缩松严重（特点与球墨铸铁相同或接近）；铸件金相组织中球状石墨≥60%；铸件缩松、缩孔多。

（2）产生原因　蠕化剂处理过度，蠕化剂过多或铁液量少。

（3）防止措施　蠕化剂及铁液定量要准确；掌握并稳定原铁液含硫量；严格掌握蠕化剂成分并妥善管理。

（4）补救措施　若炉前判断为处理过头，可补加原铁液，根据三角试片白口宽度决定孕育与否及孕育剂加入量。

3. 蠕化衰退

（1）特征　处理后炉前三角试片较正常，浇注中、后期三角试片有蠕化不良的现象；铸件断口暗灰；金相组织中片状石墨 >10%；敲击声哑，如灰铸铁；抗拉强度低于 260MPa，甚至低于 HT150。

（2）产生原因　处理后浇注时间过长；处理后覆盖不好，氧化严重（特别是使用 Mg 蠕化剂时）；铸件壁厚大，冷却过慢。

（3）防止措施　操作迅速，处理后及时浇注；处理后覆盖好铁液；厚大蠕墨铸铁要适当过量蠕化处理并在厚壁部位采取速冷工艺措施。

（4）补救措施　浇注后期再取三角试片复检，若发现衰退，如铁液较多，温度较高，

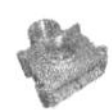

可补加蠕化剂及孕育剂，按常规炉前三角试片检验合格后浇注。如温度低，铁液不多则停止浇注并倾出。

4. 白口过大、铸件局部白口、反白口

（1）特征　三角试片白口宽度过大甚至全白口；铸件边角甚至心部存在莱氏体；机加工困难；强度低。

（2）产生原因　孕育量不足；加孕育剂后搅拌不充分；蠕化剂过量；原铁液成分不合适。如C、Si量低，Mn或反石墨化元素过高、产生偏析。

（3）防止措施　孕育足够；采用瞬时孕育（特别是薄铸件）；搅拌充分；蠕化处理不过量；严格控制原铁液化学成分。

（4）补救措施　若发现白口过宽，补加孕育剂，充分搅拌；如发现全白口，大部分因蠕化剂过量，要补加铁液及孕育剂搅拌、取样，合格后浇注；已铸成的白口件进行高温退火。

5. 孕育衰退

（1）特征　炉前三角试片正常，随着时间的延长，白口宽度增加；铸件边角有渗碳体并随浇注时间延长，白口增厚。

（2）产生原因　孕育量不够充分；孕育剂吸收差；孕育后停留时间长。

（3）防止措施　充分孕育；孕育剂块度适当，并有足够高的铁液温度；采取浮硅孕育等瞬时孕育方法。

6. 石墨漂浮

（1）特征　多发生在蠕墨铸铁件上表面；宏观断口有黑斑；金相组织有开花状石墨；局部强度低。

（2）产生原因　碳当量高；构件壁厚，冷却速度低；浇注温度高。

（3）防止措施　控制碳当量；控制铸件冷却速度；控制浇注温度。

7. 表面片状石墨层

（1）特征　铸件表层断口有黑边；金相显微镜下有片状石墨。

（2）产生原因　铸型表面的硫化物与铁液接触时，部分镁、稀土被消耗掉；铸型表面气相如O_2、N_2、CO、H_2等作用于Mg、稀土，使之消耗；铸型材料SiO_2与镁及稀土发生反应；铁液中残余镁及稀土量居下限；镁钛合金处理比稀土硅铁合金处理更易出现片状石墨层；浇注温度高，冷却速度低，易出现片状石墨层；浇注系统过于集中处易出现片状石墨层。

（3）防止措施　刷涂料，使铸型表面含硫量低；铁液中有足够的残余Mg及稀土量；对表面层要求强度高或不加工表面多的铸件，尽量少用或不用含Mg蠕化剂；控制浇注温度；工艺上合理安排浇注系统及提高冷却速度。

8. 夹渣

（1）特征　铸件上表面处有炉渣层，其周围石墨为片状；铸件中有夹渣。

（2）产生原因　渣中硫、氧等与蠕化剂作用，降低了蠕化剂残余量；铁液温度低，杂质不易上浮，并流入铸型；铁液中裹入氧等气体与稀土、镁等作用形成微粒状夹渣。

（3）防止措施　降低原铁液中硫、氧含量；提高铁液浇注温度；浇注系统合理，采取挡渣过滤措施。

任务四 可锻铸铁的熔炼

➢【学习目标】

1）掌握可锻铸铁的力学性能、组织和牌号表示方法。

2）掌握KTH300-06化学成分的确定方法。

3）掌握熔炼KTH300-06的炉料配制方法。

4）掌握KTH300-06的熔炼过程。

5）掌握KTH300-06的可锻化退火方法。

➢【任务描述】

可锻铸铁是将白口铸铁通过石墨化退火处理得到的一种高强韧铸铁，有较高的强度、塑性和冲击韧度，可以部分代替非合金钢。与灰铸铁相比，可锻铸铁有较好的强度和塑性，特别是低温冲击性能较好，耐磨性和减振性优于普通碳素钢。这种铸铁因具有一定的塑性和韧性，所以俗称玛钢、马铁，又称展性铸铁或韧性铸铁。

可锻铸铁与灰铸铁相比，具有较高的强度和塑性，特别是低温冲击性能好，所以称其为可锻铸铁，其实并不能用来锻压成形。但其铸造性能较灰铸铁差。与相同基体的球墨铸铁相比，力学性能接近，可加工性好，特别是比球墨铸铁生产质量稳定，工艺简单，废品率低，铁液处理方便，清除浇冒口容易，生产成本低，易于组织流水线生产，尤其是生产大批量的薄壁复杂件比球墨铸铁更为优越。

KTH300-06是将白口铸铁在中性气氛中进行热处理，使渗碳体分解成团絮状石墨与铁素体，正常断口呈黑绒状并带有灰色外圈的可锻铸铁（称为黑心可锻铸铁），基体组织为铁素体。其生产方法是先生产出白口铸坯，再进行长时间的可锻化（石墨化）退火。

➢【相关知识】

一、可锻铸铁发展概况

我国是生产可锻铸铁历史最悠久的国家，早在战国初期就掌握了可锻铸铁的生产工艺。而法国直到1722年才生产出白心可锻铸铁，称为“欧洲法”。1931年美国才试验成功黑心可锻铸铁，称为“美国法”。但由于历史的原因，我国于1933年又从国外引进可锻铸铁生产技术，仅生产少量管件。20世纪50年代以后，我国的可锻铸铁生产发展很快，生产工艺不断改进，特别是可锻铸铁的石墨化退火处理时间大幅度缩短，因而应用不断扩大。可锻铸铁因其塑性较好，广泛应用于水、气管接头、电力线路器材、汽车拖拉机及农机具、纺织机械、建筑机件等大批量生产的薄壁中小铸件。随着交通、能源、建筑等工程的迅速发展，铁素体可锻铸铁件将会大量增加。珠光体可锻铸铁因其强度高，在国内外已广泛用于替代中、低碳钢生产发动机的曲轴、凸轮轴、连杆、齿轮和扳手等零件。国内目前以黑心可锻铸铁生产为主，白心可锻铸铁在国内生产量还很少，但由于其具有较好的焊接性，在欧、美各国生产量较多。

二、可锻铸铁金相组织的特点

除黑心可锻铸铁外，白口铸坯在氧化性气氛中退火，产生几乎是全部脱碳的可锻铸铁，

称为白心可锻铸铁。

1. 白心可锻铸铁的金相组织

白心可锻铸铁的金相组织如图 2-46 所示，最外层是较厚的脱碳层，全部为铁素体，中心脱碳不全，向内逐渐出现珠光体和团絮状石墨，有时还有少量的渗碳体。

2. 铁素体（黑心）可锻铸铁的金相组织

白口铸坯在非氧化性气氛中进行石墨化退火，莱氏体、珠光体都被分解，得到铁素体可锻铸铁。铁素体可锻铸铁的金相组织主要是铁素体基体 + 团絮状石墨，如图 2-47 所示，在 GB/T 25746—2010 中规定了石墨的形状、分布和数量，珠光体残余量、渗碳体残余量和表皮层厚度等。

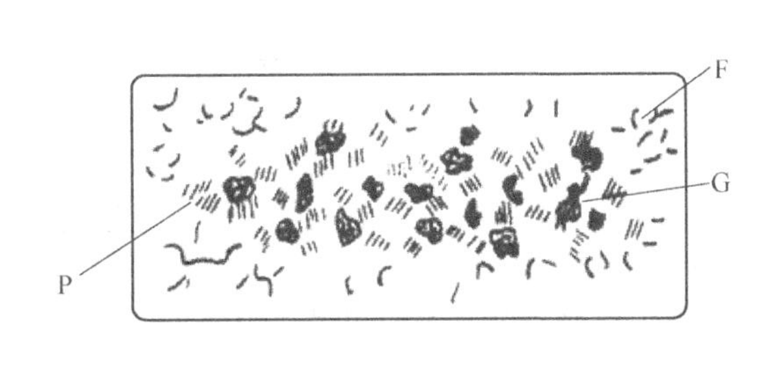

图 2-46　白心可锻铸铁的金相组织

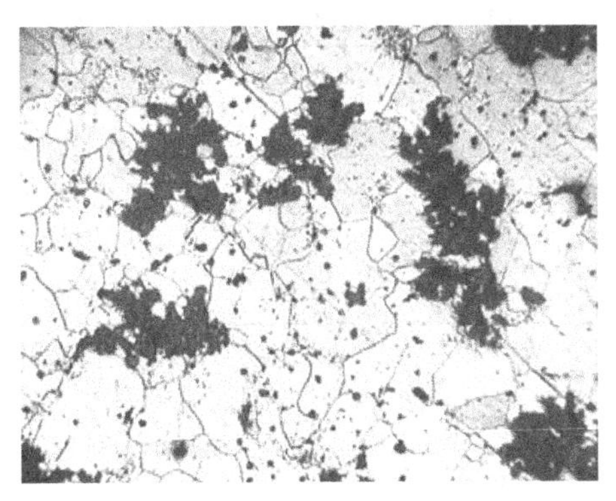

图 2-47　铁素体可锻铸铁的金相组织

3. 珠光体可锻铸铁的金相组织

白口铸坯在非氧化性气氛中进行石墨化退火，快速通过共析区，只有莱氏体分解，得到珠光体可锻铸铁。珠光体可锻铸铁的金相组织为珠光体基体 + 团絮状石墨，如图 2-48 所示，根据珠光体的类型可分为片状珠光体和粒状珠光体基体。

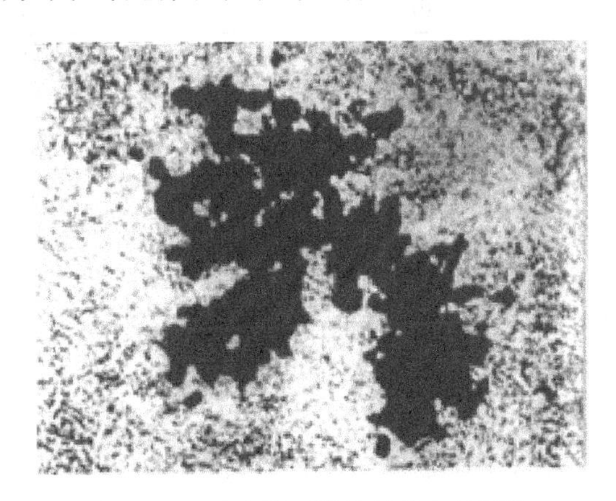

图 2-48　珠光体可锻铸铁的金相组织

三、可锻铸铁的牌号

根据国家标准（GB/T 9440—2010）规定的可锻铸铁牌号及力学性能见表 2-62 和表 2-63。

表 2-62 铁素体（黑心）可锻铸铁和珠光体可锻铸铁的牌号及力学性能（GB/T 9440—2010）

牌 号	试样直径 d[1,2]/mm	抗拉强度 R_m/MPa min	0.2%屈服强度 $R_{p0.2}$/MPa min	伸长率 A（%） min（$L_0=3d$）	布氏硬度 HBW
KTH 275-05[3]	12 或 15	275	—	5	≤150
KTH 300-06[3]	12 或 15	300	—	6	
KTH 330-08	12 或 15	330	—	8	
KTH 350-10	12 或 15	350	200	10	
KTH 370-12	12 或 15	370	—	12	
KTZ 450-06	12 或 15	450	270	6	150～200
KTZ 500-05	12 或 15	500	300	5	165～215
KTZ 550-04	12 或 15	550	340	4	180～230
KTZ 600-03	12 或 15	600	390	3	195～245
KTZ650-02[4,5]	12 或 15	650	430	2	210～260
KTZ 700-02	12 或 15	700	530	2	240～290
KTZ 800-01[4]	12 或 15	800	600	1	270～320

①如果需方没有特殊要求，供方可以任意选取两种试样直径中的一种。

②试样直径代表同样壁厚的铸件，如果铸件为薄壁件时，供需双方可以协商选取直径6mm或者9mm试样。

③KTH 275-05 和 KTH300-06 为专门用于保证压力密封性能，而不要求高强度或者高延展性的工作条件的。

④油淬加回火。

⑤空冷加回火。

表 2-63 白心可锻铸铁的牌号及力学性能（GB/T 9440—2010）

牌 号	试样直径 d/mm	抗拉强度 R_m/MPa min	0.2%屈服强度 $R_{p0.2}$/MPa min	伸长率 A(%) min（$L_0=3d$）	布氏硬度 HBW max
KTB 350-04	6	270	—	10	230
	9	310	—	5	
	12	350	—	4	
	15	360	—	3	
KTB 360-12	6	280	—	16	200
	9	320	170	15	
	12	360	190	12	
	15	370	200	7	
KTB 400-05	6	300	—	12	220
	9	360	200	8	
	12	400	220	5	
	15	420	230	4	
KTB 450-07	6	330	—	12	220
	9	400	230	10	
	12	450	260	7	
	15	480	280	4	

（续）

牌　　号	试样直径 d/mm	抗拉强度 R_m/MPa　min	0.2%屈服强度 $R_{p0.2}$/MPa　min	伸长率 A(%) min（$L_0=3d$）	布氏硬度 HBW　max
KTB 550-04	6	—	—	—	250
	9	490	310	5	
	12	550	340	4	
	15	570	350	3	

注：1. 所有级别的白心可锻铸铁均可以焊接。

2. 对于小尺寸试样，很难判断其屈服强度，屈服强度的检验方法和数值由供需双方在签订订单时商定。

3. 试样直径同表2-62中的①，②。

牌号中“KT”为可铁两字的第一个大写汉语拼音字母，Z表示珠光体，B表示白心，H表示黑心；第一组数字代表抗拉强度值（MPa），第二组数字代表伸长率（%）。

四、可锻铸铁的性能特点

1. 力学性能

表2-62中给出了铁素体（黑心）可锻铸铁的抗拉强度、屈服强度、伸长率和硬度指标。和灰铸铁相比，由于石墨的形状得以改善，减轻了对基体的割裂作用，因此其力学性能高，特别是韧性、塑性比灰铸铁更高。和球墨铸铁相比，可锻铸铁的常温力学性能与其接近，低温性能则超过了球墨铸铁。铁素体（黑心）可锻铸铁的韧脆转变温度为-100℃，而珠光体球墨铸铁的韧脆转变温度为-60℃，由此可见，铁素体（黑心）可锻铸铁更适宜在低温下工作。另外铁素体（黑心）可锻铸铁光滑试样的对称弯曲疲劳强度比钢和球墨铸铁略高。

2. 可加工性

铁素体（黑心）可锻铸铁硬度较灰铸铁低，可加工性优于灰铸铁和易切削钢。但珠光体可锻铸铁的硬度较高，特别是退火时产生的表皮层组织不均匀现象对可加工性极为不利。

3. 焊接性

白心可锻铸铁具有良好的焊接性，铁素体（黑心）可锻铸铁的焊接性较差，如需要焊接，必须采用专门的焊接工艺。

4. 耐磨性

铁素体（黑心）可锻铸铁的硬度较低，耐磨性较差，一般不用作耐磨件。珠光体可锻铸铁的耐磨性优于一般非合金钢。在退火加热过程中，由于碳的重溶可以获得更高的硬度，在冲击韧度降低不多的情况下，可使硬度提高到50HRC，其耐磨性可达到某些低合金钢的水平。因此珠光体可锻铸铁最适用于对温度和耐磨性要求较高的零件。

5. 减振性

铁素体（黑心）可锻铸铁的减振性低于灰铸铁而比铸钢和球墨铸铁好。其减振性是铸钢的三倍、球墨铸铁的两倍，但在较低应力下与球墨铸铁大致相同，约为灰铸铁减振性的1/3~1/2。

6. 耐蚀性

可锻铸铁在大气、水、盐水中的耐蚀性优于非合金钢。铁素体基体比珠光体基体的可锻铸铁耐蚀性好，加入质量分数为0.25%~0.75%的铜可进一步提高其在大气和SO_2气氛中的耐蚀性。

7. 耐热性

由于石墨呈团絮状，故抗氧化性、抗生长性优于灰铸铁。铁素体（黑心）可锻铸铁的耐热性优于灰铸铁和非合金钢，而且铁素体（黑心）可锻铸铁的耐热性比珠光体基体的可锻铸铁更好。

➢【任务实施】

一、KTH300-06 化学成分的确定

1. 可锻铸铁化学成分的确定原则

白口铸坯是可锻铸铁生产的第一道工序。为了获得全白口的优质铸坯，就必须正确选择铁液的化学成分和熔制工艺。在确定化学成分时可根据下列原则。

1）保证铸件任一截面在铸态时全白口，不出现麻点，否则会显著降低力学性能。

2）有利于较快的石墨化过程，以保证短时间内完成石墨化退火，缩短生产周期。

3）有利于提高力学性能。

4）在不影响力学性能的情况下，兼顾铸造性能，从而提高产品的合格率。

铸铁的化学成分是很复杂的，在铸铁中除铁以外，主要元素有碳、锰、硫和磷，其他还有随炉料和熔炼过程中进入铸铁内的许多微量元素和各种杂质，以及有时为使铸铁获得某些特殊性能而加入的一些合金元素，所有这些元素都对铸铁的结晶组织和力学性能有很大的影响。

2. 碳和硅

碳是一种强烈促进石墨化的元素。含碳量增加，加快了石墨化速度，但同时也增加了需要分解的渗碳体的数量。因此碳对第一阶段的石墨化影响不大，而在第二阶段石墨化时，由于要分解的共析渗碳体数量不随含碳量的变化而变化，故含碳量增加有利于加速第二阶段的石墨化速度，缩短退火周期，如图 2-49 所示。但碳的质量分数过高（$w_C>$ 3.0%），会使团絮状石墨的数量过多，降低其力学性能，甚至在铸态下得不到全白口铸坯。若碳的质量分数过低（$w_C<1.8\%$），铸造性能恶化，易产生铸造缺陷，甚至无法浇注薄壁铸件，同时使冲天炉熔制也非常困难，延长了石墨化退火时间。

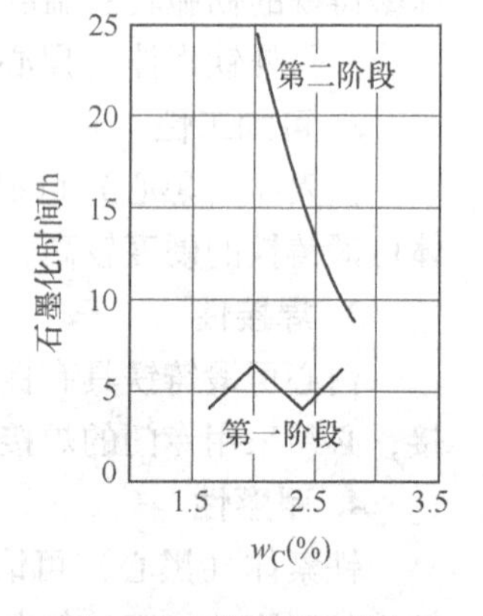

图 2-49　碳对石墨化时间的影响

生产实践证明，国内用冲天炉生产可锻铸铁的最佳碳的质量分数应控制在 $w_C=2.4\%\sim2.8\%$，一般低牌号或薄壁铸件取上限，高牌号或厚大件取下限。

硅也是强烈促进石墨化的元素。含硅量增加，既加速了第一阶段的石墨化，又加速了第二阶段的石墨化，比碳更有利于缩短退火周期，见表 2-64。

表 2-64　硅对第一、二阶段石墨化时间的影响

铸件中实际的 w_{si}（%）	第一、二阶段石墨化时间	
	910~920℃保温时间/h	700~740℃保温时间/h
1.3~1.4	8~9	18~20
1.4~1.6	6~7	16~18
1.7~1.8	5~6	15~17

注：$w_C=2.4\%\sim2.8\%$，$w_{Mn}=0.45\%\sim0.65\%$，$w_s=0.16\%\sim0.23\%$。

但硅的质量分数过高（$w_{si}>1.7\%$），会使石墨分枝增加，从而降低退火后的力学性能，特别是塑性和韧性降低，在低温下出现脆性。一般在不加 Bi、Te、Sb 等微量反石墨化元素时，将含硅量控制在质量分数 1.4% 以下。

生产中一般将碳、硅总质量分数控制在 3.8% ~4.2%。若炉前加 Bi、Te、Sb 等微量反石墨化元素时，碳的质量分数可提高到 $w_C=2.4\%\sim2.8\%$，硅的质量分数可达到 $w_{si}=1.4\%\sim1.8\%$，碳、硅总质量分数控制在 4.0% ~4.5%。在选择碳硅总量时，还必须考虑铸件的壁厚及牌号要求。

3. 锰和硫

锰对第一阶段石墨化的影响不大，而强烈阻碍第二阶段的石墨化。锰在可锻铸铁中和在灰铸铁中一样，能抵消硫的有害作用。

硫是一种有害元素，能够强烈阻碍第一、第二阶段的石墨化，延长退火时间，同时还使铸造性能严重恶化，铁液的流动性降低，裂纹倾向增加，力学性能降低，因此生产中要求含硫量越低越好。考虑到锰和硫的相互作用，在生产铁素体（黑心）可锻铸铁时 $w_{Mn}/w_S>2$，以 2.5 为宜；或采用 $w_{Mn}=1.7w_S+(0.1\%\sim0.3\%)$ 来确定锰的含量。如铁液中硫的质量分数为 0.2% 时，将锰的质量分数控制在 0.5% ~0.7%，而珠光体可锻铸铁锰的质量分数应控制在 0.8% ~1.2%。

4. 磷

当铸铁中磷的质量分数小于 0.2% 时，对石墨化的影响不大，对力学性能影响也不明显；当 $w_P>0.2\%$ 时，使铸件脆性增加，特别是当硅的质量分数（$w_{Si}>1.8\%$）较高时，这种作用更明显。如某汽车厂为使汽车在 -40℃ 下安全行驶，规定 $w_{Si}+6w_P\leqslant1.9\%$。因此，为了保证可锻铸铁的冲击韧度，磷的质量分数应尽可能低（$w_P<0.2\%$）。

5. 铬

铬能强烈阻碍第一、第二阶段的石墨化。当 $w_{Cr}>0.08\%$ 时，所形成的渗碳体就很难分解。因此，在可锻铸铁中含铬量越低越好，最好控制在 $w_{Cr}<0.05\%$。

6. 其他元素

铋能强烈地阻碍凝固过程中的石墨形成，但对固态下的石墨化影响不大。Bi 常作为可锻铸铁的孕育剂，在保证铸态获得全白口铸坯而不出现麻口组织的同时，可适当放宽碳、硅含量，有利于缩短固态下的石墨化退火时间。一般其加入量控制在 $w_{Bi}=0.006\%\sim0.02\%$ 为宜。

铝可增加石墨核心，有利于缩短退火时间，少量铝（$w_{Al}=0.01\%\sim0.015\%$）与 Bi 和 Te 同时作为孕育剂，可促进固态下的石墨化，又能保证在铸态下得到全白口组织。

硼和铝的作用相似，少量硼（$w_B<0.01\%$）可起到增加石墨核心的作用，加速第一、第二阶段的石墨化，同时还能中和铬的有害作用，缩短退火时间。但当含硼量过高（$w_B>0.03\%$）时，则会起阻碍石墨化的作用。

总之，化学成分的确定，必须根据零件的结构特点、牌号要求、熔炼条件等不同而有所差异。表 2-65 给出了可锻铸铁原铁液的化学成分范围。

综上所述，KTH300-06 的化学成分初步确定为：$w_C=2.7\%$，$w_{Si}=1.2\%$，$w_{Mn}=0.6\%$，$w_S\leqslant0.20\%$，$w_P\leqslant0.20\%$。

表 2-65　可锻铸铁原铁液的化学成分范围（质量分数,%）

可锻铸铁的种类	化学成分范围					备　注
	C	Si	Mn	P	S	
KTH300-06 KTH330-08 KTH350-10 KTH370-12	2.6～2.8 2.5～2.7 2.3～2.6	1.1～1.3 1.5～1.8 1.8～2.2	0.4～0.7 0.4～0.7 0.4～0.7	≤0.20 ≤0.15 ≤0.10	≤0.20 ≤0.25 ≤0.25	高碳低硅 中碳中硅 低碳高硅
KTZ450-06 KTZ550-04 KTZ650-02 KTZ700-02	2.4～2.7 2.3～2.8	1.4～1.8 1.3～1.5	0.4～0.7 0.8～1.2	≤0.15 ≤0.15	≤0.25 ≤0.25	珠光体加入铜钼合金元素：$w_{Cu}=0.6\%\sim2.0\%$；$w_{Mo}=0.3\%\sim0.5\%$
KTB350-04 KTB380-12 KTB400-05 KTB450-07	2.8～3.4	0.3～1.0	0.2～0.8	≤0.20	≤0.25	白心脱碳

注：$w_{Cr}<0.06\%$。

二、KTH300-06 熔炼的炉料配制计算

1. 确定原始资料

KTH300-06 的化学成分初步确定为：$w_C=2.7\%$，$w_{Si}=1.2\%$，$w_{Mn}=0.6\%$，$w_S\leqslant0.20\%$，$w_P\leqslant0.20\%$。

各金属炉料的化学成分见表 2-66。

表 2-66　各金属炉料的化学成分（质量分数，%）

炉 料 名 称	化 学 成 分				
	C	Si	Mn	S	P
新生铁	4.19	1.56	0.76	0.04	0.036
回炉铁	2.75	1.25	0.60	0.10	0.10
硅铁	—	75	—	—	—
锰铁	—	—	65	—	—
废钢	0.15	0.35	0.50	0.05	0.05

熔炼中各元素的变化率见表 2-67。

表 2-67　熔炼中各元素的变化率（质量分数，%）

元　素	C	Si	Mn	S	P
变化率	增碳 +1.7～1.9	—	—	+50	—
	脱碳 -0.5	-15	-20	—	—

2. 配料计算

1）设定初步配料比。设新生铁加入量为 $x\%$，回炉铁加入量为 $(45-x)\%$，废钢加入量为 55%。

2）计算炉料中各元素的质量分数。

$$w_{C炉料}=\frac{w_{C铁液}-1.8}{0.5}\%=\frac{2.7-1.8}{0.5}\%=1.8\%$$

$$w_{Si炉料}=\frac{w_{Si铁液}}{1-0.15}\%=\frac{1.2}{1-0.15}\%=1.41\%$$

$$w_{Mn炉料}=\frac{w_{Mn铁液}}{1-0.2}\%=\frac{0.6}{1-0.2}\%=0.75\%$$

$$w_{S炉料}=\frac{w_{S铁液}}{1+0.5}\%=\frac{0.2}{1+0.5}\%=0.13\%$$

$$w_{P炉料}=w_{P铁液}=0.20\%$$

3）计算新生铁配比。

$$4.19x+2.75(45-x)+0.15\times55=1.8\times100$$

$$解得\ x=33.3$$

4）将计算结果填入计算表内（表2-68）。

表2-68 炉料计算表（质量分数，%）

炉料名称	配比	C		Si		Mn		S		P	
		原料	炉料	原料	炉料	原料	炉料	原料	炉料	原料	炉料
新生铁	33.3	4.19	1.40	1.56	0.52	0.76	0.25	0.04	0.013	0.036	0.012
回炉铁	11.7	2.75	0.32	1.25	0.15	0.60	0.07	0.10	0.012	0.10	0.012
废钢	55	0.15	0.08	0.35	0.19	0.50	0.28	0.05	0.028	0.050	0.028
合计	100	—	1.80	—	0.86	—	0.60	—	0.053	—	0.052
炉料		—	1.80	—	1.41	—	0.75	—	0.13	—	0.20
差额		—	0.00	—	0.55	—	0.15	—	合格	—	合格

5）计算铁合金加入量。

$$硅铁=\frac{0.55}{75}=0.73\%$$

$$锰铁=\frac{0.15}{65}=0.23\%$$

6）炉料计算。设熔化率为5t/h，层铁取5t/10=500kg，层铁焦比为10∶1，则配料如下：

$$新生铁=500kg\times33.3\%=166.5kg$$

$$回炉铁=500kg\times11.7\%=58.5kg$$

$$废钢=500kg\times55\%=275kg$$

$$硅铁=500kg\times0.73\%=3.65kg$$

$$锰铁=500kg\times0.23\%=1.15kg$$

$$层焦=500kg\times\frac{1}{10}=50kg$$

三、KTH300-06熔炼操作和石墨化退火

1. 熔炼设备和原铁液的熔制

可锻铸铁的熔化任务在于获得高温（>1450℃）低碳的铁液。比较理想的是采用电炉

或冲天炉电炉（感应电炉）双联来熔制，这样有利于铁液的化学成分和温度的控制和调整。但目前我国大多数工厂仍采用冲天炉熔制。熔制可锻铸铁的冲天炉须具备：冲天炉的炉缸高度比熔炼灰铸铁用冲天炉炉缸高度要低（一般 <200mm），必须带有前炉以防止增碳。本任务采用冲天炉熔炼，其操作方法按项目一任务一中的“冲天炉熔炼操作”。

2. 孕育处理

在可锻铸铁生产时，对铁液进行有效的孕育处理，可以在使 C、Si 总量提高的同时，保证铸态下获得全白口组织，这样可大大加速固态下的石墨化退火，是目前缩短固态下石墨化退火周期的有效措施之一，而且广泛应用于实际生产。

（1）孕育处理的目的　防止铸态出现灰点和灰口；在铸态或退火过程中产生石墨核心，加速固态下的石墨化退火；脱氧、脱硫去除气体；提高可锻铸铁的力学性能。

（2）孕育剂　用于可锻铸铁孕育处理的孕育剂比较多，常用孕育剂的种类及作用见表 2-69。

表 2-69　常用孕育剂的种类及作用

孕育剂种类	孕育剂的作用
Al-Bi	铝可细化晶粒，使碳化物和珠光体间的界面增加；可形成 Al_2O_3 和 AlN，起脱氧去气的作用；可成为石墨核心，从而缩短石墨化退火时间 铋可抑制铸态石墨的生成，因此可使原铁液的碳、硅含量提高；铝和铋同时加入，有增强白口倾向的作用，而在石墨化退火过程中又有促进固态石墨化的效果
B-Bi	硼具有抑制铸态石墨生成的作用，使珠光体与碳化物的界面增加，生成的 BN 可作为石墨的核心。它既能减少固溶氮量，又可加速碳沿奥氏体-碳化物边界的扩散，故能缩短石墨化退火时间
Al-B-Bi	其作用与前相同，Al 与 B 的作用相似
其他复合孕育剂 RE-Bi、Al-Te、 B-Te、Ti-Te	主要是利用 Re、Te 抑制铸态石墨的生成

注：表中均采用包内孕育法。

（3）孕育剂加入量的确定　孕育剂加入量随铸件的壁厚和 C、Si 总量不同而不同。对于壁较厚、C 和 Si 含量高的可适当多加，反之则少加，见表 2-70。

表 2-70　常用孕育剂加入量范围

孕　育　剂	加入方法	加入量（质量分数，%）	备　　注
纯铝	冲入法	0.005～0.015	适用于低硅可锻铸铁
纯铋	冲入法	0.01～0.02	适用于厚壁可锻铸铁
铝铋	冲入法	Al　0.01～0.015 Bi　0.006～0.02	适用于中、高硅可锻铸铁
硼铋	冲入法	B　0.0015～0.003 Bi　0.006～0.02	适用于厚壁可锻铸铁
铝硼铋	冲入法	Al　0.008～0.012 B　0.001～0.0025 Bi　0.006～0.02	适用于厚壁可锻铸铁

（4）孕育方法　和生产孕育铸铁一样，一般多采用包内孕育，为了减少孕育衰退也可采用二次孕育或型内孕育。孕育剂可单独或联合加入，以复合孕育的效果为好。

3. 炉前控制

为了有效地判断经处理后的铁液中的 C、Si 含量是否合格，保证铸态获得全白口铸坯，必须进行炉前检验，通常有以下几种方法。

（1）炉前三角试块　三角试块检验是目前最常用和最简便的一种炉前检验方法，与孕育铸铁原铁液的控制方法基本相同。根据三角试块白口宽度数值大小浇注对应壁厚的铸件。若白口数过小，则 C、Si 含量过高，可通过加强炉前孕育（Bi）处理进行调整。具体可参考表 2-71。

表 2-71　三角试块尺寸及适用铸件壁厚　（单位：mm）

序　号	高度 h	底宽 a	长度 e	适用于铸件的壁厚
1	25	12.5	130	6～10
2	40	20	130	10～15
3	50	25	130	15～20
4	100	50	130	20～30

注：1. 要求三角试块断面呈全白口或中心有少数灰点。
2. 如果断口中心灰点较多，则应浇注薄壁小件，或给铁液加入少量 Bi 进行孕育处理。

（2）圆柱试棒　有的工厂采用圆柱试棒，试棒直径为主要壁厚的 1.5 倍。如将铁液浇入 ϕ40mm×150mm 的砂型中，待试棒冷至暗红色入水激冷，冷后击断观察其断口。若试棒全白，中心有缩松，可浇注壁厚 40mm 以内的铸件；若试棒断面有灰点，表明含 C、Si 量稍高，可停止浇厚壁铸件；若断面灰点连成片或为麻口，停浇各种壁厚铸件。

（3）阶梯形试样　如图 2-50 所示，采用湿型浇注，冷至暗红色入水激冷，击断不同断面观察其断口。若试样各断面全白口，可浇注和其对应壁厚或小于试样断口尺寸的铸件，见表 2-72。

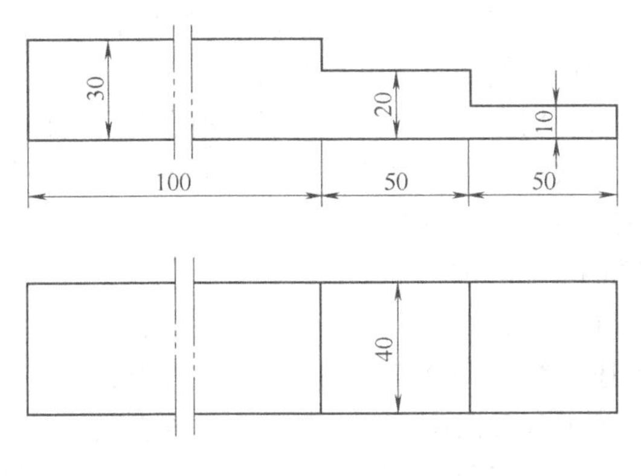

图 2-50　阶梯形试样

此外还有铁液花纹鉴别法、热分析法、炉前快速化学分析法等，可根据各厂的实际情况选择，并总结出白口数和可浇注铸件壁厚的对应关系，以更好地指导生产。

表 2-72　阶梯形试样全白口断面与适宜浇注铸件壁厚的关系

试样全白口断面/mm	10	20	30
适宜浇注铸件壁厚/mm	≤10	≤20	≤30

4. 石墨化退火

（1）铁素体（黑心）可锻铸铁的石墨化退火原理　可锻铸铁的固态石墨化过程，实际上就是白口铸坯在高温下依据 $Fe_3C = 3Fe + C$（石墨），使组织中的渗碳体（Fe_3C）分解而析出团絮状石墨的过程。一般认为，石墨化过程是渗碳体逐步固溶于奥氏体中，然后再通过奥氏体在界面上析出石墨核心，并逐渐长大成团絮状石墨。

将白口铸坯加热到共析临界温度范围 Ac_1 以上（约 900 ~ 950℃）进行保温，促使自由渗碳体分解，这称为第一阶段石墨化（也称高温石墨化）。然后随炉冷至共析临界温度范围 Ar_1 以下（约 700 ~ 750°C）进行保温或缓慢通过共析临界温度范围，使珠光体中的渗碳体发生分解，这称为第二阶段石墨化（也称低温石墨化）。

在固态下的石墨化过程中，有两个因素起着主要的作用：一是析出石墨的核心数量的多少，析出石墨核心数越多，碳原子的扩散距离也就越短，第一、第二阶段的石墨化速度也就越快，这可通过细化初晶组织、孕育处理或其他方法得以实现，使奥氏体和渗碳体相界面增多，使石墨核心数增加，以达到缩短石墨化退火周期的目的；二是碳原子的扩散速度，碳原子的扩散速度越快，第一、第二阶段的石墨化时间就越短。这可通过提高退火温度使碳原子的扩散速度加快得以实现，但温度过高，易使石墨形状恶化，同时还可通过提高铸铁中促进石墨化元素的含量，以加快石墨化退火的速度，但应注意必须保证铸态全白口组织。

（2）KTH300-06 的石墨化退火工艺

1）退火炉。用于黑心可锻铸铁石墨化退火的加热炉种类很多。按其所用的热源分为电炉、油炉、煤气炉、天然气炉、煤粉炉及块煤炉；按操作制度分为连续式和周期式加热炉；按炉底活动方式分为炉底固定式、炉底升降式和台车式加热炉等。我国目前生产中使用较多的是以块煤或煤粉作燃料的台车式室状退火炉。有些专业化大厂则使用连续作业式退火炉或炉底升降式电炉。

2）退火箱及装炉。为了防止铸件在退火过程中被炉气氧化侵蚀，一般均将铸件装在退火箱中，用泥土或耐火泥把退火箱密封后进行退火。

退火箱有圆形和长方形，用白口铸铁铸成。退火箱也有用高铬耐热铸铁浇注的，虽成本高，但其使用寿命是白口铸铁退火箱的数倍。其规格大小可视各厂的产品种类、形状及炉型而定。如圆形退火箱直径为 ϕ500 ~ ϕ700mm，高 400 ~ 600mm；方形退火箱为 500mm × 500mm ~ 1000mm × 1000mm，高 400 ~ 600mm。

铸件装箱时，一般不用填料，因此应注意防止铸件在高温作用下的变形。用台车式退火炉装炉时应注意将下层退火箱用耐火砖垫起，各退火箱之间应有一定的距离（100 ~ 200mm）以保证炉气顺利流通和升温均匀。一般厚大件放在高温处，薄小件放在低温处。

3）退火过程的控制与检查。退火过程的控制与检查包括温度和试样两个方面。用热电偶测温，按退火工艺曲线要求进行控制和调节燃烧过程，使炉内温度符合退火要求。

通常在退火过程中试样检查两次：一次是第一阶段石墨化保温结束，断口应呈灰色，组织为珠光体 + 团絮状石墨，若断口中夹有亮白色斑点或条块，则表示渗碳体未分解完全，应

适当延长保温时间；第二次是在第二阶段石墨化保温结束，此时断口呈黑绒状，边缘有一脱碳层，组织为铁素体+团絮状石墨，如果断口仍有白色颗粒（亮点），说明尚有珠光体未分解完，应继续保温。当第二阶段石墨化完成后即可进行降温，使铸件随炉冷至650℃出炉空冷，以防止缓冷脆性的产生。

试样尺寸根据铸件壁厚大小而定，用同一炉铁液单铸或附铸均可，试样应装在小箱内，放在能反映退火炉内全炉情况的取样孔处。

4）KTH300-06退火工艺。铁素体（黑心）可锻铸铁的退火工艺。铁素体（黑心）可锻铸铁的退火曲线及组织变化示意图如图2-51所示，其过程可分为如下五个阶段。

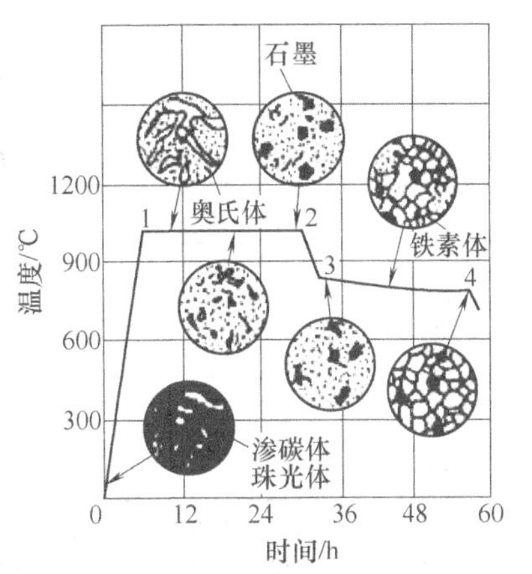

图2-51　退火曲线及组织变化示意图

①升温阶段（0—1）。此阶段使白口铸坯由室温0点升到950℃左右或稍高一点，此时铸铁的组织由珠光体+渗碳体转变成奥氏体+渗碳体。在此升温阶段，也可在400℃左右稍加停留，即低温预处理。经低温预处理后可以增加石墨核心，缩短退火时间。

②第一阶段石墨化（1—2）。在此阶段进行保温，自由渗碳体不断溶入奥氏体而逐渐消失，团絮状石墨逐渐形成，到第一阶段石墨化快要结束的2点，铸铁组织已由原来的奥氏体+莱氏体转变为奥氏体+团絮状石墨。这个阶段所需的时间长短以自由渗碳体能全部分解完为准，且保温时间不能过长。

③中间阶段（2—3）。指从高温冷却到稍低于共析温度（710～730℃）的阶段。随着温度的降低，奥氏体中的碳逐渐脱溶，依附在已生成的团絮状石墨上，使石墨长大。到3点其组织转变为珠光体+团絮状石墨。此阶段要注意控制冷却速度，过快会出现二次渗碳体，过慢又会使退火周期延长。

④第二阶段石墨化（3—4）。在710～730℃处保温，可使共析珠光体逐渐分解成铁素体+石墨，石墨继续向已有的团絮状石墨上附着生长，到4点时组织转变为铁素体+团絮状石墨。此阶段所需时间由珠光体能否分解完毕而定。

在此阶段也可采用从2点到4点以3～5℃的缓慢速度通过共析区，这样奥氏体可直接转变为铁素体+石墨，使石墨化速度加快。

⑤冷却阶段（4—室温）。到4点以后，再继续保温并不发生组织转变，这时可用较快的冷却速度冷却，以防止回火脆性的产生，当冷却至500～600℃时可出炉空冷直到室温。

四、检测与评价

可锻铸铁的力学性能主要检验指标为抗拉强度和伸长率。屈服点和硬度仅在机械零件对该项指标有专门要求时才进行测定。

根据国家标准的规定，非连续生产时，以同一炉次（或同一包次）的铁液浇注并随后进行同炉热处理的铸件为一取样批次；连续生产时，以每两小时内浇注或每一批次铸件的最大重量为2000kg，并进行同炉热处理的铸件为一取样批次，批次的划分可由供需双方根据供方的实际生产条件确定。每一批次的铸件浇注一组拉伸试样，拉伸试样与铸件在相同条件下单独浇注，表面不需要机械加工。试样如图 2-52 所示，其规格见表 2-73。力学性能检验应符合表 2-62 中的规定。

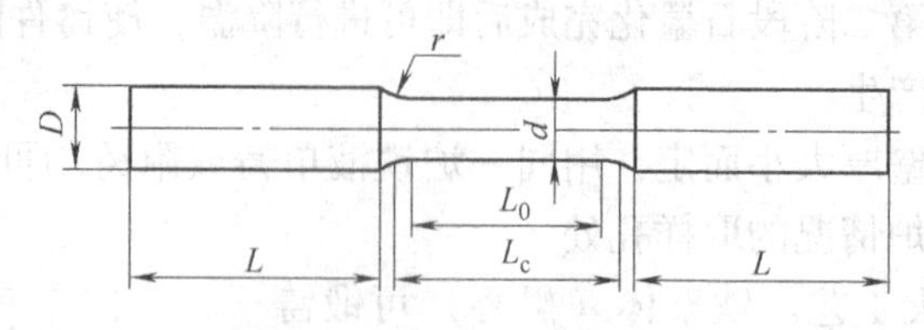

图 2-52　可锻铸铁拉伸试样

表 2-73　可锻铸铁试样规格　（单位：mm）

直　径		端部尺寸		标距长度 $L_0=3d$	最小平行段长度 L_c	肩部半径 r
d	极限偏差	直径 D	长度 L			
6	±0.5	10	30	18	25	4
9	±0.5	13	40	27	30	6
12	±0.7	16	50	36	40	8
15	±0.7	19	60	45	50	8

注：1. 直径 d 为相互垂直方向上的两个测量值的平均数。两个测量值之间的差异不得超过极限偏差。
2. 沿着平行段，直径 d 的变化不得超过 0.35mm。
3. 试样端部尺寸可根据试验机夹具的要求进行调整。

【拓展与提高】

一、可锻铸铁的铸造性能、铸造工艺特点

1. 可锻铸铁的铸造性能特点

（1）流动性较差　可锻铸铁由于 C、Si 含量较低，废钢加入量较大，铁液流动性较差，因此要求铁液具有较高的出炉温度和浇注温度（＞1360℃），以防止出现冷隔、浇不足及夹渣等缺陷。

（2）液态收缩大、铸造应力大　由于可锻铸铁铸态为全白口组织，凝固时无石墨析出，使其收缩较灰铸铁大（体收缩一般为 5.3%～6.0%，线收缩约为 1.8%）。因此，易产生缩孔、缩松；应力大，易产生变形和开裂等缺陷。

（3）含气量较大　随铁液过热温度的提高，含气量增加，相同条件下比灰铸铁含气量高，从而使铸件易产生气孔，特别是产生皮下气孔。

2. 可锻铸铁的铸造工艺特点

由于可锻铸铁的铸造性能比灰铸铁差，因此在制订铸造工艺时应注意以下几个方面。

1）采取使铁液经直浇道、横浇道、暗冒口然后再进入铸件的浇注系统，浇道的截面积应较大些（比灰铸铁大约 20% 左右）。浇注时快浇，在横浇道上设置集渣包，以增强挡渣能力。其典型浇注系统如图 2-53 所示，各部分的尺寸参考数

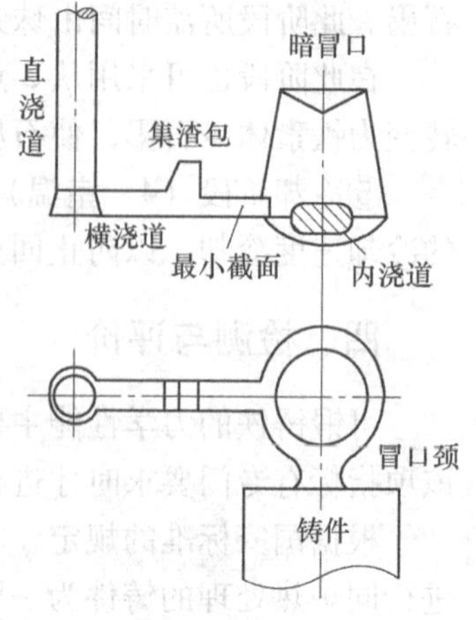

图 2-53　可锻铸铁典型浇注系统示意图

据为

$$F_{直}:F_{横}:F_{最小}:F_{内}=1.5\sim2.5:1.5\sim2.0:1:1.5\sim2.0$$

2）冒口习惯上采用暗冒口，工艺设计特别注意冒口和冷铁的结合使用，以增强补缩能力，要求铸型和型芯具有较好的退让性。

3）与灰铸铁相比，铸型中的水分含量要少，要有足够的透气性，以防产生皮下气孔。

二、可锻铸铁常见的铸造缺陷及防止措施

可锻铸铁常见的缺陷包括铸造缺陷（有缩孔、缩松、浇不到、灰口、麻点等）和退火热处理缺陷（裂纹、氧化层过厚、过烧、回火脆性、变形及退火不足等）。下面介绍几种主要缺陷的特征、产生的原因和防止措施。

1. 铸造缺陷

（1）缩孔、缩松

1）特征。孔穴表面粗糙不平，带有树枝状结晶。孔洞集中的为缩孔，细小分散的为缩松，多见于热节部位。

2）产生的原因。碳硅含量过低，收缩大，冒口补缩不足；浇注温度过高，收缩大；冒口颈过长，断面过小；浇注温度过低，铁液流动性差，影响补缩；孕育不当，凝固为板条状白口组织，不易补缩。

3）防止措施。控制铁液化学成分，防止碳、硅含量偏低；严格掌握浇注温度；合理设计冒口，必要时辅以冷铁，确保顺序凝固；适当增加铋的加入量。

（2）灰口和麻点

1）特征。在白口铸坯断面出现灰口和麻点，金相观察组织中有片状石墨出现。

2）产生的原因。铁液中碳、硅含量过高；含铋量不足，或包内投铋过早造成铋的过多烧损；较大铸件浇口过于集中。

3）防止措施。根据铸件壁厚，调整碳、硅含量；严格控制加铋工艺；分散内浇道，防止浇道处因过热而产生灰口和麻点。

（3）热裂和冷裂

1）特征。热裂为高温沿晶界断裂，形状曲折，呈氧化色，内部热裂纹常与缩孔并存。冷裂在较低温时产生，穿晶断裂，形状平直，表面有金属光泽或有轻微氧化色。

2）产生的原因。凝固过程收缩受阻；铁液中含碳量过低，含硫量高，浇注温度过高；铁液含气量大；复杂件打箱过早。

3）防止措施。改善型、芯的退让性；碳的质量分数不宜低于2.3%；控制含硫量；冲天炉要充分烘炉，风量不能过大；避免浇注温度过高，并提高冷却速度，以细化晶粒；控制打箱温度。

（4）浇不到

1）特征。铸件外形残缺，边角圆滑，多见于薄壁部位。

2）产生的原因。铁液氧化严重，碳、硅含量低，含硫量偏高；浇注温度低，浇速慢或断续浇注。

3）防止措施。检查风量是否过大；加接力焦，调整底焦高度；提高浇注温度和浇注速度，浇注中不得断流。

（5）枝状疏松、针孔

1）特征。铸件断口表面有针形树枝状疏松，向内部伸展，呈黑灰氧化色，多见于皮下、缓冷部位和两壁交接处。

2）产生的原因。炉前加铝过量；炉后错用了含铝的废机件；型砂水分过多；补缩不足。

3）防止措施。控制加铝量，厚铸件可不加铝；使用合格炉料；降低型砂水分，防止反应性氢导致针孔；提高浇注温度，并加强补缩。

2. 退火缺陷

（1）退火不足

1）特征。力学性能不合要求：断后伸长率低，硬而脆。金相组织中有过量珠光体和渗碳体。铁素体（黑心）可锻铸铁断口出现亮白点。

2）产生的原因。铁液含硅量低，或含硫量高，锰硫含量比不当；铁液含铬量高或氧、氢、氮含量超限；第一阶段退火温度低、时间不足，第二阶段退火时间短或保温温度偏高；脱碳退火温度过低，或退火气氛控制不当；退火炉温差大；测温仪不准，不能指导生产；退火箱上煤粉过度堆积，影响传热。

3）防止措施。调整和控制好铁液的化学成分，当发现成分不当时，应提高第一阶段退火温度，延长退火时间；改进退火炉、减少温差；提高退火炉保温能力，以避免第二阶段退火时重新添加燃料的烧火操作，同时保证第二阶段退火能有足够缓慢的降温速度；注意煤粉粒度和加煤量，以免煤粉在炉内堆积。

（2）过烧

1）特征。铸件表面粗糙，边缘熔化，晶粒粗，石墨粗大呈鸡爪状，表层有亮珠光体区，硬度高，影响切削加工，严重时有铸件粘结现象。

2）产生的原因。第一阶段退火温度过高，时间过长；退火炉温差大，致使局部区域炉温太高；测温仪失灵，指示温度偏低。

3）防止措施。第一阶段退火温度不要超过980℃；改进退火炉，均匀炉温；定期校验测温仪。

（3）回火脆性

1）特征。冲击韧度和断后伸长率很低，断口呈白色，沿晶界断裂。但光学显微镜下观察无异常，仍为铁素体+团絮状石墨。

2）产生的原因。出炉温度偏低，因而550～400℃时冷却太慢，在铁素体晶界析出了碳化物、磷化物、氮化物；铸铁含磷量高，高于含硅量时，更易发生回火脆性。

3）防止措施。应在650～600℃出炉快冷；控制铁液中磷、硅、氮的含量；铁液中加稀土硅铁，在一定程度上有利于防范回火脆性；已发生回火脆性时，可重新加热到650～700℃保温后，随即出炉快冷，脆性即可消失。

（4）变形

1）特征。铸件翘曲、不圆，尺寸、形位不准。

2）产生的原因。铸件装箱不当，受压受挤，或长件缺少依托；铸坯缩尺不准，未确切考虑到铸件在退火过程中的石墨化膨胀；第一阶段退火温度过高。

3）防止措施。合理装箱，长而大的铸件应放在隔板上，注意隔板间距，必要时加填料

或撑杆；退火温度不宜过高；已发生变形的铸件，可整形矫正。

（5）表面严重氧化

1）特征。表面有紫黑色氧化皮层，白心可锻铸铁甚至易起壳掉皮。

2）产生的原因。退火箱密封不严或泥封脱落；第一阶段退火温度过高、时间过长；炉气氧化性过强；煤粉喷火口不是正对火道，而是直喷退火箱，烧毁退火箱导致铸件氧化。

3）防止措施。重视泥封工序，封箱泥不能过稀，否则容易受热开裂；控制第一阶温度不要过高；煤粉炉内的过剩空气不能多；必要时，在白心可锻铸铁氧化填料中掺加黄砂；放置退火箱时，要使喷火口对着火道；采用高铬钢退火箱。

三、白心可锻铸铁的脱碳退火原理

将白口铸坯在氧化性气氛中进行退火处理，高温时表层 Fe_3C 分解出的 C 被炉气氧化成 CO 和 CO_2，表层脱碳，在铸件的断面上形成碳的浓度梯度，使 C 不断由里向表扩散，促使白口铸坯中的 Fe_3C 不断向 A 中溶解，而扩散出的碳不断地被氧化。其基本反应为 $C+O_2=CO_2$，$C+CO_2=2CO$，在脱碳的同时也发生着石墨化过程。

脱碳过程的实质是一个碳的氧化过程，炉内的氧化组成和温度对脱碳过程影响较大。生产中一般有固体（固体氧化介质主要是氧化皮、铁矿石等，粒度在 3～9mm，退火温度一般为 950～1050℃）脱碳法和气体（空气、水蒸气等，退火温度一般为 1000～1050℃）脱碳法两种。我国通常采用固体脱碳法。

四、珠光体可锻铸铁的退火工艺

珠光体可锻铸铁的退火工艺与铁素体可锻铸铁的第一阶段石墨化相同，只是没有第二阶段石墨化。在第一阶段石墨化终了后降温至 850～870℃，以较快的冷却速度（出炉空冷）通过共析转变温度区，从而得到珠光体 + 团絮状石墨的组织。其退火工艺曲线如图 2-54 所示。

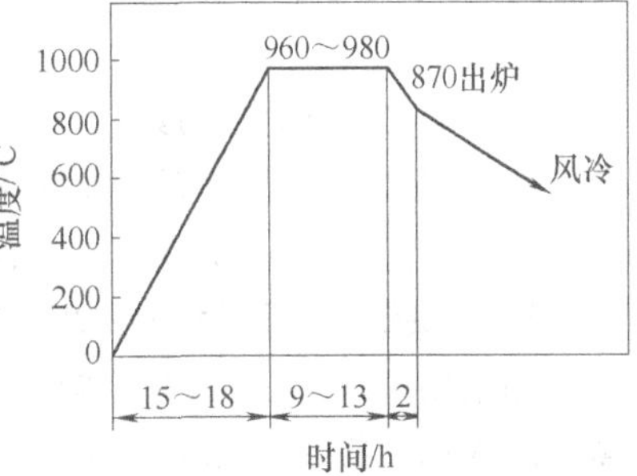

图 2-54　珠光体可锻铸铁的退火工艺曲线

为了进一步提高珠光体可锻铸铁的力学性能，可以采取以下几个方面的措施。

1）适当提高和加入稳定珠光体的元素。生产珠光体可锻铸铁时常将 Mn 的质量分数提高到 0.8%～1.2%；加入 $w_{Sn}=0.1\%$，可以稳定和细化珠光体，提高其硬度和强度，并能加速第一阶段的石墨化；加入 $w_{Cu}=1.2\%\sim1.5\%$，也有明显的效果；除此之外，还可加入 Sb、V、Mo 等合金元素。

2）适当调整热处理退火工艺。随炉加热至 910℃，经 10～15h 缓慢升温至 950℃，然后强制冷却（鼓风或喷雾），冷却速度应大于 30℃/min，可得细片状珠光体；第一阶段石墨化后，随炉降温至 800℃，出炉空冷，冷却速度大于 30℃/min，可得混合基体的珠光体可锻铸铁；第一阶段石墨化后，再进行油淬和高温回火，可得到具有良好综合力学性能和可加工性的粒状珠光体可锻铸铁。

五、白心可锻铸铁的退火工艺

白心可锻铸铁的脱C时间可用经验公式进行计算，即

$$t = AL(C_0 - C_t)^m$$

式中 A 和 m——温度系数，见表2-74；

L——铸件壁厚的一半；

C_0——铸件脱碳前碳的质量分数；

C_t——铸件脱碳后碳的质量分数。

白心可锻铸铁退火工艺曲线如图2-55所示。

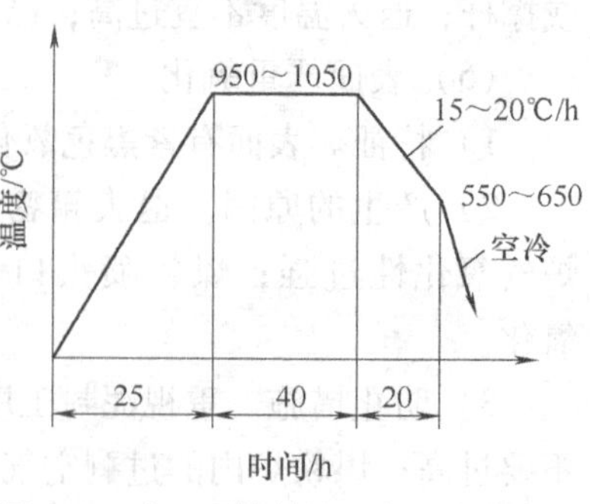

图2-55 白心可锻铸铁退火工艺曲线

表2-74 系数 A 和 m 值

温度/℃	975	1000	1025	1050
A	1.12	0.88	0.64	0.48
m	2.50	2.75	3.0	3.25

六、缩短可锻铸铁石墨化退火周期的主要措施

在可锻铸铁生产中，石墨化退火周期长是制约可锻铸铁发展的一个很重要因素。因此，如何缩短石墨化退火周期已成为可锻铸铁生产中的一个重要环节，主要措施如下：

1. 正确合理地选择铁液化学成分

在保证铸态获得全白口的前提下，适当提高C、Si含量（特别是含Si量不宜过低），试片不得有灰口，降低Mn、S含量（w_{Mn}、$w_S < 0.12\%$）及Cr含量（$w_{Cr} < 0.06\%$）和氧、氢、氮含量。

2. 适当提高退火温度

适当提高退火温度既可加快碳原子的扩散，又可增加石墨晶核的数量，缩短退火时间。但温度不宜过高（< 1000℃），否则易使石墨形状恶化，力学性能降低。

3. 加快铸件凝固时的冷却速度

如采用金属型浇注白口铸坯，在保证获得全白口的条件下，可允许铁液中C、Si含量提高，冷却速度提高，晶粒细化，石墨晶核增多，使碳原子扩散距离缩短。

4. 孕育处理

对铁液进行孕育处理是目前生产中广泛应用的缩短可锻铸铁石墨化退火周期的有效措施，已成为生产中不可缺少的生产工艺。

有的工厂在铁液中加入 $w_B = 0.001\% \sim 0.002\%$，$w_{Bi} = 0.006\%$，在电炉进行退火，其平均退火周期可缩短30h。

有的工厂采用低温时效和加Al、Bi孕育。在炉前加入 $w_{Al} = 0.01\% \sim 0.015\%$ 和 $w_{Bi} = 0.006\% \sim 0.02\%$ 进行孕育，处理后在热处理时先将其在300～500℃内保温4～5h，然后再继续升温进行第一、第二阶段石墨化，可使退火时间缩短15%～20%。

还有的工厂在生产高压输电线路铁帽时采用在液体介质中退火，将可锻铸铁件放入盐液

中，使第一阶段石墨化仅需 30min，第二阶级石墨化只需要 40min 即可。

也可采用 Al-B-Bi，RE-Bi，Al-Te，B-Te 等复合孕育剂进行孕育处理。

5. 正确设计和选用、操作退火炉

要求使铸件均匀、迅速加热和冷却。

复习与思考题

1）名词解释：铸铁，灰铸铁，石墨化，孕育处理，孕育铸铁，白口数，糊状凝固，石墨漂浮，呛火。

2）根据碳在铸铁中的存在形式，通常将铸铁分为哪几类？

3）什么是灰铸铁？它有哪些性能特点？灰铸铁的牌号如何表示？

4）在灰铸铁中，石墨对铸铁带来哪些有利和不利的影响？

5）什么是碳当量和共晶度？在生产中有何实际意义？

6）某工厂生产的铸铁化学成分为：$w_C=3.8\%$，$w_{Si}=2.7\%$，$w_{Mn}=0.4\%$，$w_S=0.06\%$，$w_P=0.06\%$，试分别计算其碳当量和共晶度值，判断其是属于共晶、亚共晶还是过共晶合金。

7）试说明在确定铸铁化学成分时要考虑哪些主要因素？什么是相对强度、相对硬度和相对质量？

8）综合说明提高灰铸铁力学性能的主要途径有哪些？

9）某工厂生产的铸铁化学成分为：$w_C=3.1\%$，$w_{Si}=1.7\%$，$w_{Mn}=0.8\%$，$w_S=0.12\%$，$w_P=0.1\%$，通过计算求出该铸铁所能达到的力学性能指标。

10）要生产一孕育铸铁 HT300，主要壁厚为 30mm，试确定其化学成分和炉前孕育剂的规格和加入量。

11）用热处理方法能从根本上提高灰铸铁的力学性能吗？为什么？

12）有人说灰铸铁是充满裂纹和孔洞的钢，你认为他说得对吗？为什么？

13）为什么在所有铸铁中灰铸铁的应用最为广泛？它有哪些性能特点？

14）铸铁生产中常用三角试片来检验熔炼效果，依据的是什么原理？

15）灰铸铁炉料计算：铸铁牌号为 HT200，要求化学成分为：$w_C=3.0\%$，$w_{Si}=1.5\%$，$w_{Mn}=0.8\%$，$w_S<0.12\%$，$w_P<0.2\%$。所用金属炉料的化学成分见表 2-75。

表 2-75　金属炉料的化学成分（质量分数，%）

炉料名称	化学成分				
	C	Si	Mn	S	P
新生铁	4.14	1.71	0.83	0.063	0.027
回炉铁	3.30	2.00	0.60	0.15	0.12
硅铁	—	45	—	—	—
锰铁	—	—	60	—	—
废钢	0.40	0.30	0.50	0.03	0.02

各主要元素的变化规律见表 2-76。

表 2-76 各主要元素的变化规律（质量分数，%）

元素名称	C	Si	Mn	S	P
增减率	5 ~ 8	-15 ~ 20	-20 ~ 30	0	60 ~ 80

16）和钢相比，球墨铸铁有哪些性能特点？

17）根据国家标准（GB/T 1348—2009），QT550—5 中各项代表什么意义？

18）球墨铸铁按基体分为哪几类？

19）在球墨铸铁生产过程中，对原铁液有什么要求？确定铁液化学成分依据什么原则？

20）什么是球化剂？镁和稀土在铁液中有哪些作用？我国实际生产中常用什么球化剂？

21）球化处理的方法有哪些？各有什么特点？

22）影响球化剂加入量的因素有哪些？

23）球化处理后为什么必须进行孕育处理？

24）在炉前如何判断球化处理成功与否？各种炉前检验方法有何优缺点？如何采用炉前三角试片来进行判断？

25）球墨铸铁的铸造性能有何特点？这对于获得健全铸件有什么影响？

26）球墨铸铁的热处理有什么特点？在球墨铸铁生产中主要采用哪些热处理工艺？分别对应于生产哪种基体组织的球墨铸铁？

27）球墨铸铁生产中常见有哪些缺陷？试描述其特征、产生的原因和防止的主要措施。

28）根据当地条件，试制订出珠光体球墨铸铁 QT700-2 的化学成分、熔制工艺要求、球化剂、孕育剂种类及加入量、处理方法、炉前处理方法及热处理方法。

29）蠕墨铸铁在组织和性能上与灰铸铁、球墨铸铁相比有什么特点？

30）指出 RuT300 的含义。

31）什么是蠕化率？

32）如何确定蠕墨铸铁的化学成分？

33）简述蠕墨铸铁的熔制工艺特点？

34）蠕墨铸铁炉前检验有哪些方法？各有什么特点？

35）蠕墨铸铁的铸造性能、铸造工艺和热处理各有什么特点？

36）生产蠕墨铸铁时蠕化处理的方法有哪些？

37）蠕墨铸铁可用来生产哪些铸铁？

38）什么是可锻铸铁？可锻铸铁可分为哪几种？

39）可锻铸铁的金相组织和性能各有什么特点？

40）怎样确定可锻铸铁的化学成分？

41）可锻铸铁孕育处理的目的是什么？

42）可锻铸铁的铸造性能和铸造工艺各有什么特点？

43）何谓第一阶段、第二阶段石墨化？哪些因素影响固态下的石墨化过程？

44）可锻铸铁的热处理工艺对固态下的石墨化有什么影响？

45）缩短可锻铸铁退火周期的主要措施有哪些？

46）简述可锻铸铁常见缺陷的特征、产生的原因及防止措施。

47）试拟定出线路器材（瓷绝缘子、铁冒）铁素体（黑心）可锻铸铁（主要壁厚 4 ~ 15mm，铸件毛重 1 ~ 3kg）的化学成分、金相组织要求、铸造工艺和退火工艺等。

项目三 铸钢及熔炼

铸钢是以铁、碳为主要元素，在凝固过程中不经历共晶转变的用于生产铸件的铁基合金的总称。铸钢又分为铸造碳钢、铸造低合金钢和铸造特种钢三类。下面主要介绍铸造碳钢和铸造低合金钢。

任务一 铸造碳钢的熔炼

➢【学习目标】

1）掌握铸造碳钢的力学性能、组织、牌号表示方法及热处理工艺。

2）掌握熔炼 ZG230-450 的炉料配制方法。

3）掌握 ZG230-450 的熔炼过程。

➢【任务描述】

铸造碳钢是以碳为主要合金元素并含有少量其他元素的铸钢。含碳量（质量分数）小于0.2%的为铸造低碳钢，含碳量（质量分数）为0.2%～0.5%的为铸造中碳钢，含碳量（质量分数）大于0.5%的为铸造高碳钢。随着含碳量的增加，铸造碳钢的强度增大，硬度提高。铸造碳钢是在铸钢材料应用中量大面广的钢种。按各钢种铸钢件的总质量计算，约有70%以上的铸钢件是碳钢铸件。铸造碳钢具有较高的强度、塑性和韧性，成本较低，在重型机械中用于制造承受大负荷的零件，如轧钢机机架、水压机底座等；在铁路车辆上用于制造受力大又承受冲击的零件如摇枕、侧架、车轮和车钩等。

➢【相关知识】

一、铸造碳钢的牌号表示方法

在国家标准中，一般工程用铸造碳钢牌号用“铸钢”的汉语拼音字首 ZG 和表示屈服强度与抗拉强度的两组数字表示，例如 ZG200-400，ZG270-500 等。一般工程用铸造碳钢的牌号、力学性能见表 3-1。

二、铸造碳钢的化学成分

在铸造碳钢中，常存元素有碳、硅、锰、磷和硫。除主要元素碳以外，硅和锰也在一定程度上对钢起强化的作用。磷和硫降低钢的性能，是有害元素。铸造碳钢的化学成分中本来是不含有合金元素的，但由于在炼钢中，可能由回炉废钢料带入少量的合金元素成分。为了对铸造碳钢性能进行控制，要求将合金元素的含量予以限制。对应于上述 5 个牌号的化学成

表 3-1 一般工程用铸造碳钢的牌号、力学性能（GB/T 11352—2009）

铸钢牌号	最小值					
					根据合同选择	
	R_{eH} /MPa	R_m /MPa	A（%）	Z（%）	冲击吸收功	
					A_{KV}/J	A_{KU}/J
ZG200-400	200	400	25	40	30	47
ZG230-450	230	450	22	32	25	35
ZG270-500	270	500	18	25	22	27
ZG310-570	310	570	15	21	15	24
ZG340-640	340	640	10	18	10	16

分见表 3-2。应指出，对碳、硅和锰三元素只给出上限值而未给出下限值是为了给生产上留有较大的化学成分调整范围。在保证达到规定的力学性能前提下，各生产厂家可根据自己的经验来规定各元素含量上、下限的数值。

表 3-2 一般工程用铸造碳钢的化学成分（GB/T 11352—2009）

<table>
<tr><th rowspan="3">铸钢牌号</th><th colspan="11">元素最高含量的上限值（质量分数,%）</th></tr>
<tr><th rowspan="2">C</th><th rowspan="2">Si</th><th rowspan="2">Mn</th><th rowspan="2">S</th><th rowspan="2">P</th><th colspan="6">残余元素</th></tr>
<tr><th>Ni</th><th>Cr</th><th>Cu</th><th>Mo</th><th>V</th><th>残余元素总量</th></tr>
<tr><td>ZG200-400</td><td>0.20</td><td rowspan="5">0.60</td><td>0.80</td><td rowspan="5">0.035</td><td rowspan="5">0.035</td><td rowspan="5">0.40</td><td rowspan="5">0.35</td><td rowspan="5">0.40</td><td rowspan="5">0.20</td><td rowspan="5">0.05</td><td rowspan="5">1.00</td></tr>
<tr><td>ZG230-450</td><td>0.30</td><td rowspan="4">0.90</td></tr>
<tr><td>ZG270-500</td><td>0.40</td></tr>
<tr><td>ZG310-570</td><td>0.50</td></tr>
<tr><td>ZG340-640</td><td>0.60</td></tr>
</table>

注：1. 对上限减少质量分数为 0.01% 的碳，允许增加质量分数为 0.04% 的锰。ZG200-400 的锰的质量分数最高至 1.0%，其余 4 个牌号锰的质量分数最高至 1.2%。

2. 除另有规定外，残余元素不作为验收依据。

三、铸造碳钢的结晶过程和铸态组织

1. 结晶过程

铸造碳钢属于亚共析钢，其结晶过程可分为两个阶段，即一次结晶和二次结晶，下面以 ZG 270-500（$w_C=0.4\%$）为例介绍两次结晶过程，其在铁碳相图的位置如图 3-1 所示。

一次结晶：当钢液温度降至液相线（AB）时，有高温铁素体（δ-Fe）析出。温度下降至包晶温度时，发生包晶转变，生成奥氏体。温度继续下降，穿过 L + γ 区时，又有奥氏体自钢液中析出，此析出过程进行到固相线（JE）温度为止。

二次结晶：当温度下降至 GS 线与 PS 线之间的区域时，有先共析铁素体 α 相析出。随着 α 相的析出，剩余奥氏体的含碳量上升。当温度达到共析转变温度时，发生共析转变，形成珠光体。结晶过程完成后，钢的组织基本上不再变化。

应该指出，在一次结晶完了至二次结晶开始之前的温度区间，随着温度的下降，还会发生奥氏体枝晶的粒化，即一个奥氏体树枝状晶解体为若干个等轴晶的自发性过程。

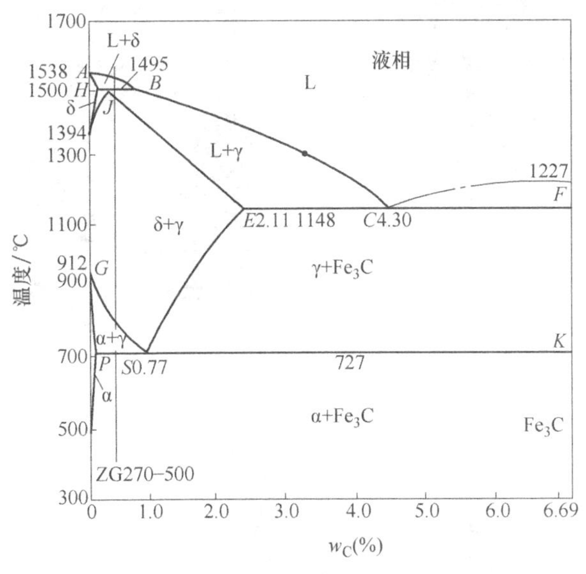

图 3-1 铁碳合金相图

2. 铸态组织

碳钢铸件的铸态组织的特征是晶粒粗大，有些情况下还存在魏氏（或网状）组织。

（1）晶粒粗大 与热处理后的组织相比，铸态组织的晶粒较粗大，而且存在柱状晶区，铸件断面上典型的晶粒分布如图 3-2 所示。晶粒的粗细和晶粒的形态对钢的性能有重要的影响：晶粒粗大则晶界的比表面积较小，因而钢的强度较低。柱状晶具有各向异性，在其横向上的力学性能特别是韧性较低，在经受外力冲击作用时，易沿晶界发生断裂。这种铸态组织特征在厚壁铸件上表现得尤为明显，且铸件壁越厚，则铸态下的性能越差。碳钢在铸态下力学性能低，特别是不耐冲击，这是铸件必须经过热处理后才能使用的基本原因。

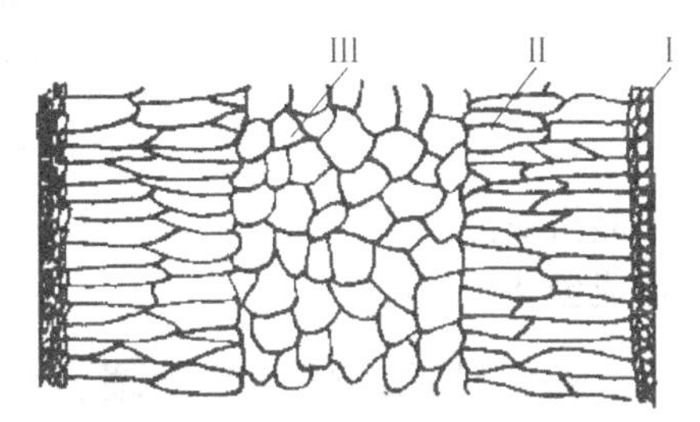

图 3-2 铸件断面上典型的晶粒分布

Ⅰ—细等轴晶区 Ⅱ—柱状晶区

Ⅲ—粗等轴晶区

（2）魏氏（或网状）组织 铸造碳钢在其二次结晶过程中，当通过 $\gamma+\alpha$ 两相区时，先共析铁素体 α 的析出会因钢的含碳量和冷却速度的不同而长成不同的形态，通常有粒状、条状（魏氏体）和网状三种。这三种组织的形态及其形成条件如下。

1）粒状组织。形态如图 3-3a 所示。在所有的形态中，这种形态的晶体具有最小的表面能，因而是最稳定的形态。但在奥氏体晶粒中形成这种形态的铁素体，需要有较大规模的原子扩散，其中包括碳原子的扩散及铁原子的自扩散。实际上只有在含碳量低而且壁又较厚的铸件中，才会在铸态下得到这种组织。

2）魏氏体组织。形态如图 3-3b 所示。铁素体在奥氏体晶粒内部以一定的方向呈条状析出。这种形态的铁素体常出现在中等含碳量的，特别是壁较薄的铸件中。魏氏体组织属于亚稳定组织。通过热处理，可使之转变为更稳定的粒状组织形态。

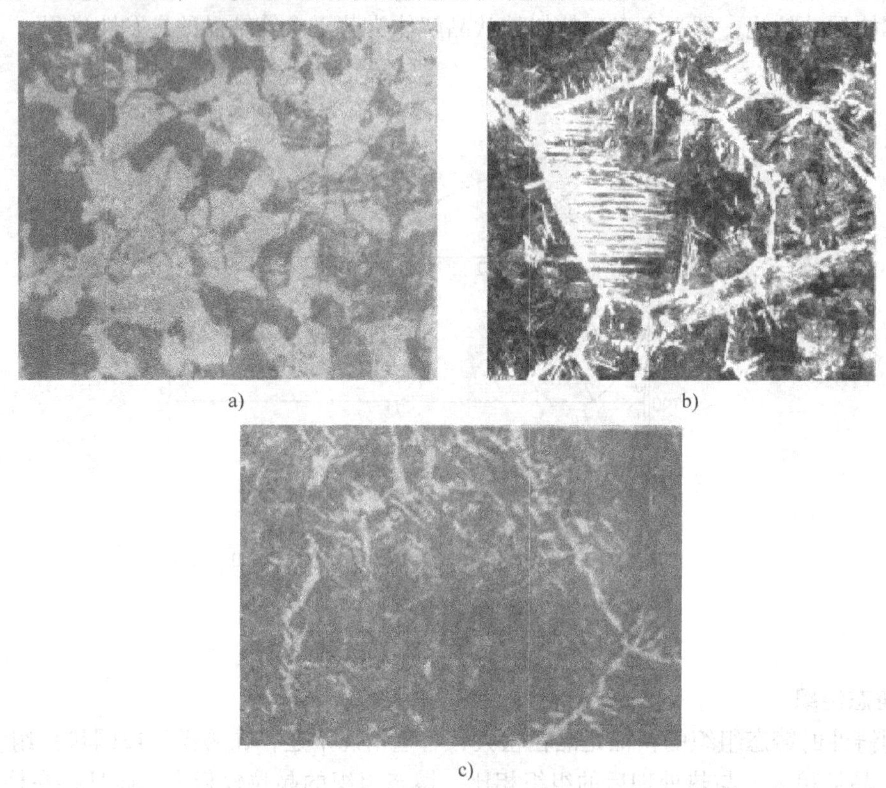

图 3-3　亚共析钢铸态组织中的几种铁素体形态

a）粒状组织　b）魏氏体组织　c）网状组织

3）网状组织。形态如图 3-3c 所示。铁素体在原奥氏体的晶界处析出。由于奥氏体晶界上晶格缺位多，且组织疏松，故易于铁素体新相的形核和铁原子的聚集，从而为网状组织的形成创造了条件。

四、碳钢铸件的热处理、金相组织和力学性能

碳钢铸件热处理的目的是细化晶粒，消除魏氏体（或网状组织）和消除铸造应力。热处理方法有退火、正火或正火加回火。

1. 退火

将铸件加热至奥氏体区温度并保温一段时间，然后随炉冷却。适宜的加热温度是奥氏体上临界温度 Ac_3 以上 30～50℃，具体温度应依照钢的含碳量而定，如图 3-4 所示。采用的加热温度不应过高或过低。加热温度过低时，不能完成由珠光体到奥氏体的转变，晶粒不能细化，魏氏（或网状）组织不能消除；加热温度过高时，又会使钢的晶粒粗化。当出现这些情况时，都会使钢的性能下降。

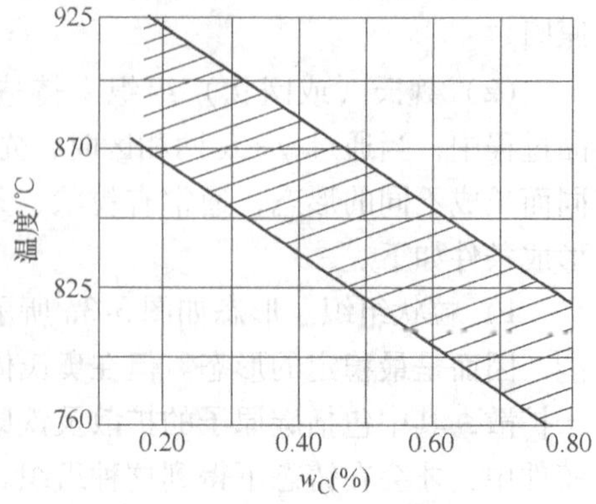

图 3-4　碳钢铸件退火（正火）处理的加热温度

保温时间的长短应该是有足够的时间完成由珠

光体向奥氏体的转变，具体时间应按照铸件的壁厚而定：一般情况下，25mm厚的铸件大约需要1h的保温时间。壁厚超过25mm时，每增加25mm厚度，须相应增加1h的保温时间。但当壁厚超过150mm时，其保温时间可以比按照上述比例计算所得的数值小些。上面所说的铸件厚度是指铸件上最厚部分的厚度。

保温时间达到后，铸件随炉冷却，待炉冷至200～300℃以下时可以出炉，在空气中进一步冷却至常温。由于这种热处理方式铸件是在炉中缓慢地从高温冷却到较低的温度，因而在冷却过程中产生的内应力小，能最大限度地避免铸件发生变形或裂纹等缺陷。退火处理的缺点是占用炉子的时间长，而且由于铸件的冷却速度慢，使得晶粒细化的作用不能充分发挥。因此，近年来在铸钢生产上，退火处理已基本上被正火处理所取代，而仅用于处理一些结构复杂的高含碳量铸钢件。

2. 正火

正火所采用的加热温度及保温时间与退火相同，不同之处是保温时间达到后将铸件拉出炉外空冷至室温。

正火的作用与退火相同，但由于正火冷却速度快，钢的晶粒比退火时更细些，而且使得奥氏体能在较低的温度下发生共析转变，因而能得到分散度更大的珠光体（即索氏体）。由于这些原因，正火处理的钢的力学性能，特别是韧性要比退火处理的钢更高一些。正火处理在铸钢生产上得到了普遍的应用。

3. 正火加回火

为了进一步提高钢的性能，可采取在正火后加回火的热处理工艺。回火温度为500～650℃。在此温度下的保温时间一般为2～3h，其热处理工艺如图3-5所示。回火能使钢的性能进一步提高的原因是，通过正火得到的索氏体中的渗碳体片在回火温度下具有转变成颗粒状的自然趋势。经过一段时间以后，原来的片状索氏体变为粒状索氏体，从而使钢的性能得到进一步提高。

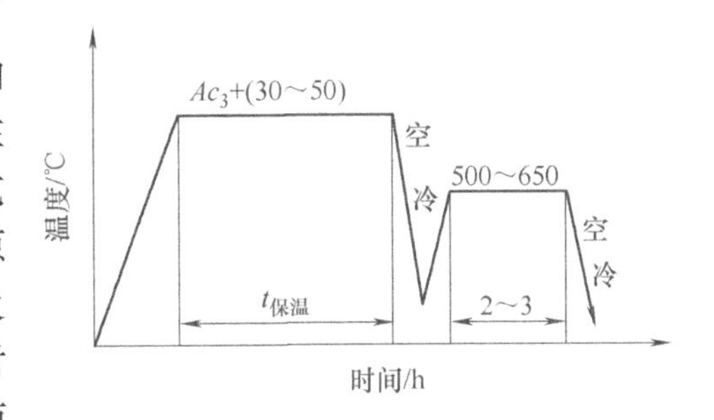

图3-5　碳钢正火加回火的热处理工艺

应该指出，在进行退火、正火或正火加回火热处理时，在加热铸件的过程中应适当控制升温速度。快速升温会使铸件上薄壁部分与厚壁部分之间、铸件表面层与中心部分之间的温度差增大，从而使铸件中的热应力增大，易导致铸件产生裂纹。特别是当炉温升至650～800℃时，应缓慢升温或在此温度下停留一段时间，因为在这个温度区间碳钢中发生相变（珠光体向奥氏体转变），伴随有体积变化，产生相变应力。对于结构复杂的铸钢，在热处理的加热过程中，适当控制升温速度并在铸钢的相变温度区间采取相应的保温阶段是很必要的。

铸件不采用淬火处理的方法。这是由于碳钢的淬透性较差，铸件壁上不易得到均一的组织和性能。不同含碳量的碳钢在退火状态下的金相组织如图3-6所示。碳钢在铸态和不同热处理条件下的力学性能比较如图3-7和图3-8所示。

4. 化学成分对铸造碳钢组织和力学性能的影响

在铸造碳钢中，除了基体金属铁以外，常存在有碳、锰、硅、硫和磷五大元素。其中碳对钢的组织和力学性能起主要作用；硫和磷是杂质元素，应严格限制；锰和硅是钢的脱氧元素，对提高其力学性能都有一定好处。下面分别加以说明。

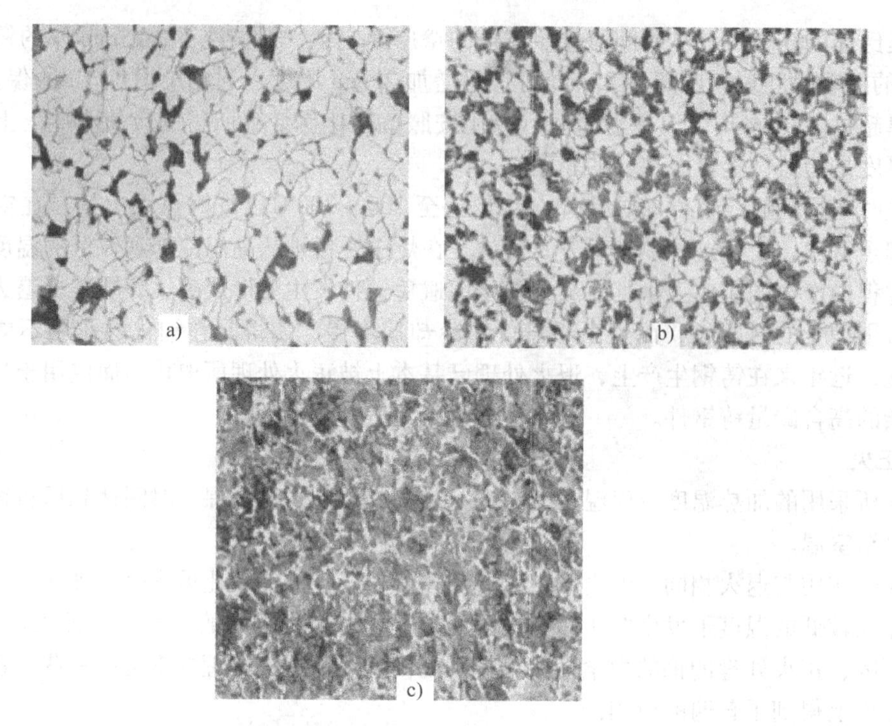

图 3-6 不同含碳量的碳钢在退火状态下的金相组织（100×）

a）$w_C=0.20\%$ b）$w_C=0.40\%$ c）$w_C=0.60\%$

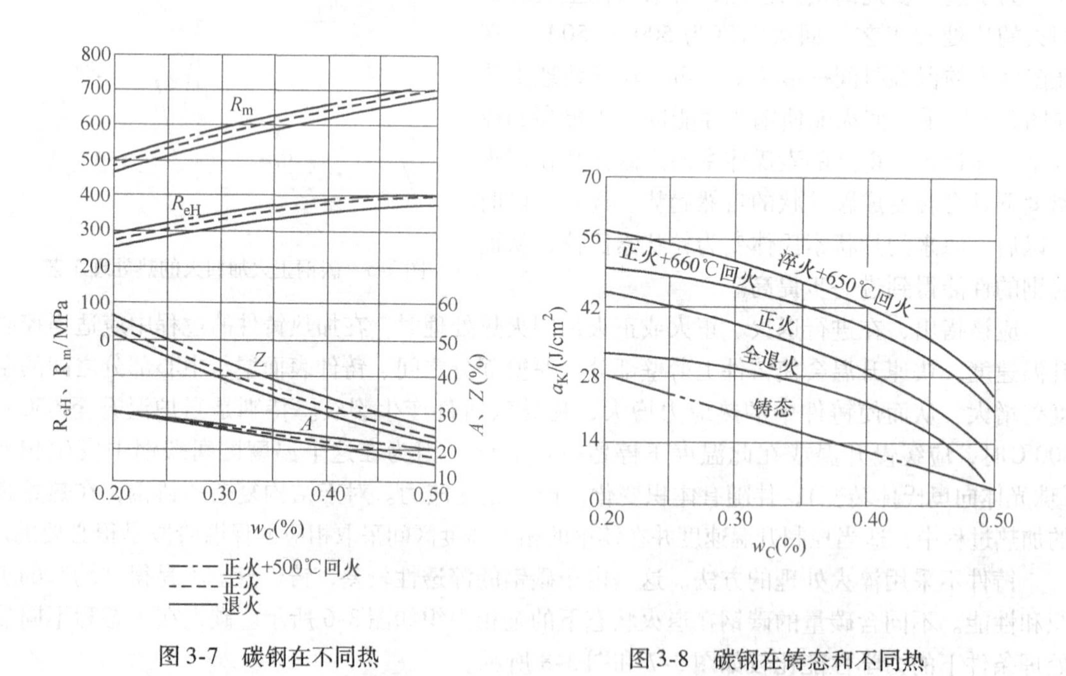

图 3-7 碳钢在不同热处理条件下的强度和塑性

图 3-8 碳钢在铸态和不同热处理条件下的冲击韧度

（1）碳 碳钢的铸态组织主要取决于含碳量。含碳量增加，组织中铁素体含量减少而珠光体含量增加；含碳量增加，钢的强度和硬度随之增加，而塑性和韧性则随之降低。含碳量对碳钢力学性能的影响如图 3-9 所示。

(2) 硅 铸造碳钢中，$w_{Si}=0.2\%\sim0.45\%$，这个含量范围对组织影响不大。要求硅有一定的含量是为了保证钢的脱氧，因此硅在钢中是有益的元素。

(3) 锰 铸造碳钢中，$w_{Mn}=0.5\%\sim0.8\%$，对组织影响不大。当 $w_{Mn}>0.8\%$ 时，钢中的锰能少量溶于铁素体中，起固溶强化的作用，这时已属于低合金钢。锰在铸造碳钢中的作用有以下两个方面。

1）锰具有脱氧作用，能减少钢中的含氧量。钢中的氧是有害杂质，能降低钢的力学性能。钢中的锰和氧发生下列反应

$$FeO + Mn = MnO + Fe$$

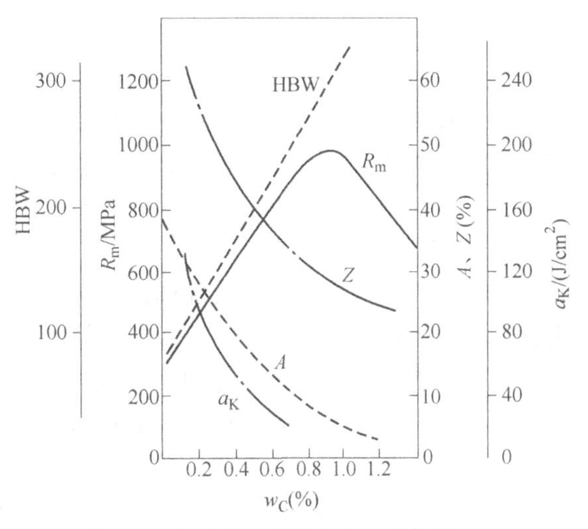

图 3-9 含碳量对碳钢力学性能的影响

生成的 MnO 在钢中溶解度极小，可以浮至炉渣中。

2）减少硫的有害作用。钢中的锰和硫作用生成硫化锰，即

$$FeS + Mn = MnS + Fe$$

MnS 又容易与 FeS 结合生成硫化物 $m(MnS)\cdot n(FeS)$，它不溶于钢液，密度又小，所以容易从钢液浮至炉渣中。这样就可以减少硫的有害作用。因为 MnS 是高熔点化合物（1610℃），即使 MnS 保留在钢液中，它的有害作用也要比 FeS 小得多。

(4) 硫 硫是由生铁及燃料带入钢中的杂质，是钢中的一种有害元素，在钢中要严格限制硫的含量，通常要求硫含量（质量分数）小于 0.050%。

在固态下，硫在钢中的溶解度极小，主要以 FeS 形态存在于钢中。由于 FeS 的塑性差，使含硫较多的钢脆性较大。更严重的是，FeS 与 Fe 可形成低熔点（985℃）的（FeS + Fe）共晶体，分布在晶界上。当钢加热到约 1000～1200℃进行热压力加工时，由于共晶体的过早熔化而导致工件开裂，这种现象称为热脆。此外，硫还对钢的焊接性有不良影响，即容易导致焊缝热裂；同时在焊接过程中，硫易于氧化，生成 SO_2 气体，以致焊缝中产生气孔和疏松。

(5) 磷 磷是由生铁带入钢中的，在一般情况下，钢中的磷能全部溶于铁素体中。

磷虽有强烈的固溶强化作用，使钢的强度、硬度增加，但钢塑性、韧性则显著降低。这种脆化现象在低温时更为严重，故称为冷脆。冷脆对在高寒地带和其他低温条件下工作的结构件具有严重的危害性。磷在结晶过程中，由于容易产生晶内偏析，使局部区域含磷量偏高，导致冷脆转变温度升高，易发生冷脆。此外，磷的偏析还使钢材在热轧后形成带状组织。因此，通常情况下，磷也是有害的杂质，在钢中也要严格控制磷的含量，通常要求钢中含磷量（质量分数）小于 0.045%。

五、炼钢用原材料

炼钢用原材料可分为金属材料、造渣材料、氧化剂和增碳材料等。

1. 金属材料

炼钢用的金属材料主要有废钢、生铁、原料纯铁、铁合金及纯金属。

（1）废钢 废钢是电炉炼钢最主要的金属料，其用量约占金属料的70%～90%（质量分数）。按来源不同，废钢分为返回废钢、拆旧废钢、加工工业的边角余料及垃圾废钢等。返回废钢属于优质炉料，它是在炼钢、轧钢与锻压或精整过程中产生的，如炼钢车间的短尺、废锭、浇道、注余和轧钢或锻压车间的切头、切尾及其他形式的废品等。返回废钢的加工准备工作量小，并均按元素及其含量的多少分类分组保管，因此可随时随地回炉使用。

废钢入炉前应仔细检查与挑选，严禁混入封闭器皿、爆炸物和毒品。各种废旧武器及枪炮弹等必须拆除信管、导火索及未爆炸的弹药等，防止在熔化过程中发生爆炸。

废钢中严防混入钢种成分限制的元素和Cu、Pb、Zn、Sn等非铁金属材料。Zn的熔点低，极易挥发，氧化产物氧化锌侵蚀炉盖耐火材料，尤其是对硅砖炉盖的危害更大；Pb的熔点更低，且密度大、易挥发，很难溶于钢中，因此如果炉料混有Pb时，不仅能毒化污染空气，也极易毁坏炉底；Cu和Sn使钢产生热脆。

废钢应清洁干燥、少锈，应尽量避免带入泥土、沙石、油污、耐火材料和炉渣等杂质，否则不能准确地确定金属液的重量，而于冶炼过程中因钢液重量不准而影响化学成分的准确控制。浇注时，因钢液重量不足，容易造成短尺废品；电炉炼钢用不氧化冶炼时，易增加合金元素的烧损。此外，铁锈还能使钢中的氢含量增加。某些重要的特殊废钢，还要经过酸洗，以便去除氧化皮及表面杂质。

废钢应有合适的外形尺寸和单重。轻薄料经分选去杂后采用打包、压块，对切屑采用装桶或冷、热压块的办法使之密实。如果利用切屑获得高质量的炉料，也可先将切屑熔化成料锭（但该法成本较高，在生产中并不常用），以便一次装入炉内，缩短装料时间；重型废钢应预先进行切割、冷剪、落锤、爆破解体、解体和切割，以保证顺利装料，既不撞伤炉体又有利于加速废钢熔化。

（2）生铁 生铁在电炉炼钢中一般被用来提高炉料或钢中的碳含量，并可解决废钢或重料来源不足的困难。严格说来，电炉炼钢用的生铁应分为配料生铁及增碳生铁两种。由于生铁中含碳及杂质较高，故电炉钢炉料中的生铁配比不能过高，通常质量分数为10%～25%，最高不超过30%。如果配比再高，将会引起全熔碳过高，而延长冶炼时间，不仅增加电耗，也降低炉衬的使用寿命。

电炉炼钢对生铁的质量要求较高，一般S、P含量要低，Mn的质量分数不能高于2.5%，Si的质量分数不能高于1.2%。

（3）原料纯铁 原料纯铁中的C、P及其他杂质的含量非常低，从某种意义上讲，它是一种特殊钢，因此又称为软钢。原料纯铁的冶炼比较困难，成本较高。原料纯铁的熔点高、不易熔化，所以使用时不仅要求成分准确、表面清洁，而且块度要小。

（4）铁合金及纯金属 在炉中加入纯金属和铁合金主要是为了使钢液脱氧，调整钢液化学成分。常用的铁合金有硅铁、锰铁、钒铁、铬铁、钼铁、钨铁、硼铁、钛铁、硅钙合金等；常用的纯金属有铝、铜、镍、钴等。

2. 造渣材料

在炼钢过程中，碱性造渣材料主要有石灰、石灰石、萤石等，酸性造渣材料主要有石英砂和粘土砖块，还原造渣材料主要有电石块、电石粉和碳化硅粉。

（1）石灰石 石灰石的主要成分是$CaCO_3$，加入炉中后，在高温下分解成CaO和CO_2

气体，同时吸收大量的热，从而能降低熔池的温度，增加电耗并推迟炉渣的形成，分解所产生的CO_2气体，对钢液的脱氧不利，在还原期不宜使用，因此在一般电弧炉的冶炼过程中已不采用。一般只在装料时加入质量分数为1%～1.5%的石灰石，石灰石分解产生的CO_2气体造成熔池沸腾，搅动钢液和炉渣，以去除气体和夹杂物，使钢液温度均匀，也可以早期进行去磷；电炉上所用石灰石中的$CaCO_3$的质量分数应不小于97%，硫的质量分数不能高于0.10%，烘烤后使用。

（2）石灰　石灰是炼钢主要的造渣材料，主要成分为CaO。它由石灰石煅烧而成。其来源广、价廉、有相当强的脱磷和脱硫能力，不危害炉衬。加入石灰的目的是为了去除硫、磷，在石灰中CaO含量越高越好，其他杂质（SiO_2、MgO、S）含量应越低越好。其化学成分及块度要求见表3-3。

（3）萤石　萤石是由萤石矿直接开采而得的，主要成分为CaF_2，其熔点很低（约930℃）。它能使CaO和阻碍石灰溶解的2CaO·SiO_2外壳的熔点显著降低，而且作用迅速，是改善碱性炉渣流动性且又不降低碱度的稀释剂，所以又称助熔造渣剂。在造渣初期加入萤石可协助化渣，但这种助熔化渣作用随着氟的挥发而逐渐消失。萤石还能增强渣钢间的界面反应能力，这对脱磷、脱硫十分有利。大量使用萤石会增加转炉喷溅，加剧对炉衬的侵蚀。

表3-3　石灰的化学成分及块度要求

名称	化学成分（质量分数,%）							块度/mm	备注
	CaO	SiO_2	MgO	$Fe_2O_3+Al_2O_3$	S	C	H_2O		
	不小于	不大于							
一级石灰	90	2	1.5	3	0.08	2	0.5	20～60	<20mm及粉末的总和不超过总量的5%
二级石灰	85	4	2.0	4	0.10	3	1.0	20～80	

（4）粘土砖块　粘土砖块是浇注系统管道砖和中注管道砖的废弃品，其作用是改善炉渣的流动性。这种材料中SiO_2的质量分数为60%，Al_2O_3的质量分数为35%，是一种酸性造渣材料。

（5）石英砂　有些工厂在碱性炉内使用少量石英砂来调整还原期中炉渣的流动性。石英砂是酸性炉的主要造渣材料，SiO_2的质量分数为95%～96%。

3. 氧化剂

电弧炉冶炼过程中，为了搅动熔池和去除钢中的气体以及磷等有害杂质，较多的还是用氧化剂的氧化作用完成。炼钢用的氧化剂主要有氧气、铁矿石、氧化皮等。

（1）氧气　炼钢过程中，一切元素的氧化都是直接或间接与氧作用的结果，氧气已成为各种炼钢方法中氧的主要来源。转炉吹氧使吹炼时间大大缩短，生产率提高；电炉熔化期使用氧气能加速炉料的熔化；电炉钢返吹法冶炼利用氧气能够回收返回废钢中的贵重合金元素；用氧代替铁矿石作氧化剂，由于氧气泡在钢液中的流动，对排除钢中气体和非金属夹杂物特别有利；用氧作氧化剂能使熔池温度迅速提高，缩短各种杂质的氧化时间，这对改善炼钢的各项技术经济指标有利。

吹氧炼钢时成品钢中的氮含量与氧气纯度有关，氧气纯度低时，会显著增加钢中的含氮量，使钢的质量下降。因此，对氧气的主要要求是：氧气纯度应达到或超过99.5%，数量充足，氧压稳定且安全可靠。

（2）铁矿石　铁矿石中铁的氧化物存在形式是Fe_2O_3、Fe_3O_4和FeO，其含氧量（质量分数）分别为30.06%、27.64%和22.28%。在炼钢温度下，Fe_3O_4和FeO是稳定的，而Fe_2O_3不稳定。铁矿石是电炉炼钢的主要氧化剂，它能创造高氧化性的炉渣，从而有利于脱磷。另外，铁矿石在熔化、分解过程中要吸热，进而引起熔池内温度的降低，起冷却剂的作用，但在氧化过程中，它却有利于各种放热反应的顺利进行，分解出来的铁可以增加金属收得率。

对铁矿石的要求是含铁量要高、密度要大、杂质要少。铁矿石中的杂质是指S、P、Cu和SiO_2，它们影响钢中杂质的去除及钢的热加工性能。如SiO_2会降低碱度，改变炉渣的组成，这对脱磷及提高炉衬的使用寿命不利。因此，作为氧化剂的铁矿石，对成分应有严格的要求。有关天然富铁矿的化学成分及块度要求见表3-4。

表3-4　天然富铁矿的化学成分及块度要求

名　称	化学成分（质量分数,%）						块度/mm
	Fe	SiO_2	P	S	Cu	H_2O	
	不小于	不大于					
天然富铁矿	55	8	0.10	0.10	0.20	0.50	30～80

铁矿石应在800℃以上的高温下烘烤4h后使用。这样不仅能够去除矿石表面的吸附水分和内部的结晶水，进而提高铁矿石中含铁量的品位，同时也有助于防止钢液中含氢量的增加，且又不过多降低熔池温度。

（3）氧化皮　氧化皮又称铁鳞，是钢锭（坯）加热和轧制中产生的。其特点是含铁量高、杂质少，密度小、不易下沉。主要利用它来调整炉渣的化学成分、提高炉渣的FeO含量、降低炉渣的熔点、改善炉渣的流动性。在炉渣碱度合适的情况下，采用氧化皮能提高去磷效果。另外，氧化皮还有冷却作用。

炼钢要求氧化皮不含油污和水分，使用前需在大于500℃的温度下烘烤4h，保持干燥。

4. 增碳材料

常用的增碳材料有低碳低磷生铁、冶金焦炭、灰粉和粉碎的石墨电极等，要求使用前必须烘干（烘干温度为60～100℃，干燥时间大于8h）。

【任务实施】

一、ZG230-450熔炼的炉料化学成分确定与配比

正确地确定炉料的化学成分及配比，可以保证顺利进行冶炼操作，准确地控制钢液的质量，有效地减少合金及其原料消耗。

1. 炉料化学成分的确定

配料过程中，炉料化学成分的确定主要考虑钢种规格要求、质量要求及冶炼方法等。

（1）碳 炉料中碳的确定主要考虑钢种规格要求，熔化期碳的烧损及氧化期的脱碳量，还应考虑还原期补加合金和造渣制度对钢液的增碳。为了去除钢液中的气体和夹杂物，炉料熔清后，氧化法要求脱碳量在 $w_C=0.30\%$ 以上，返回法脱碳量在 $w_C=0.15\%$ 以上。因此，氧化法和返回法炼钢的炉料中含碳量应高于钢液的规格含量。

（2）硅 在一般情况下，氧化法炼钢中的硅主要由生铁和废钢带入，熔清后的硅不应该大于 $w_{Si}=0.30\%$，以免延缓熔池的沸腾时间。但在返回法冶炼时，为了提高合金元素的收得率，根据工艺要求可配入高硅废钢或硅铁，但也不宜超过 $w_{Si}=1.00\%$。

（3）锰 用氧化法冶炼的钢种，如锰的规格含量较高，配料时一般不予考虑；如锰的规格含量较低，配料时应严格控制，尽量避免炼钢工进行脱锰操作。对于一些用途重要的钢种，为了钢中的夹杂物充分上浮，熔清后钢液中的锰含量不应低于 $w_{Mn}=0.20\%$，但也不宜过高，以免影响熔池沸腾及脱磷。由于氧化法或返回法冶炼脱锰操作困难，因此配锰量不得超过钢种规格的中限。高速钢中锰影响钢的晶粒度，配入量应越低越好。

（4）磷、硫 除磷、硫钢外，一般钢中的磷、硫含量均是越低越好。但顾及钢铁的实际情况，在配料过程中，磷、硫含量的确定小于工艺规程要求所允许的值即可。

（5）铬 用氧化法冶炼的钢种，含铬量应尽可能低。若冶炼高铬钢时，氧化法配铬量按出钢量的中下限，返回法则低于下限。

（6）镍、钼 钢中镍、钼含量较高时，镍、钼含量按钢种的中下限配入，并同炉料一起装炉。冶炼无镍钢时，钢铁料中的镍含量应低于该钢种规定的剩余成分。高速钢中的镍对硬度有害无利，因此要求越低越好。

（7）铜 在钢的冶炼过程中，铜无法去除，且钢中的铜在氧化气氛中加热时存在着选择性的氧化，影响钢的质量。因此一般钢中的含铜量应越低越好，而在铜钢中的铜多随用随加。

（8）铝、钛 在电弧炉冶炼中，除镍基合金外，铝、钛元素的烧损均较大，因此无论采用何种方法冶炼，一般都不人为配入。

2. 炉料的配比比例

在炉料供应正常的情况下，按照对熔炼过程的影响，几种炉料允许使用的配比见表3-5。

表3-5 几种炉料允许使用的配比

种　类	说　明	使用配比（质量分数）
废钢	包括轧钢切头、锻造料头、厚钢板边角料	全部
浇冒口及废铸件	常带有粘砂	35%～50%
钢屑	包括切屑、薄钢板及碎料	15%～30%
生铁	Z22铸造生铁或L08、L10炼钢生铁	<15%

二、ZG230-450氧化法熔炼工艺

1. 补炉

一般情况下，在每炼完一炉钢以后，装入下一炉的炉料以前，照例要进行补炉。其目的是修补炉底和炉壁被侵蚀和被碰坏的部位。对采用卤水镁砂打结的炉衬，其损坏处也采用以

卤水作粘结剂的镁砂来修补。补炉操作的要点是：炉温高、操作快、补层薄。这样做有利于补层的烧结。

2. 配料和装料

为了炼好钢，需要事先配好炉料。电弧炉炼钢所用的炉料应主要由碳素废钢和废碳钢铸件所组成，也可适当搭配一部分炼钢生铁。配料的基本要求是要使炉料有适宜的平均含碳量。此含碳量应是所炼钢种的规格含碳量加上为了在氧化期中精炼钢液所需要的氧化脱碳量。氧化脱碳量的数值一般为 w_C：0.3%～0.4%。当炉料主要是由比较洁净的废钢料组成时，氧化脱碳量取下限。而当炉料锈蚀比较严重，或含有较多的薄钢皮和钢屑，以及生铁占比例较大时，氧化脱碳量取上限。将配好的炉料装在开底式的料斗中备用。

补炉完毕后，往炉中装料以前先在炉底上铺一层石灰，其质量约为炉料质量的1%，其作用是在炉料熔化的过程中造渣脱磷，此外在加料时能减少炉料对炉底的冲击作用，保护炉底，然后再将炉料加入炉中。

3. 熔化期

（1）通电熔化　用允许的最大功率供电。

（2）助熔　推料助熔。熔化后期，加入适量渣料（石灰等）及矿石，炉料熔化60%～80%（质量分数）时，吹氧助熔。熔化末期换用较低电压供电。

（3）取样　待炉料全熔清后，充分搅拌钢液，取钢样分析其C、P、S含量（w_C = 0.40%～0.80%，w_P≤0.08%，w_S≤0.10%），符合要求后可进入氧化期。

4. 氧化期

（1）扒渣、脱磷　带电放出大部分熔化期炉渣，加入渣料，造氧化渣脱磷，保持渣量（质量分数）在3%左右。

（2）氧化脱碳　当钢液温度在1560℃以上时，分批加入矿石（质量分数）1%～1.5%脱碳；吹氧脱碳，吹氧压力为0.6～0.8MPa，耗氧量6～9m^3/t；也可采用矿石吹氧联合脱碳，当矿石加完后即可进行吹氧操作。

（3）估碳取样　估计钢液中碳量为 w_C = 0.20%～0.22%时，停止加矿石和吹氧，充分搅拌钢液，取样分析C、P含量（w_C = 0.20%～0.22%，w_P≤0.02%），符合要求可进入还原期。

5. 还原期

（1）扒渣、预脱氧　当钢液温度达到1560℃以上时，必须将氧化渣快速扒净（先带电，后停电），加入全部锰铁（按规定下限 w_{Mn} = 0.65%），并加入2%～3%（质量分数）渣料（石灰18kg/t，萤石3 kg/t，粘土砖块3kg/t），造稀薄渣。

（2）还原　稀薄渣形成后，加入还原渣料（石灰 w_{CaO} = 0.70%，萤石 w_{CaF_2} = 0.20%，炭粉 w_C = 10%），恢复通电进行还原，钢液在良好的还原渣下保持时间一般不少于20min。

（3）取样 充分搅拌钢液，取样分析C、Si、Mn、P、S含量，并取渣样分析。

（4）调整成分 根据钢样的分析结果，调整钢液化学成分（含硅量须于出钢前10min内调整），钢液成分应调整到 w_C = 0.22%～0.28%，w_{Si} = 0.25%～0.45%，w_{Mn} = 0.60%～0.90%，w_P < 0.03%，w_S < 0.03%。

（5）测温　测量钢液温度，要求出炉温度为1610～1630℃，并作圆杯试样，检查钢液脱氧情况。

6. 出钢

1）钢液温度符合要求，圆杯试样收缩良好。停电，升高电极，插铝1.2kg/t（其中2/3插入炉内，1/3在出钢前加入钢包内）进行终脱氧。要求大口出钢，钢渣混出。

2）钢液在盛钢桶中静置5min以上方可浇注。

【拓展与提高】

碳钢的铸造性能

与铸铁相比，碳钢的铸造性能是较差的。由于碳钢的熔点较高，结晶温度间隔较宽，收缩量较大，故钢液的流动性较低，缩孔及缩松倾向较大，铸件容易形成热裂和冷裂等缺陷。

在铸造碳钢的化学成分中，以碳对钢的熔点、结晶温度间隔以及收缩率等方面影响为最大，故对钢的铸造性能起重要的作用。铸钢的每项铸造性能指标都与钢的含碳量有关，锰、硅、硫和磷含量也对铸造性能有或大或小的影响，但每种元素的影响，则往往是表现在某一两项铸造性能方面。

1. 流动性

在充填铸型的过程中，钢液的流动从浇注入铸型开始，到凝固过程初期，析出一部分固相为止。实际上，只要有约20%的钢液凝成固相时，钢液即完全停止流动了。钢液的流动性主要受浇注温度、钢液含碳量以及钢液净化程度的影响。

（1）钢液浇注温度的影响　钢液的流动性在很大程度上受过热温度的影响。对于一定化学成分的钢液，其液相线的温度是一定的。液相线的温度提高时，过热温度增加，因而钢液的流动性提高。

（2）钢液含碳量的影响　不同含碳量的钢，其结晶温度间隔大小以及树状晶的发达程度不同，因而对穿过晶枝间流动的钢液产生不同的阻力，从而影响到钢液的流动性。钢液的含碳量、钢液浇注温度以及钢液流动性之间的对应关系如图3-10所示。

（3）钢液中气体和夹杂物的影响　悬浮在钢液中的气体和夹杂物使钢液变得粘稠，降低其流动性。在电弧炉炼钢中通过氧化脱碳的方法，以清除钢液中的气体和夹杂物，净化钢液，这对于提高钢液的流动性有显著效果。

2. 体积收缩率与缩孔率

体积收缩率主要与钢的含碳量有关。碳元素能增大钢的体积收缩率，如含碳量（质量分数）为0.10%、0.40%、0.70%和1.00%的4种钢的体积收缩率分别为10.5%、11.3%、12.1%和14.1%。

铸钢件的缩孔率与含碳量及钢液浇注温度有关，其中浇注温度的影响较大。如含碳量（质量分数）为0.25%的碳钢在1500℃、1550℃、1650℃和1750℃浇注温度条件下的缩孔率分别为6.3%、7.4%、9.5%和11.6%。铸钢件中的缩孔包括集中缩孔和分散缩孔（缩松）。形成这两种形式缩孔的倾向与含碳量有关，它们之间的关系如图3-11所示。

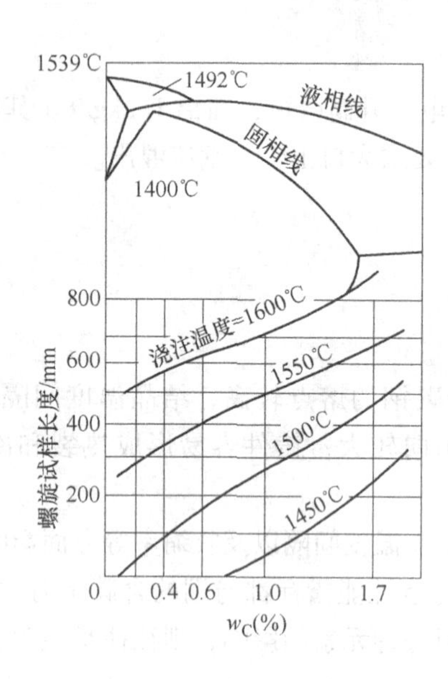

图 3-10　钢液的含碳量、钢液浇注温度以及钢液流动性之间的对应关系

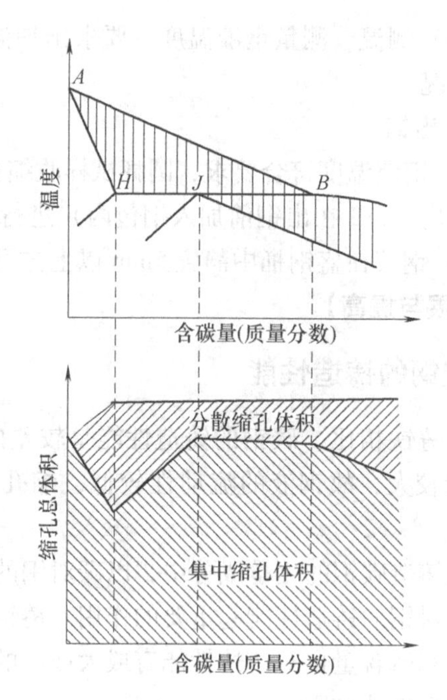

图 3-11　碳钢形成两种形式缩孔的倾向与含碳量（质量分数）的关系

3. 线收缩率

共析碳钢的自由线收缩率曲线的一般形式如图 3-12 所示，整个收缩过程分为三个阶段：共析转变前收缩（曲线上 *OA* 段），共析转变过程中膨胀（曲线上 *AB* 段）及共析转变后收缩（曲线上 *BC* 段）。共析碳钢的自由线收缩率值约为 2.16%，而含碳量（质量分数）为 0.55%、0.45%、0.35%、0.14% 和 0.08% 的碳钢的自由线收缩率值分别为 2.31%、2.35%、2.40%、2.46% 和 2.47%。在生产中，铸件的收缩总是不同程度地受到铸型或型芯的阻碍，因而铸件的实际线收缩率总是比自由线收缩率要小些。

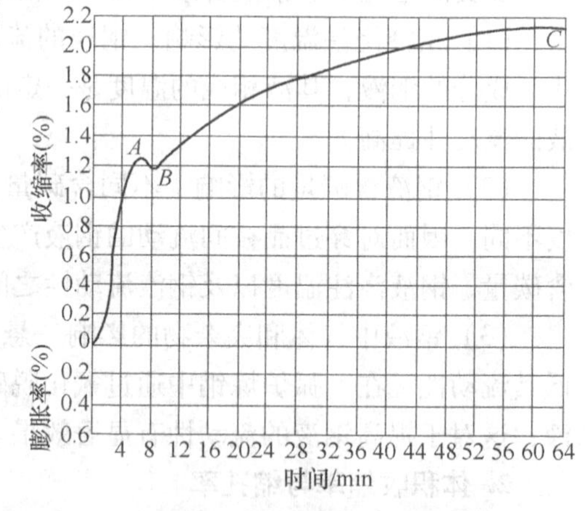

图 3-12　共析碳钢的自由线收缩率曲线

4. 热裂倾向

热裂是铸钢件常见的缺陷之一。热裂是在钢的固相线附近的温度下形成的，故热裂纹内部金属表面在高温下被空气中的氧所氧化，呈氧化铁的黑褐色。又由于热裂总是沿晶界裂开的，故在外观上总是呈弯弯曲曲的形状。在评断钢形成热裂的倾向时，常以钢在形成热裂前的一瞬间能承受的最大拉应力（称为热裂抗力）作为衡量的尺度。热裂抗力大表明钢不容易形成热裂，即热裂倾向小。影响钢形成热裂的几项主要因素如下：

（1）含碳量　钢的含碳量对热裂的影响较大，如图 3-13 所示。含碳量很低的钢比高碳钢容易形成热裂，而含碳量为 0.20% 左右的钢比较不易形成热裂。

（2）含硫量　硫元素促使钢形成热裂。由于硫化物在钢凝固过程终了时才凝固在钢的

晶粒周界位置，显著降低钢的高温强度，故促使热裂形成。生产经验表明，硫促使形成热裂的作用是很显著的。

（3）含锰量　锰在一定程度上能抵消硫的有害作用，有助于防止热裂的形成。钢中锰对热裂的影响可从图3-13中看出。

（4）含氧量　钢液中的氧以FeO形式存在，在钢液凝固时析出在晶界上，降低钢的高温强度，促使热裂形成。因此在炼钢时，应进行彻底的脱氧。

除了上述有关铸钢材料本身的因素以外，还有一些工艺因素，如铸件结构，砂型（芯）的溃散性等也都对热裂的形成有一定的影响。

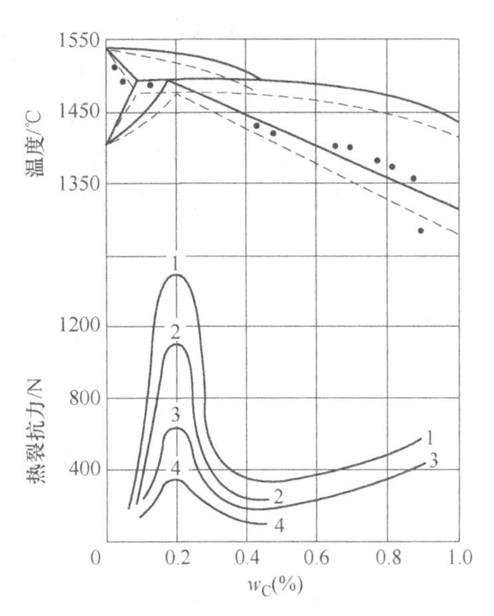

图3-13　含碳量、含锰量及浇注温度对钢的热裂抗力的影响

曲线1—w_{Mn}=0.8%，浇注温度1550℃

曲线2—w_{Mn}=0.4%，浇注温度1550℃

曲线3—w_{Mn}=0.8%，浇注温度1650℃

曲线4—w_{Mn}=0.4%，浇注温度1650℃

·—表示形成热裂时的温度

5. 冷裂倾向

冷裂是当铸件完全凝固以后，冷却至塑性-弹性转变温度（约700℃）以下时形成的。当铸件中的内应力超过钢的强度时，即会形成冷裂。冷裂纹的内部表面无氧化的颜色，比较光亮，裂纹呈直而光滑的形状。影响铸钢件冷裂的主要因素如下：

（1）含碳量　低碳钢的塑性较好，不易形成冷裂。

（2）含硫量　含硫量高时，钢的组织中硫化物数量多，使钢的强度和塑性同时降低，故增大冷裂倾向。

（3）含磷量　钢中的磷化物降低钢的强度，增大钢的冷裂倾向。磷在促使铸件形成冷裂方面的影响比硫更为显著。

（4）含氧量　钢中氧化铁夹杂物降低钢的强度和塑性，因而增大钢的冷裂倾向。

除了上述有关铸钢材料本身的因素以外，还有一些有关铸件结构及工艺方面的因素，如开箱时间、切割冒口以及型芯的溃散性等，也对铸钢件的冷裂有影响。

6. 钢液中的气体

钢液中的气体主要是氢、氮和氧。它们之中危害最大的是氢。钢液中气体的来源和造成的危害如下：

（1）氢　在炼钢的过程中，空气中的水蒸气在电弧的作用下离解为氢原子和氧原子，它们能溶解于钢液中。覆盖在钢液上面的炉渣层能起到一定的屏蔽气体的作用，但仍会有部分氢原子以扩散方式穿过炉渣层进入钢液。当炉渣稀薄或熔池剧烈翻腾，以至于炉渣层不能有效地遮蔽钢液表面时，钢液吸氢的程度尤为严重。

氢在钢液中的溶解度随温度而有很大的变化。在钢处于液态时，能溶解大量的氢。随着钢液温度降低，溶解度逐渐减小，而在钢液的凝固过程中，氢的溶解度有大幅度的降低。因此在钢液的凝固过程中，氢有大量析出的倾向。其析出过程首先是原子氢变为分子氢，即2[H]→H_2，然后H_2从钢液中脱离出来。钢液中的氢依照凝固条件不同而采取两种方式：在凝固较慢的条件下，氢即以上述方式析出而在铸钢件中形成气孔，这种氢气孔往往在铸钢件表皮下存在，呈众多的小气孔；而在钢液的快速凝固条件下，钢液中的原子氢来不及转变为分子氢，即以极微细的质点在铁的晶格内部析出，从而在晶格内部形成很高的应力状态，从而显著降低钢的塑性和韧性，严重时会造成“氢脆”。

（2）氮　在炼钢过程中，空气中的氮气在电弧的作用下被离解成氮原子：$N_2 \rightarrow 2[N]$，氮原子溶解于钢液中。氮在钢液中的溶解度也是随温度的下降而降低的。如果在炼钢过程中吸收的氮多，而又不能采取措施将其排除，则在钢液凝固过程中，氮气将析出。氮的一个特点是与某些元素（如硅、锆、铝等）有较强的化学亲和力，易于生成固态的氮化物（Si_3N_4、ZrN 和 AlN 等）。少量氮化物在钢液凝固过程中能起到非均质结晶核心的作用，具有细化晶粒、提高钢的力学性能的作用。但当钢中氮化物多时，又会使钢的塑性和韧性降低。含氮量对碳钢力学性能的影响如图 3-14 所示。为了避免氮对钢性能的不利作用，应尽量控制钢的含氮量（质量分数）在 0.020 %（200ppm）以下。

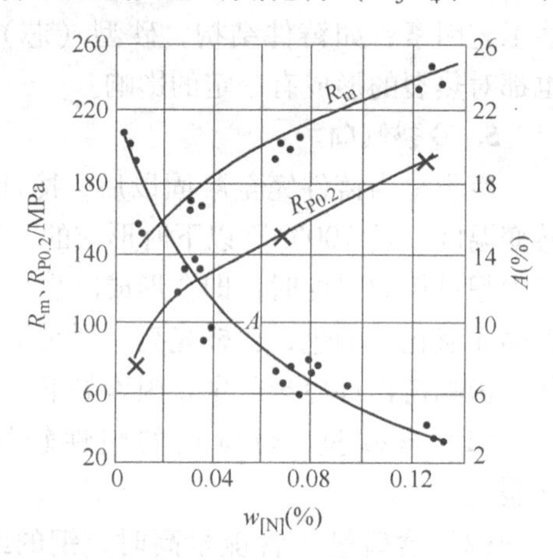

图 3-14　含氮量对碳钢力学性能的影响

（3）氧　氧在钢液中存在的形态与氢、氮不同，它不是以原子形态存在，而是以 FeO 分子的形态存在。如果钢液中溶解有较多的 FeO，则在钢的凝固过程中会产生气孔。这种气孔是由于钢液中的碳与氧化亚铁发生反应生成一氧化碳气体造成的。在钢液中，含碳量与含氧化亚铁量之间存在着一定的平衡关系。平衡状态是随着温度的变化而变化的。这种平衡关系可用下式表示，即

$$w_{[C]}w_{[O]} = m$$

式中　$w_{[C]}$——钢液含碳量（质量分数,%）；

$w_{[O]}$——钢液含氧量（质量分数,%），其值是由氧化亚铁含量（质量分数）折合而成的；

m——温度的函数。当温度一定时，m 是常数。当温度降低时，m 值随之减小。

如果在炼钢的高温下，钢液中存在有较多的氧化亚铁，以至于达到平衡或接近平衡，则当钢液浇入铸型内时，在温度降低的条件下，原来钢液中的含碳量和含氧量超过了平衡值，因而就会发生 $FeO + C \rightarrow Fe + CO$ 的反应。反应结果生成一氧化碳气泡，从而在铸件中造成气孔。

钢中的氧除了能造成气孔以外，还能使钢的力学性能降低。由于氧化亚铁在钢液中的溶解度很大，而在固态的钢中的溶解度极小，所以当钢液中含有较多的氧化亚铁时，则在钢液的凝固过程中，氧化亚铁便由于过饱和而析出。由于氧化亚铁的熔点比钢低，所以它经常析出在钢的晶粒界处，减弱晶粒之间的联结，使钢的力学性能降低，特别是钢的塑性和韧性会有比较明显的削弱。

7. 铸钢中的非金属夹杂物

铸钢中的非金属夹杂物有的是在炼钢过程中产生的，有的是在浇注过程中钢液二次氧化或钢液冲蚀铸型而形成的。在钢液凝固后，非金属夹杂物存在于钢中，起到割裂金属基体的作用，从而使钢的力学性能，特别是韧性降低。

非金属夹杂物对钢的危害程度依其数量、形态及分布特征所决定。在有关钢中夹杂物的评级标准中，将夹杂物按其组成和形态特征划分为4类：硫化物类（呈条状沿晶界分布）、氧化铝类（呈链状沿晶界分布）、球状氧化物（孤立状态分布）、硅酸盐类（呈圆形或多角形以孤立状态分布）。这几类非金属夹杂物的形态如图3-15所示。从形态和分布方面来看，沿晶界分布的硫化物和氧化铝夹杂物比以孤立状态存在的硅酸盐夹杂物对钢的割裂作用更大，而对钢割裂作用最小的夹杂物是球状氧化物。

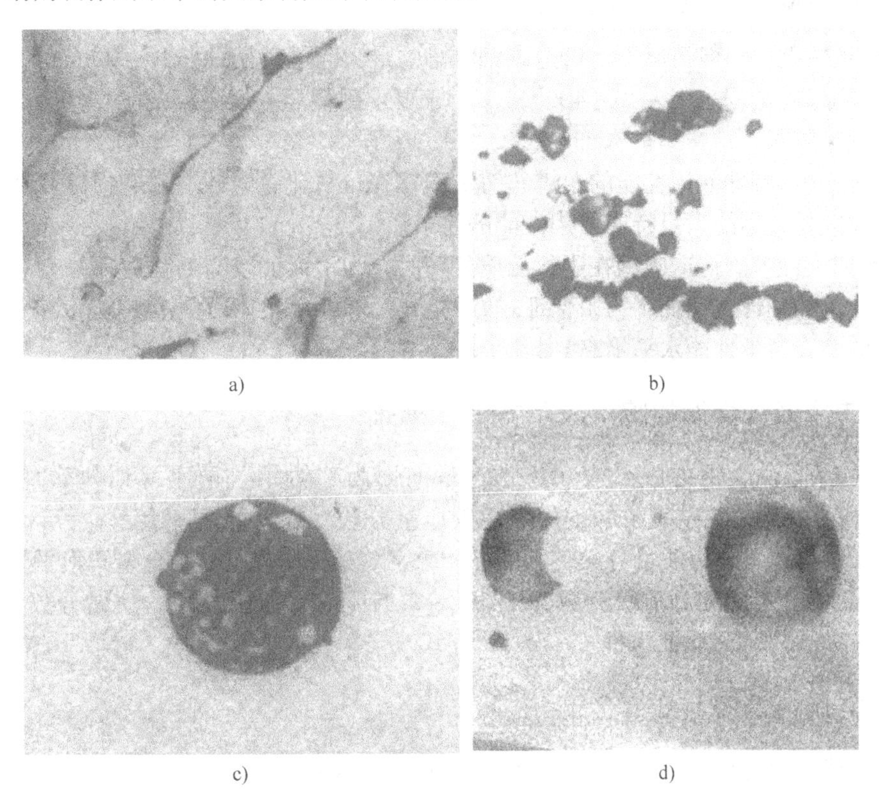

图3-15 钢中几种典型的非金属夹杂物的形态

a）FeS夹杂物 b）Al_2O_3夹杂物 c）球状氧化物 d）钙硅酸盐夹杂物

钢中非金属夹杂物数量多时会显著影响钢的力学性能，特别是使钢韧性降低，因此在炼钢过程中应采取措施，尽量将钢液中的非金属夹杂物清除出去。

任务二 铸造低合金钢的熔炼

【学习目标】

1）掌握铸造低合金钢的牌号表示方法、分类及热处理工艺。

2）掌握碳钢在性能上的不足。

3）掌握常用铬系铸造低合金钢。

4）掌握ZG20CrMo的熔炼过程。

【任务描述】

铸造低合金钢是在铸造碳钢的化学成分基础上加入为量不多的一种或几种合金元素所构

成的钢种，其合金元素的总含量（质量分数）不超过5%。按主要合金元素的种类不同，可分为锰系铸造低合金钢、铬系铸造低合金钢、镍系铸造低合金钢、低合金高强度铸钢（HSLA）、微量合金化铸钢等。ZG20CrMo属铬系铸造低合金钢，由于铬、钼的复合加入，使其具有许多碳钢所不具备的优点。

➢【相关知识】

一、铸造碳钢在性能上的不足

1）淬透性差。一般情况下，铸造碳钢水淬的最大淬透直径只有10～20mm。

2）使用温度范围小（－40～400℃）。对于要求耐低温、耐高温的工作场合，铸造碳钢往往不能满足要求。

3）不能满足特殊使用性能的要求。铸造碳钢在抗氧化、耐蚀、耐磨损以及特殊电磁性等方面往往较差，不能满足特殊使用性能的需求。

4）耐回火性差。铸造碳钢在进行调质处理时，为了保证较高的强度需采用较低的回火温度，这样钢的韧性就偏低；为了保证较好的韧性，采用高的回火温度时强度又偏低，所以铸造碳钢的综合力学性能水平不高。

二、铸造低合金钢的牌号表示方法

我国铸造低合金钢的牌号表示方法：最前面为“铸钢”两字汉语拼音的首位字母“ZG”，其后是用两位数字表示的钢的平均碳质量分数（以万分之一表示），后面是一系列的合金元素符号以及相应质量分数范围的标注数字。其标注规定是：合金元素平均质量分数小于1.5%时，不标数字，质量分数为1.5%～2.49%时，标注“2”，质量分数为2.5%～3.49%时，标注“3”，以此类推。

三、常用铬系铸造低合金钢

铬系铸造低合金钢系列中比较常用的钢号及有关数据见表3-6。

表3-6　常用铬系铸造低合金钢

<table>
<tr><th rowspan="2">钢　号</th><th colspan="5">化学成分（质量分数,%）</th><th rowspan="2">热　处　理</th><th colspan="4">力 学 性 能</th></tr>
<tr><th>C</th><th>Mn</th><th>Si</th><th>Cr</th><th>Mo</th><th>R_{eL} /MPa</th><th>R_m /MPa</th><th>A (%)</th><th>Z (%)</th></tr>
<tr><td rowspan="2">ZG40Cr</td><td rowspan="2">0.35～0.45</td><td rowspan="2">0.50～0.80</td><td rowspan="2">0.17～0.37</td><td rowspan="2">0.80～1.10</td><td rowspan="2">—</td><td>830～860℃正火
520～680℃回火</td><td>340</td><td>630</td><td>18</td><td>25</td></tr>
<tr><td>830～860℃正火
830～860℃淬火
520～580℃回火</td><td>470</td><td>685</td><td>15</td><td>20</td></tr>
<tr><td>ZG20CrMo</td><td>0.15～0.25</td><td>0.50～0.80</td><td>0.20～0.45</td><td>0.40～0.70</td><td>0.40～0.60</td><td>880～900℃正火
600～650℃回火</td><td>245</td><td>440</td><td>18</td><td>30</td></tr>
<tr><td rowspan="2">ZG35CrMo</td><td rowspan="2">0.30～0.40</td><td rowspan="2">0.50～0.80</td><td rowspan="2">0.25～0.45</td><td rowspan="2">0.80～1.10</td><td rowspan="2">0.20～0.36</td><td>900℃正火
500～600℃回火</td><td>390</td><td>590</td><td>12</td><td>20</td></tr>
<tr><td>850℃淬火
600℃回火</td><td>540</td><td>690</td><td>12</td><td>25</td></tr>
</table>

单元铬钢主要是ZG40Gr。铬使钢具有良好的淬透性，壁厚25～30mm的铸件可以采用油淬。铬在钢的回火过程中能抑制碳化物的析出，从而有利于采用调质（淬火+高温回火）方法进行热处理。此外，质量分数在2%以下的铬能完全固溶于铁素体中，提高其强度，而不降低其塑性，这也是铬作为合金元素的优点之一。ZG40Cr钢经过调质处理后具有良好的力学性能，特别是有较高的硬度，故常用于铸造齿轮毛坯等重要铸件。

单元铬钢的缺点是具有回火脆性。往铬钢中加入适量的钼，能减轻钢的回火脆性倾向，加钼能进一步提高钢的淬透性。此外，由于铬和钼都具有提高渗碳体热稳定性，防止在高温条件下珠光体发生分解的作用，而且钼能显著提高钢的再结晶温度，防止钢在高温下晶粒长大，因此铬钼钢具有良好的耐热性能。当向钢中加入适量的第三种合金元素钒时，能显著地细化晶粒，使钢的强度和韧性进一步提高，而且钒也具有防止钢在高温下晶粒长大的作用。因此铬钼钒钢适用于耐热零件，在高温（450～650℃）条件下应用。如ZG20CrMoV和ZG15Cr1Mo1V钢在汽轮机制造中用于制造高压缸和主气阀等重要铸件，在高温高压的过热蒸汽的作用下长期地工作。这种在高温下具有持久强度的钢属于热强钢。

➢【任务实施】

ZG20CrMo碱性电弧炉氧化法熔炼过程。

一、补炉

一般情况下，在每炼完一炉钢以后，装入下一炉的炉料以前，照例要进行补炉。其目的是修补炉底和炉壁被侵蚀和被碰坏的部位。对采用卤水镁砂打结的炉衬，其损坏处也采用以卤水作粘结剂的镁砂来修补。补炉操作的要点是：炉温高、操作快、补层薄，这样做有利于补层的烧结。

二、配料和装料

为了炼好钢，需要事先配好炉料。电弧炉炼钢所用的炉料应主要由碳素废钢和废碳钢铸件所组成，也可适当搭配一部分炼钢生铁。配料的基本要求是要使炉料有适宜的平均含碳量。此含碳量应是所炼钢种的规格含碳量加上为了在氧化期中精炼钢液所需要的氧化脱碳量。氧化脱碳量的数值一般为$w_C=0.3\%\sim0.4\%$。当炉料主要是由比较洁净的废钢料组成时，氧化脱碳量取下限；而当炉料锈蚀比较严重，或含有较多的薄钢皮和钢屑，以及生铁占比例较大时，氧化脱碳量取上限。将配好的炉料装在开底式的料斗中备用。

补炉完毕后，往炉中装料以前先在炉底上铺一层石灰，其质量约为炉料质量的1%，其作用是在炉料熔化的过程中造渣脱磷，在加料时还能减少炉料对炉底的冲击作用，保护炉底。然后再将炉料加入炉中。

三、熔化期

1）通电熔化。用允许的最大功率供电，熔化炉料。

2）助熔、加钼铁。推料助熔，熔化后期，加入适量渣料（石灰等）及矿石，炉料熔化60%～80%（质量分数）时，吹氧助熔。熔化末期加入钼铁，并用较低电压供电。

3）取样。待炉料全部熔清后，充分搅拌钢液，取钢样分析其C、P含量（要求$w_C\geq0.40\%$、$w_P\leq0.08\%$）。符合要求后可进入氧化期。

四、氧化期

1）扒渣、脱磷。带电放出大部分熔化期炉渣，加入渣料，造氧化渣脱磷，保持渣量（质量分数）在3%左右。

2）脱碳。当钢液温度在1560℃以上时，即可吹氧脱碳，吹氧压力为0.6~0.8MPa（或加矿石脱碳；也可吹氧矿石联合脱碳）。当大量火焰从炉口冒出时，停止供电，继续吹氧，耗氧量约为6~9m^3/t。

3）估碳取样。估计钢液中含碳量为$w_C=0.15\%$时，停止吹氧，充分搅拌钢液，取样分析C、P含量（$w_C=0.15\%$左右、$w_P\leqslant0.015\%$），符合要求可进入还原期。

五、还原期

1）预脱氧。扒除大部分炉渣，加入全部锰铁预脱氧，并加入渣料造稀薄渣。

2）稀薄渣形成后，加入预热的铬铁。

3）加入渣料，恢复供电，造白渣还原。

4）铬铁熔清，炉渣变白后，充分搅拌钢液，取样进行分析，并取渣样分析，要求$w_{FeO}\leqslant0.8\%$。

5）调整成分。根据钢样的分析结果，调整钢液化学成分（含硅量须于出钢前10min内调整），钢液成分应调整到$w_C=0.17\%\sim0.24\%$，$w_{Si}=0.17\%\sim0.31\%$，$w_{Mn}=0.50\%\sim0.80\%$，$w_P<0.03\%$，$w_S<0.03\%$，$w_{Cr}=0.8\%\sim1.1\%$，$w_{Mo}=0.15\%\sim0.25\%$。

6）测温。测量钢液温度，要求出炉温度为1610~1630℃，并作圆杯试样，检查钢液脱氧情况。

六、出钢

钢液温度符合要求，圆杯试样收缩良好，停电，升高电极，插铝0.8kg/t，要求大口出钢。

➢【拓展与提高】

一、铸造低合金钢的热处理

对于铸造碳钢件，热处理是为了细化晶粒、改善铸态组织和消除铸造应力。而对于低合金钢铸件，热处理不仅具有上述作用，而且还要发挥合金元素提高钢的淬透性的作用。因此低合金钢铸件的主要热处理方式是淬火+回火或正火+回火。低合金钢铸件的热处理工艺特点如下：

1. 预先退火热处理

由于低合金钢中合金元素偏析倾向大，加上钢的导热性能差，在铸件凝固和冷却过程中所产生的内应力比碳钢铸件更大，铸件更容易变形和开裂。因此应先进行消除应力和细化组织的退火处理，以后再进行铸件的粗加工和其后的淬火+回火或正火+回火处理。预先退火的加热温度见表3-7。对于一些大型铸件，由于钢的晶粒内部元素的偏析程度更大，故必要时还可采取均匀化退火。均匀化退火的加热温度高（1000℃以上），保温时间长（10h），不仅多消耗能源，而且还会使铸件表面氧化，并可能产生铸件变形，因此只有在特殊需要时，

才采用这种热处理方式。

表 3-7　铸造低合金钢的热处理温度

钢　　种	预先退火温度/℃	淬火或正火温度/℃	回火温度/℃
低 Mn 钢	850～950	870～930	600～680
低 Mn-Cr 钢	930～1000	870～930	600～680
Si-Mn 钢	850～1000	850～900	600～680
Mo 钢	900～1000	870～930	600～700
Cr-Mo 钢	870～1000	870～930	650～750

2. 淬火（或正火）温度及保温时间

在低合金钢中，由于多数合金元素有稳定渗碳体的作用，并且合金元素在奥氏体中的扩散速度比铁和碳都慢得多，故在低合金铸件加热至奥氏体相区时，渗碳体的溶解及奥氏体内部成分均匀化的过程比碳钢慢得多。为了加速这一过程，在低合金钢铸件淬火或正火时，可采取比碳钢铸件更高一些的加热温度（表 3-7），一般采用在 Ac_3 +（50～100℃）。

低合金铸件的保温时间与碳钢铸件相同，一般是按照铸件壁厚确定，每 25mm 增加 1h 保温时间。

3. 回火后的冷却速度

合金元素锰、铬和单独使用的钼，都会促使钢产生回火脆性。而当钼与锰或铬配合使用时，能抑制钢的回火脆性。但在任何情况下，低合金铸件在回火后均应采取快冷。即使是加钼的锰钢或铬钢，采取快速冷却也能改善其力学性能，特别是屈服强度和韧性。因此在铸件结构条件允许、不易产生变形和开裂的条件下，可采取水冷。

二、铸造低合金钢的铸造性能

由于铸造低合金钢是在铸造碳钢的化学成分基础上，加入为量不多的合金元素构成的，因此某些铸造低合金钢的铸造性能与相同含碳量的铸造碳钢是相近的。合金元素对于钢的各项铸造性能的影响主要表现在如下几个方面。

1. 流动性

合金元素对钢的流动性的影响表现在三个方面：对钢的液相线温度的影响，对钢液热导率的影响以及对形成夹杂物的影响。一般情况是，高熔点的合金元素，如钼、铬等，均使钢的液相线温度上升，降低流动性。降低钢液热导率的合金元素，如锰、镍等，均延长钢液的流动时间，提高流动性。容易氧化，在钢液中形成氧化膜的合金元素，如铬、铝等，均降低流动性。当然，这些合金元素对钢液流动性的影响与它们的含量有关。几种钢液的流动性比较如图 3-16 所示。

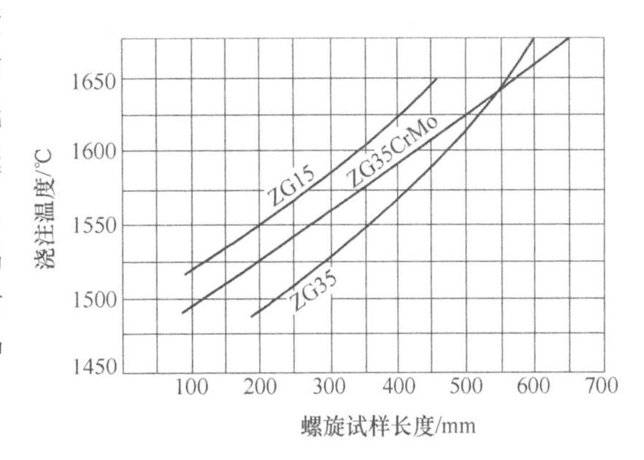

图 3-16　几种钢液流动性的比较

2. 热裂倾向

合金元素对钢形成热裂有一定的影响。

容易生成氧化夹杂物的合金元素，如铬、钼等，使钢的热裂倾向增大。而能形成钢结晶的异质核心，细化晶粒的元素，如钛、锆和钒等，由于能提高钢的热裂抗力，故能起防止热裂的作用。用稀土元素对钢液进行变质处理，能大大减轻钢中硫和氧的有害作用，因而具有显著的减少热裂的效果。

3. 冷裂倾向

合金元素对铸件形成冷裂有显著的影响。由于合金元素降低钢的热导率，并增大钢的弹性模量，故使铸件在冷却过程中产生的热应力增大。虽然由于加入合金元素也使钢的强度有所提高，但铸件中内应力增大的幅度超过强度的提高，故使冷裂的倾向增大，特别是铬、锰、钼等元素的影响较大。

复习与思考题

1）炼钢的原料有哪些？

2）碱性电弧炉氧化法炼钢确定炉料中含碳量需要考虑哪些因素？Si、Mn、S、P 的含量一般应控制在什么范围内？

3）碱性电弧炉氧化法熔炼工艺分为哪几个阶段？

4）碱性电弧炉氧化法炼钢时如何正确布料？

5）熔化期的主要任务是什么？熔化过程的各阶段是怎样进行的？怎样加速熔化过程的进行？

6）氧化期的主要任务是什么？常用的氧化方法有几种？各氧化方法有何优缺点？

7）碱性电弧炉氧化法炼钢时脱磷的条件有哪些？根据脱磷反应的特点，强化脱磷过程应注意控制几个方面的工艺条件？

8）碱性电弧炉氧化法炼钢时，脱硫反应是如何进行的？影响脱硫的因素有哪些？

9）脱氧的方法有哪些？各有什么特点？

10）碱性电弧炉的造渣材料有哪些？

11）电弧炉的氧化材料有哪些？

12）炼钢时的增碳材料有哪些？使用时应注意什么？

13）化学成分对铸造碳钢组织和力学性能有什么影响？

14）合金元素在铸造低合金钢中主要起什么作用？

15）铸造低合金钢的牌号如何表示？

项目四 铸造非铁金属合金及熔炼

铸造非铁金属合金是用以浇注铸件的非铁金属合金材料，是铸造合金中的一种，主要有铸造铝合金和铸造铜合金等。

任务一 铸造铝合金的熔炼

➢【学习目标】

1）掌握铸造铝合金组织性能的影响因素和牌号表示方法。

2）掌握铸造铝合金的配料计算方法和熔炼工艺。

➢【任务描述】

世界铝（包括再生铝）产量的85%以上被加工成板、带、条、箔、管、棒、型、线、粉、自由锻件、模锻件、铸件、压铸件、冲压件及其深加工件等铝及铝合金产品。无论是何种铝及铝合金产品，其铸锭（件）的质量都直接关系到材料的使用性能，尤其对变形铝及铝合金加工材料来说，铸锭质量是至关重要的。铝及铝合金铸锭的化学成分、内部组织和性质，既决定了铝及铝合金铸锭的可加工性，也对铝及铝合金加工材料的最终性能有着直接的影响。因此合理的熔炼工艺和铸造工艺，将对铸锭成形和获得理想的结晶组织具有决定性作用。所以学习和研究铝及铝合金熔炼和铸造技术，对于提高铝及铝合金加工材料质量，充分发挥铝及铝合金材料在航天、航空、兵器、交通、建筑、电子、包装等工业中的应用具有十分重要的意义。

ZL104其强度高于ZL101、ZL102等合金。该合金的铸造性能好，无热裂倾向、气密性高、线收缩小，但形成针孔的倾向较大且熔炼工艺较复杂。合金的耐蚀性好，可加工性和焊接性一般。在机械行业中，ZL104铝合金材料经常被使用，尤其在发动机的缸体、缸盖及塑料模具中得到了广泛应用。

熔炼工艺是铸件生产过程中的一个有机组成。一个优质铝铸件的获得，需要有一整套优化的铸造方法、铸造工艺、熔炼工艺及浇注工艺相配合。

铝合金的熔炼工艺过程通常包括如下几个环节：熔炼前的准备工作（其中包括工具的准备、熔炉、金属炉料、各种熔剂和辅助材料的准备、配料计算和称量）；投料熔化；调整化学成分；精炼和变质处理；调整温度和浇注等。其熔炼工艺流程如图4-1所示。

熔炼工艺过程控制的内容包括正确的加料次序，严格控制熔炼温度和时间，实现快速熔炼，效果显著的铝液净化处理和变质处理及掌握可靠的铝液炉前质量检测手段等。

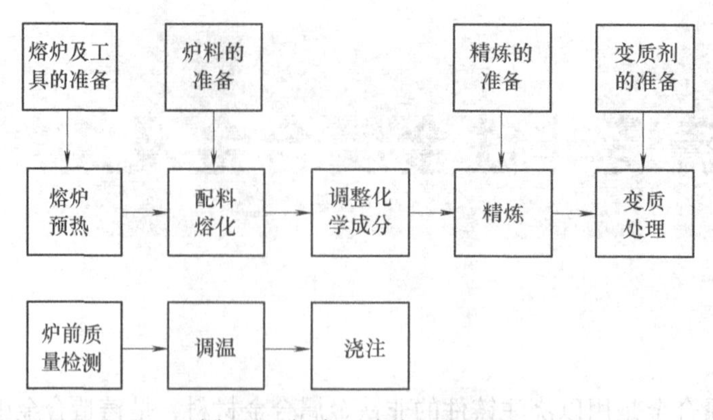

图 4-1　铝合金熔炼工艺流程

熔炼工艺过程控制的目的是获得高质量的、能满足下列要求的铝液。

1）化学成分符合国家标准，合金液成分均匀。

2）合金液纯净，气体、氧化夹杂、熔剂夹杂含量低。

3）需要变质处理的合金液，变质良好。

➢【相关知识】

一、铸造铝合金概述

纯铝比较软，塑性好，易于塑性加工成形。在纯铝中可以添加各种合金元素，制造出满足各种性能、功能和用途的铝合金。根据加入合金元素的种类、含量及合金的性能，铝合金可分为变形铝合金和铸造铝合金，如图 4-2 所示。

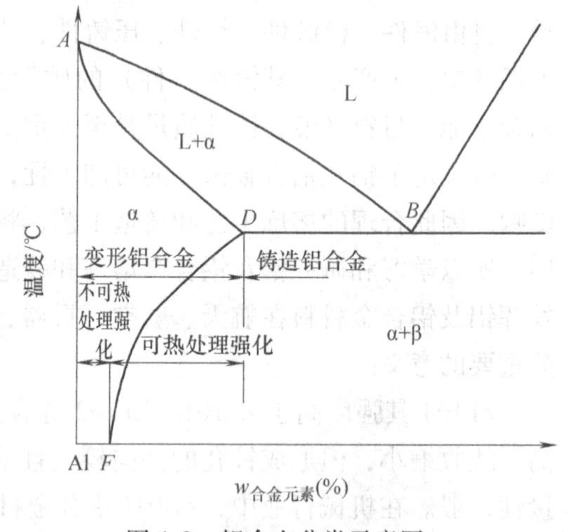

图 4-2　铝合金分类示意图

在变形铝合金中，合金元素含量比较低，一般不超过极限溶解度 *D* 点的成分。按成分和性能特点，可将变形铝合金分为不可热处理强化的铝合金和可热处理强化的铝合金两大类。不可热处理强化的铝合金和一些热处理强化效果不明显的铝合金的合金元素含量小于图 4-2 中的 *F* 点。可热处理强化的铝合金的合金元素含量相应于图 4-2 中 *D* 点与 *F* 点之间的合金含量，这类铝合金通过热处理能显著提高力学性能。

铸造铝合金具有与变形铝合金相同的合金体系和强化机理（除加工硬化外），同样可分为热处理强化型和非热处理强化型两大类。铸造铝合金与变形铝合金的主要差别在于，铸造铝合金中合金元素硅的最大含量超过多数变形铝合金中的硅含量，一般都超过极限溶解度 *D* 点。铸造铝合金除含有强化元素外，还必须含有足够量的共晶型元素（通常是硅），以使合金有好的流动性，易于填充铸造时铸件的收缩缝。

铸造铝合金按合金中所含主要元素成分可分为：铝硅类合金、铝铜类合金、铝镁类合金、铝锌类合金。

1. 铝硅类合金

铝硅二元合金具有简单的共晶型相图，室温下只有 α(Al) 和 β(Si) 两相，α(Al) 的性能和纯铝相似，β(Si) 的性能和纯硅相似。共晶成分在 w_{Si} = 12.6% 处。亚共晶合金的组织由 α(Al) + 共晶体(α + β) 所组成，过共晶合金的组织由 β(Si) + 共晶体 (α + β) 所组成。未变质处理的二元共晶合金组织中的硅相呈片状或针状，而过共晶合金组织中的初晶硅则呈多角形块状。由于结晶硅带入微量磷，即使 10ppm 的磷生成 ALP 就足以使 w_{Si}9% 的亚共晶合金中出现初晶硅，并使共晶硅形成粗大的板片状。

我国铸造铝硅类合金的牌号、主要化学成分和力学性能见表 4-1。

表 4-1 铸造铝硅类合金的牌号、主要化学成分和力学性能（GB/T 1173—1995）

合金牌号	合金代号	铸造方法	合金状态	力学性能（不低于）		
				R_m/MPa	A（%）	HBW（5/250/30）
ZAlSi7Mg	ZL101	SB、RB、KB	T6	225	1	70
ZAlSi7MgA	ZL101A	SB、RB、KB	T6	275	2	80
ZAlSi12	ZL102	J	F	155	2	50
ZAlSi9Mg	ZL104	SB、RB、KB	T6	225	2	70
ZAlSi5Cu1Mg	ZL105	S、R、K	T6	225	0.5	70
ZAlSi5Cu1MgA	ZL105A	SB、R、K	T5	275	1	80
ZAlSi8Cu1Mg	ZL106	SB	T6	245	1	80
ZAlSi7Cu4	ZL107	SB	T6	245	2	90
ZAlSi12Cu2Mg1	ZL108	J	T6	255	—	90
ZAlSi12Cu1Mg1Ni1	ZL109	J	T6	245	—	100
ZAlSi5Cu6Mg	ZL110	J	T1	165	—	90
ZAlSi9Cu2Mg	ZL111	SB	T6	255	1.5	90
ZAlSi7Mg1A	ZL114A	SB	T5	290	2	85
ZAlSi5Zn1Mg	ZL115	S	T5	275	3.5	90
ZAlSi8MgBe	ZL116	S	T5	295	2	85

注：1. 合金铸造方法、变质处理代号：S——砂型铸造，J——金属型铸造，R——熔模铸造，K——壳型铸造，B——变质处理。

2. 合金状态代号：F——铸态，T1——人工时效，T5——固溶处理加不完全人工时效，T6——固溶处理加完全人工时效。

3. 本表中凡牌号后面注有“A”字的，都属于优质合金，要求杂质元素质量分数总和低于 0.8%。

4. 某些牌号合金可以采用多种铸造方法及不同热处理方法，以得到不同的力学性能（具体可参考标准原文）。

随含硅量的增加，结晶温度区间变小，共晶体增加，流动性随之提高。硅的收缩率很小，合金的线收缩率也随之降低，热裂倾向相应减少；硅的结晶潜热大，直至 w_{Si} = 20% 处，流动性仍比共晶成分的合金好，含 w_{Si} = 16% ~ 18% 处有流动性的峰值。

共晶型 Al-Si 二元合金虽有优良的铸造性能，但由于力学性能不高，故只能用压铸、挤压铸造等高速冷却的铸造方法；对于砂型铸造、石膏型铸造等冷却速度慢的铸造方法，必须进行变质处理，细化共晶硅，以获得足够的力学性能。图 4-3 所示为含硅量和变质处理对

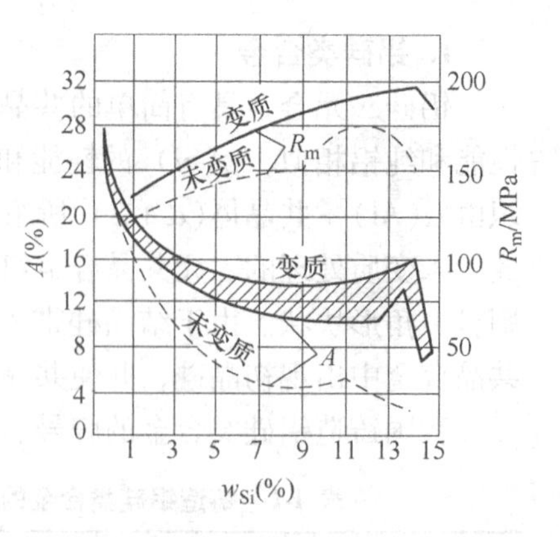

图 4-3　含硅量和变质处理对 Al-Si 二元合金力学性能的影响

Al-Si 二元合金力学性能的影响。

细化共晶硅的变质处理不能同时细化初晶硅。对于有大量初晶硅的过共晶合金，必须采用加磷细化初晶硅，提高力学性能。

含硅量对 Al-Si 二元合金的耐磨性、耐蚀性、线膨胀系数、密度、电导率等也有重要影响。随含硅量的增加，磨损量、腐蚀量、线膨胀系数、密度、电导率均直线下降。

铝的塑性大，切削时需消耗很大的功。随含硅量增加，共晶体增多，切削功可减小，但共晶硅硬度高，易磨损刀具，尤其是有粗大初晶硅的过共晶合金，刀具磨损更严重，被加工的表面很粗糙。为了改善可加工性，除进行相应的变质处理，细化共晶硅、初晶硅外，还可加入铋、铅等易切削元素；对过共晶合金可采用镶嵌钻石刀具、选择最佳切削速度和合适的切削液等方法，获得光洁的加工表面。

综上所述，为了兼顾合金的各种使用性能和工艺性能，铝硅类合金的含硅量（质量分数）一般为 7% ~12% 。

Al-Si 二元合金的代表合金是 ZL102 合金，成分为 w_{Si} = 10% ~13% ，余量为铝，金相组织为 α(Al) +共晶体（α+β）及少量初晶硅。ZL102 合金具有如下特点。

1）热处理强化效果差，力学性能不高。577℃时硅在 α（Al）固溶体中的溶解度为 1.65% ，室温时下降至 0.05% 。热处理强化效果不好，固溶处理后人工时效只能使合金强度提高 10% ~20% 。因为硅的沉淀和集聚速度很快，甚至固溶处理时都可能发生固溶体分解，析出硅质点，不形成共格或半共格的过渡相，因此一般只进行消除内应力退火，故 ZL102 的力学性能不高。

2）铸造性能优良。近共晶的 Al-Si 二元合金的结晶温度区间小，硅的结晶潜热大，故流动性能为铸铝合金之首。集中缩孔倾向大，设置合理的冒口可获得致密的铸件，直至破坏前不会引起渗漏。硅可降低氢在铝液凝固后的溶解度，如精炼不当，容易产生针孔。

3）耐磨性、耐蚀性、耐热性好。Al-Si 二元合金具有软相 α（Al）和硬相硅，是典型的耐磨组织，耐磨性好；α(Al) 和共晶硅的电子电位相差不大，表面一层 Al_2O_3 组织致密，对基体具有保护作用，因此耐蚀性好；ZL102 合金的共晶温度为 577℃，高于其他铸铝合金，温度升高时没有强化相溶解或聚集现象，因此耐热性最好。

4）必须进行变质处理，提高力学性能。变质前的力学性能低，可加工性差，必须进行变质处理，使板片状的共晶硅转变为纤维状，并消除初晶硅，可大幅度提高力学性能。ZL102 合金变质前后的组织如图 4-4 所示。

综上所述，ZL102 合金适用于压铸件或要求耐蚀、耐磨，承受中小载荷的薄壁、复杂铸件，如各种仪表的框架、壳体、基座等。

2. 铝铜类合金

铝铜类合金的优点是室温和高温力学性能都高，可加工性好，加工表面光洁，富铜相耐热，熔铸工艺较简单；缺点是固溶体型合金的铸造性能差，富铜相与 α(Al) 基体之间的电

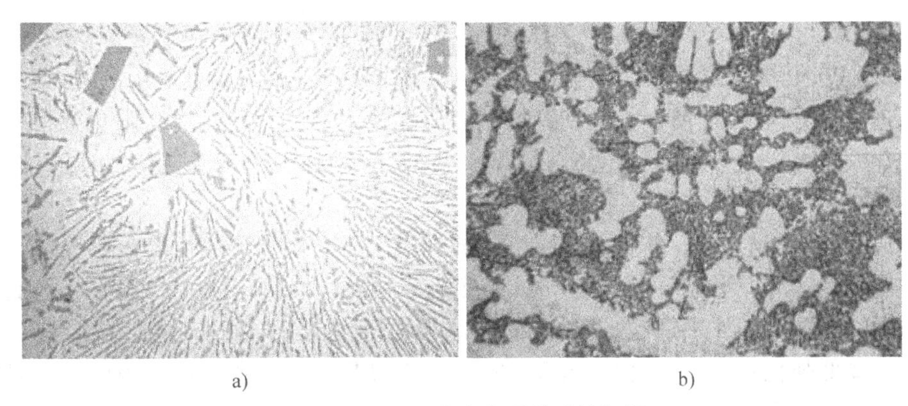

a) b)

图 4-4 ZL102 合金变质前后的组织

a) 变质前 b) 变质后

子电位差值大，耐蚀性差，密度较大。

（1）铝铜二元合金 铜在共晶温度 548℃时，在 α(Al) 中的溶解度达 5.65%，但因铸件凝固条件下不平衡结晶之故，w_{Cu} 高于 5.0% 时即出现 α(Al) + ($CuAl_2$) 离异共晶体。$CuAl_2$ 常用 θ 来表示。室温下，铜在 α(Al) 中的溶解度降至 0.01% 以下，因此可进行固溶强化。w_{Cu} = 4.5% ~ 5.5% 的合金能获得最大的强化效果。w_{Cu} 超过 5.5%，固溶处理后出现残余 $CuAl_2$，力学性能下降。

Al-Cu 二元合金中的 ZAlCu10 的代号为 ZL202，成分为 w_{Cu} = 9.0% ~ 11.0%，余量为 Al，铸态组织为 α(Al) + [α(Al) + θ] 离异共晶。该合金熔炼工艺简单，有一定量的共晶体，铸造性能尚可，但不能固溶强化，可铸态使用，故力学性能不高，常用来制作装饰性小零件。

Al-Cu 二元合金中的另一个牌号为 ZAlCu4，代号为 ZL203，成分为 w_{Cu} = 4.0% ~ 5.0%，余为 Al，铸态组织由 α(Al) 及少量 $CuAl_2$ 组成。α(Al) 有严重的晶内偏析。该合金熔炼工艺简单，经固溶处理、人工时效后，力学性能大幅度提高，α(Al) 晶内偏析消除，但铸造性能差，用作形状简单、承受中等载荷、在较高温度下工作的中、小型零件。

（2）多元合金 在 ZL203 的基础上加入少量锰，即是重要的耐热高强度铸铝 ZAlCu5Mn，代号为 ZL201，成分：w_{Cu} = 4.5% ~ 5.3%，w_{Mn} = 0.6% ~ 1.0%，w_{Ti} = 0.15% ~ 0.35%。铸态组织是在 α(Al) 晶界分布着二元共晶 α(Al) + $Cu_2Mn_3Al_{20}$ 及因非平衡结晶形成的三元共晶 α(Al) + $CuAl_2$ + $Cu_2Mn_3Al_{20}$。$Cu_2Mn_3Al_{20}$ 常用 T_{Mn} 代表。由于锰在铝中扩散速度很小，凝固时部分锰即呈过饱和态存在于 α(Al) 中。固溶处理（T4）时，非平衡的三元共晶体中的 $CuAl_2$ 和 T_{Mn} 溶入 α(Al) 中，同时过饱和态的锰在 α(Al) 内生成二次 T_{Mn} 相呈弥散状析出，起强化作用。随后时效（T6）过程中，$CuAl_2$ 沉淀硬化，进一步提高合金的强度。只有二元共晶中的 T_{Mn} 相在 T6 处理过程中形态不改变，仍以不连续的网状分布在 α(Al) 晶界上。T_{Mn} 相的点阵很复杂，400℃以下在 α(Al) 中的溶解度变化很小，不易凝聚长大，热硬性又很高，能改善合金的高温性能。

溶入锰的 α(Al)，因为锰呈表面活性，不平衡结晶时富集在晶界附近，抑制了晶界的扩散。由于上述原因，锰的加入量虽不多，但能大幅度提高合金室温和高温下的力学性能。

锰量（质量分数）超过 1.0% 以后，合金耐热性虽有所提高，但二元共晶中的 T_{Mn} 相增多，晶粒尺寸也增大，使室温强度下降，增加脆性。因此，锰量（质量分数）最好控制在

1.0%以下。

加入 w_{Ti} =0.15%～0.35%，能细化 α(Al)，使非平衡态的三元共晶中的 $CuAl_2$ 和 T_{Mn} 相在固溶处理时充分溶入 α(Al) 中，发挥它们阻碍晶界滑移的作用，提高强化效果。钛量过少，则细化效果差；过多时，引起 $TiAl_3$ 聚集。保温时间越长 $TiAl_3$ 越粗大，混入铸件成为杂质。

铁生成 Al_3Fe，呈片状，使合金变脆。镁或锌混入合金中，形成低熔点共晶体，降低合金的热强度。混入硅，形成 α(Al) + $CuAl_2$ + Si 三元共晶，共晶温度为524℃，降低固溶处理温度，即降低能溶入 α(Al) 的铜量。硅还能形成不溶的 $Al_{10}Mn_2Si$ 相，减少溶于 α(Al) 中的锰量，降低强化效果。粗大的 $Al_{10}Mn_2Si$ 分布在晶界上，削弱基体。因此，硅对室温和高温下的力学性能都很不利。

ZL201 对这些杂质的限制含量分别为：w_{Si}≤0.3%，w_{Fe}≤0.3%，w_{Zn}≤0.2%，w_{Mg}≤0.05%。

ZL201 砂型试棒经固溶处理加不完全人工时效后，抗拉强度 R_m≥330MPa，伸长率 A≥4%，可用作承受重大静载荷、动载荷的零件，可在300℃以下工作，如制造发动机增压器的叶片等。

ZL201A 和 ZL201 的区别仅在于其杂质含量控制更严，两者铸造性能相同。ZL201A 的力学性能更高，因其原材料价格高，熔炼、热处理工艺严格，故成本高，只适用于极重要的零件，如涡轮叶片等。

在 ZL201A 的基础上可加入镉、银、钒、锆、硼等微量元素。镉、银改善时效机制。钒、硼强化 α(Al)，进一步提高合金的热强性。美国有名的 KO-1，我国的 ZL205，就是这类合金。砂型试棒经固溶处理加不完全人工时效后，R_m≥450～500MPa，A≥3%～7%。

3. 铝镁类合金

(1) 铝镁二元合金　在共晶温度451℃时，镁在 α(Al) 中的溶解度达14.9%。但在铸造条件下的非平衡结晶时，因冷却速度不同，在 w_{Mg} >9%时，组织中就会出现离异共晶 α(Al) + β(Al_3Mg_2)。由于镁的原子半径比铝大13%，固溶处理后，镁溶入 α(Al) 中，α(Al) 的点阵发生很大的扭曲，力学性能大大提高。

由图4-5可知，含 w_{Mg} =12%左右时，出现强度的峰值，而伸长率的峰值则在10%左右，故常用的铝镁二元合金镁的质量分数不超过11%。铝镁二元合金表面有一层高耐蚀性的尖晶石膜[Al_2O_3、MgO、XR_nO_m（R为其他合金元素）]，因此固溶处理后的单相合金，在海水等酸性介质中有很高的耐蚀性。

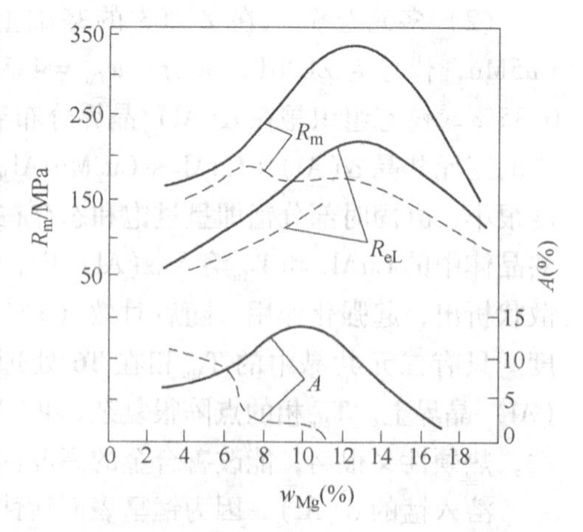

图4-5　含镁量对铝镁二元合金力学性能的影响

实线—固溶处理T4　虚线—铸态

在铸造条件下，w_{Mg} =4%～5%处，结晶温度范围最宽，易疏松、热裂。镁的质量分数增至9%～10%时，已有相当数量的离异共晶体，有足够的充型能力。

铝镁二元合金的牌号为 ZAlMg10，代号 ZL301，w_{Mg} =9.5%～11%，铸态组织由 α(Al) + 离异共晶 Al_3Mg_2 所组成，晶界上有少量的 Al_3Fe 和 Mg_2Si，

经固溶处理后，Al_3Mg_2 溶入 α(Al) 中，Al_3Fe、Mg_2Si 继续存在，砂型试棒 $R_m \geq 280MPa$。由于 ZL301 密度小，比强度比其他铸铝高，且因为是单相合金，故耐蚀性高，铸造性能尚好。

ZL301 的含镁量高，熔炼时铝液表面层由 MgO 组成，对铝液没有保护作用，必须在熔剂保护下熔炼，熔炼工艺较复杂。其缺点是即使在室温下长期工作也会发生时效过程，沿晶界析出 Al_3Mg_2 并不断聚集长大，力学性能明显下降，合金老化，耐蚀性随之降低。当工作温度超过 100℃时，老化过程加速，故工作温度不允许超过 100℃，也不作人工时效处理，只进行固溶处理。ZL301 的壁厚效应大，密度小，需采用大尺寸冒口，成品率低，故使用受到一定限制。

ZL301 用做在潮湿空气或海水中工作的承受冲击载荷的零件，如发动机的机匣、飞机起落架零件、船用舷窗等。

ZL301 的可加工性很好，工件的表面光洁程度高，表面经抛光后光亮如镜，且能较长期保持原来的光泽，添加微量稀土能稳定其性能，故称为“光亮铝合金”，可用作装饰零件。

铁、硅在 ZL301 中形成 Al_3Fe、Mg_2Si，使合金变脆，含量（质量分数）均限制在 0.3% 以下。

锰和铬通常是有益的合金元素，但在 ZL301 中形成粗大的 $MnAl_6$、Cr_2Al_7，使合金发脆，降低耐蚀性，故含量（质量分数）都限制在 0.1% 以下。

（2）Al-Mg-Si 系合金　Al-Mg-Si 系合金的牌号为 ZAlMg5Si1，代号 ZL303，成分：w_{Mg} = 4.5% ~5.5%，w_{Si} = 0.8% ~1.3%，余量为 Al，铸态组织为 α(Al) + 共晶 α(Al) + Mg_2Si。硅在 ZL303 中是有害杂质，但在降低镁含量的同时将硅含量增加到 0.8% ~1.3%（质量分数），能生成一定数量的共晶 α(Al) + Mg_2Si，改善铸造性能，不出现 Al_3Mg_2。Mg_2Si 不适合固溶处理，故只作铸态合金使用。ZL303 室温力学性能不如 ZL301，但在高温下，因其不会析出 Al_3Mg_2，又能阻碍 α(Al) 变形，所以有较好的高温力学性能，再加入 w_{Be} = 0.001%，w_{Ti} = 0.2%，w_B = 0.005%，在 350℃ 以下工作时，几乎完全保持了室温下的力学性能。ZL303 在潮湿空气或海水中有很好的耐蚀性，耐热性较好，可用作承受中等载荷的船舶用、航空用构件及内燃机机车的零件。

（3）铝镁锌三元合金　铝镁锌三元合金的牌号为 ZAlMg8Zn1，代号 ZL305，成分：w_{Mg} = 7.5% ~9.0%，w_{Zn} = 1.0% ~1.5%，w_{Ti} = 0.1% ~0.2%，w_{Be} = 0.03% ~0.1%。铸态组织和 ZL301 相似，由 α(Al) + 离异共晶 [Mg_{32}(Al, Zn)$_{49}$] 组成。固溶处理后，[Mg_{32}(Al, Zn)$_{49}$] 溶入 α(Al) 中，强化合金。[Mg_{32}(Al, Zn)$_{49}$] 的点阵结构复杂，在零件使用过程中不易脱溶、聚集长大，推迟了老化现象。含锌量（质量分数）在 1.0% ~1.5% 范围内时，合金的综合力学性能最佳，$R_m \geq 290MPa$，$A \geq 8\%$，但工作温度不宜超过 100℃。ZL305 用作在海水中承受重大载荷的零件，如鱼雷壳体等。

4. 铝锌类合金

当温度为 275 ~353℃时，在含锌量（质量分数）为 31.6% ~77.7% 的合金中，将发生调幅分解：

$$\alpha \rightarrow \alpha_1 + \alpha_2 \tag{4-1}$$

α_1、α_2 分别为富铝相、富锌相，两者都属于面心立方结构，并具有完全共格关系。当温度降至 275℃ 以下时，将继续分解

$$\alpha_1 + \alpha_2 \rightarrow \alpha(\mathrm{Al}) + \beta(\mathrm{Zn}) \tag{4-2}$$

这一分解是在细晶粒并相互共格的α_1、α_2基体上进行的，通过β（Zn）在晶界上不连续析出与晶内连续析出完成，室温下显微组织为α(Al)＋β(Zn)，晶粒细。由于β（Zn）的显微硬度低于α(Al)，这种第二相对合金的变形不起阻碍作用，因此Al-Zn二元合金的热强性很低。其次，β（Zn）和α(Al)的电子电位差很大，耐蚀性差，故Al-Zn二元合金在工业上没有实用价值。

（1）Al-Zn-Si-Mg系合金　Al-Zn-Si-Mg系合金的典型牌号为ZAlZn11Si7，代号ZL401，成分：$w_{Zn}=9\%\sim13\%$，$w_{Si}=6.0\%\sim8.0\%$，$w_{Mg}=0.1\%\sim0.3\%$，余量为Al，通常称为含锌的“矽铝明”。锌全部溶入α（Al）中，因此铸态组织和ZL101相同，由α（Al）＋共晶体α（Al）＋Si组成。合金有“自动淬火”效应，铸件凝固时锌即过饱和溶入α（Al）中，室温下开始自然时效过程，β（Zn）呈弥散状析出，能强化合金。经过加钠盐变质处理，自然时效30天后，砂型试棒的力学性能为：$R_m \geqslant 190\mathrm{MPa}$，$A \geqslant 3\%$。不必进行固溶处理是其特点，其铸造工艺性能和ZL101相似，但耐蚀性较差，密度较大，常用作在185℃以下工作的承受中等载荷的零件，如模具、模板及某些设备的支架等。

（2）Al-Zn-Mg系合金　Al-Zn-Mg系合金的典型牌号为ZAlZn6Mg，代号ZL402，成分：$w_{Zn}=5.0\%\sim6.0\%$，$w_{Mg}=0.5\%\sim6.5\%$，$w_{Cr}=0.4\%\sim0.6\%$，$w_{Ti}=0.15\%\sim0.25\%$，余量为Al。高温时有很宽的α（Al）单相区，锌和镁在α（Al）中的溶解度都很大，而室温下溶解度都很小。合金有“自动淬火”效应，凝固时即形成过饱和的α（Al），通过自然时效强化合金。经人工时效或自然时效后，砂型试棒性能为$R_m \geqslant 220\mathrm{MPa}$，$A \geqslant 4\%$。

ZL402的结晶温度范围为40℃左右，有缩松倾向，需设置较大的冒口。

ZL402的可加工性较好，能获得光洁的工件表面，经人工时效后尺寸稳定，可用作精密仪表零件，经阳极氧化处理后，可用于制作船用零件。

过饱和的α(Al)在较高温度下容易分解，形成较高的内应力，促进晶间腐蚀，故工作温度不宜超过100℃。

二、铝合金的变质处理

变质处理是向金属液中添加少量活性物质，促进液体金属内部生核或改变晶体成长过程的一种方法。生产中用的变质剂有形核变质剂和吸附变质剂。

1. 形核变质剂

形核变质剂的作用机理是向铝熔体中加入一些能够产生非自发晶核的物质，使其在凝固过程中通过异质形核而达到细化晶粒的目的。

（1）对形核变质剂的要求　要求所加入的变质剂或其与铝反应生成的化合物具有以下特点：晶格结构和晶格常数与被变质熔体相适应；稳定；熔点高；在铝熔体中分散度高，能均匀分布在熔体中；不污染铝合金熔体。

（2）形核变质剂的种类　变形铝合金一般选含Ti、Zr、B、C等元素的化合物作为晶粒形核变质剂，其化合物特征见表4-2。

Al-Ti是传统的晶粒形核变质剂，Ti在Al中包晶反应生成$TiAl_3$，$TiAl_3$与液态金属接触的（001）和（011）面是铝凝固时的有效形核基面，增加了形核率，从而使结晶组织细化。

表 4-2　铝熔体中常用的细化质点的化合物特征

名　　称	密度/(g/cm³)	熔点/℃
$TiAl_3$	3.11	1337
TiB_2	3.2	2920
TiC	3.4	3147

Al-Ti-B 是目前国内公认的最有效的形核变质剂之一。Al-Ti-B 与 Re、Sr 等元素共同作用，其细化效果更佳。

在实际生产条件下，受各种因素影响，TiB_2 质点易聚集成块，尤其在加入时由于熔体局部温度降低，导致加入点附近变得粘稠，流动性差，使 TiB_2 质点更易聚集形成夹杂，影响净化、细化效果；TiB_2 质点除本身易偏析聚集外，还易与氧化膜或熔体中存在的盐类结合造成夹杂；7xxx 系合金中的 Zr、Cr、V 元素还可以使 TiB_2 失去细化作用，造成粗晶组织。由于 Al-Ti-B 存在以上不足，于是人们寻求更为有效的变质剂。近年来，不少厂家正致力于 Al-Ti-C 变质剂的研究。

（3）形核变质剂的加入方式

1）以化合物形式加入。如 K_2TiF_6、KBF_4、K_2ZrF_6、$TiCl_4$、BCl_4 等。经过化学反应，被置换出来的 Ti、Zr、B 等，再重新化合而形成非自发晶核。这些方法虽然简单，但效果不理想。反应中生成的浮渣影响熔体质量，同时再次生成的 $TiCl_3$、KB_2、$ZrAl_3$ 等质点易聚集，影响细化效果。

2）以中间合金形式加入。目前工业用形核变质剂大多以中间合金形式加入，如 Al-Ti、Al-Ti-B、Al-Ti-C、Al-Ti-B-Sr、Al-Ti-B-RE 等。中间合金做成块状或线状。

（4）影响细化效果的因素

影响细化效果的因素主要有以下几点。

1）形核变质剂的种类。形核变质剂不同，细化效果也不同。实践证明，Al-Ti-B 比 Al-Ti 更为有效。

2）形核变质剂的用量。一般来说，形核变质剂加入越多，细化效果越好。但形核变质剂加入过多，易使熔体中金属间化合物增多并聚集，影响熔体质量。因此在满足晶粒度的前提下，杂质元素加入得越少越好。从包晶反应的观点出发，为了细化晶粒，Ti 的添加量应大于 0.15%（质量分数），但在实际变形铝合金中，其他组元（如 Fe）以及自然夹杂物（如 Al_2O_3）也参与了形成晶核的作用，一般只加入 0.01% ~0.06%（质量分数）便足够了。

熔体中的 B 含量与 Ti 含量有关。要求 B 与 Ti 形成 TiB_2 后熔体中有过剩 Ti 存在。B 含量与晶粒度的关系如图 4-6 所示。

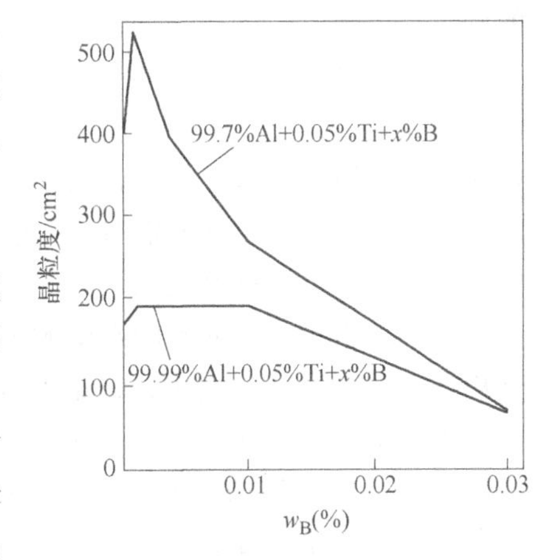

图 4-6　B 含量与晶粒度的关系

在使用 Al-Ti-B 作为晶粒形核变质剂时，500 个 TiB_2 粒子中有一个使 α（Al）成核，TiC 的形核率是 TiB_2 的 100 倍，因此一般将加入 TiC 质点数量定为 TiB_2 质点数量的 50% 以下。粒子越少，每个粒子的形核机会就越高，同时也防止粒子碰撞、聚集和沉淀。此外，TiC 质量分数为 0.001% ~0.01% 时，晶粒细化就相当有效。

3）形核变质剂质量。形核变质剂质点的尺寸、形状和分布是影响细化效果的重要因素。质点尺寸小，比表面积小（以点状、球状最佳），在熔体中弥散分布，则细化效果好。以 $TiAl_3$ 为例，块状 $TiAl_3$ 比针状 $TiAl_3$ 细化效果好，这是因为块状 $TiAl_3$ 有三个面面向熔体，形核率高。

4）形核变质剂添加时机。$TiAl_3$ 质点在加入熔体后 10min 效果最好，40min 后细化效果衰退。TiB_2 质点的聚集倾向随时间的延长而加大，TiC 质点随时间延长易分解。因此，形核变质剂最好在铸造前加入。

5）加入形核变质剂时熔体温度。随着温度的提高，$TiAl_3$ 逐渐溶解，细化效果降低。

2. 吸附变质剂

吸附变质剂的特点是熔点低，能显著降低合金的液相线温度，原子半径大，在合金中固溶量小，在晶体生长时富集在相界面上，阻碍晶体长大，又能形成较大的成分过冷，使晶体分枝形成细的缩颈而易于熔断，促进晶体的游离和晶核的增加。其缺点是由于存在于枝晶和晶界间，常引起热脆。吸附变质剂常有以下几种。

（1）含钠的变质剂　钠是变质共晶硅最有效的变质剂，生产中可以钠盐或纯金属形式加入（但以纯金属形式加入时可能分布不均，生产中很少采用）。钠混合盐组成为 NaF，NaCl，Na_3AlF_6 等，变质过程中只有 NaF 起作用，其反应式为

$$6NaF + Al \rightarrow Na_3AlF_6 + 3Na \tag{4-3}$$

加入混合盐的目的，一方面是降低混合物的熔点（NaF 熔点 992℃），提高变质速度和效果，另一方面对熔体中的钠进行熔剂化保护，防止钠的烧损。熔体中钠的质量分数一般控制在 0.01% ~0.014%，考虑到实际生产条件下不是所有的 NaF 都参与反应，因此计算时钠的质量分数可适当提高，但一般不应超过 0.02%。

使用钠盐变质时，存在以下缺点：钠含量不易控制，量少易出现变质不足，量多可能出现过变质（恶化合金性能，夹杂倾向大，严重时恶化铸锭组织）；钠变质有效时间短，要加保护性措施（如合金化保护、熔剂保护等）；变质后炉内残余钠对随后生产合金的影响很大，增加合金的裂纹和拉裂倾向，尤其对高镁合金的钠脆影响更大；NaF 有毒，影响操作者的健康。

（2）含锶（Sr）变质剂　含锶变质剂有锶盐和中间合金两种。锶盐的变质效果受熔体温度和铸造时间影响大，应用很少。目前国内应用较多的是 Al-Sr 中间合金。与钠盐变质剂相比，锶变质剂无毒，具有长效性。它不仅细化初晶硅，还有细化共晶硅团的作用，对炉子污染小。但使用含锶变质剂时，锶烧损大，要加含锶盐类熔剂保护，同时合金加入锶后吸气倾向增加，易造成最终气孔缺陷。

锶的加入量受下面各因素影响很大：熔剂化保护程度好，锶烧损小，锶的加入量少；铸件规格小，锶的加入量少；铸造时间短，锶烧损小，加入量少；冷却速度大，锶的加入量少。生产中锶的加入量应由试验确定。

（3）其他变质剂　钡对共晶硅具有良好的变质作用，且变质工艺简单、成本低，但对厚壁件变质效果不好。

锑对 Al-Si 合金也有较好的变质效果，但对缓冷的厚壁铸件变质效果不明显。此外，

对部分变形铝合金而言，锑是有害杂质，须严加控制。

最近的研究发现，不只晶粒度影响铸锭的质量和力学性能，枝晶的细化程度及枝晶间的疏松、偏析、夹杂对铸锭质量也有很大影响。枝晶的细化程度主要取决于凝固前沿的过冷，这种过冷与铸造结晶速度有关，如图4-7所示。靠近结晶前沿区域的过冷度越大，结晶前沿越窄，晶粒内部结构就越小。在结晶速度相同的情况下，枝晶细化程度可采用吸附变质剂加以改变，形核变质剂对晶粒内部结构没有直接影响。

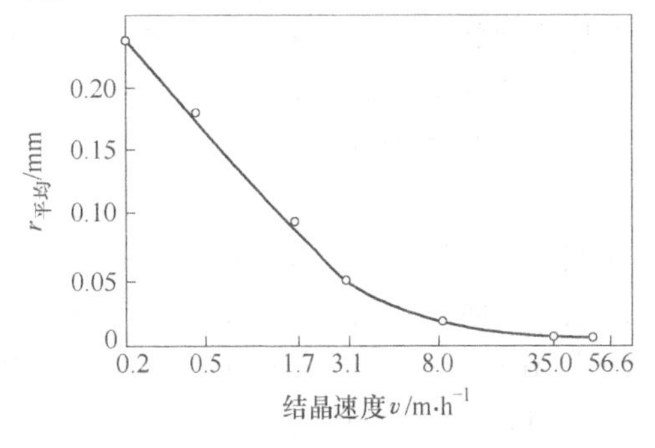

图4-7　结晶速度对枝晶细化程度的影响

三、铝合金液的精炼

1. 铝合金液的精炼原理

精炼的目的在于清除铝液表面的气体和各类有害杂质，净化铝液，防止在铸件中形成气孔和夹渣。

（1）铸件中气孔的形态及对铸件性能的影响

1）针孔。分布在整个铸件截面上，因铝液中的气体，夹杂含量高、精炼效果差、铸件凝固速度低所引起。针孔可分为以下三种类型。

①点状针孔。此类针孔在低倍显微组织中呈圆点状，轮廓清晰且互不相连，能清点出1cm^{2}面积上的针孔数目并测得针孔直径。这类针孔容易和缩孔、缩松区别。点状针孔由铸件凝固所析出的气泡所形成。

②网状针孔。此类针孔在低倍显微组织中呈密集相连的网状，伴有少数较大的空洞，不易清点针孔数目，难以测量针孔直径，往往带有末梢，俗称“苍蝇脚”。结晶温度宽的合金，铸件缓慢凝固时析出的气体分布在晶界上及发达的枝晶间隙中，此时结晶骨架已形成，补缩通道被堵塞，便在晶界上和枝晶间隙中形成网状针孔。

③混合型针孔。此类针孔是点状针孔和网状针孔混杂在一起，常见于结构复杂、壁厚不均匀的铸件中。

针孔可按国家标准分等级，等级越差，则铸件的力学性能越差，其耐蚀性和表面质量越差。当达不到铸件技术所允许的针孔等级时，铸件将报废。其中网状针孔会割裂合金基体，危害性比点状针孔大。

2）皮下气孔。气孔位于铸件表皮下面，因铝液和铸型中水分反应产生气体所造成，一般和铝液质量无关。

3）单个大气孔。这种气孔产生的原因是由于铸件工艺设计不合理，如铸型排气不畅，或者是由于操作不小心，如浇注时堵死气眼，型腔中的气体被憋在铸件中所引起，也和铝液纯净度有关。

（2）铸件中氧化夹杂的形态及对铸件性能的影响　浇注前铝液中存在的氧化夹杂称为一次氧化夹杂，总量约占铝液重量的0.002%～0.02%，在铸件中分布没有规律。浇注过程中生成的氧化夹杂称为二次氧化夹杂，多分布在铸件壁的转角处及最后凝固的部位。

一次氧化夹杂按形态可分为两类。第一类是分布不均匀的大块夹杂，它的危害性很大，使合金基体不连续，引起铸件渗漏或成为腐蚀的根源，明显降低铸件的力学性能。第二类夹杂呈弥散状，在低倍显微组织中不易发现，铸件凝固时成为气泡的形核基底，生成针孔。这一类氧化夹杂很难在精炼时彻底清除。

（3）铝液中气体和氧化夹杂的来源　铝合金通常在大气中熔炼，当铝液和炉气中的N_2、O_2、H_2O、CO_2、CO、H_2、C_mH_n等接触时，会产生化合、溶解、扩散等过程。在所有的炉气成分中，只有氢能大量地溶解于铝液中。根据测定，存在于铝合金中的气体，氢占85%以上，因而“含气量”可视为“含氢量”的同义词。而铝铸件中的氧化夹杂主要是Al_2O_3，因为Al_2O_3化学稳定性极高，熔点高达2015℃±15℃，在铝液中不进一步分解。

（4）氧化铝的形态、性能及对吸氢的影响　根据结构分析，铝及其合金中存在着三种不同形态的无水氧化铝，其对吸氢的影响跟三种无水氧化铝的形态及性能有关。有人对不同Al_2O_3夹杂量的铝液凝固后形成的针孔进行了回归分析，证实Al_2O_3夹杂量与针孔率之间存在着正的线性关系，即夹杂量增加、针孔率也随之增加。且Al_2O_3量低于0.001%（质量分数）后，铝液中不再生成气泡、形成针孔。因此，为了消除铝铸件中的针孔，应遵循“除杂为主，除气为辅”“除杂是除气的基础”的原则。

（5）合金元素对铝液吸氢的影响　一般来讲包括对溶解度、对氧化膜性能的影响。其中镁含量越高，氢的溶解度越高；反之，硅、铜含量越高，氢的溶解度越低。

（6）熔炼时间对吸氢的影响　在大气中熔炼铝合金，铝液不断被氧化，熔炼时间越长，生成的氧化夹杂越多，吸气也越严重。因此，在生产中应遵循“快速熔炼”原则，尽量使铝液在炉内长期停留。

（7）铝液中析出氢的条件　铝液中析出氢的条件包括热力学条件和动力学过程。动力学过程包括氢气泡的形成和铝液中形成的气泡上浮至熔池表面。在生产中可采取下列工艺措施：①冷凝除气，依靠熔池表面层、坩埚壁的空冷，使铝液产生自然对流；②真空处理，借氢气泡上浮带动铝液产生对流；③电磁搅拌，在熔池内形成强制对流。另外，采用溶剂破坏表面氧化膜，可消除气泡溢出的保护，提高铝液脱氢速度。

（8）铝液的除氢速度　提高除氢速度的有效途径：①尽可能增加气泡数目，增加铝液与气泡间的有效接触表面积A/V；②尽可能减小气泡直径，即增大搅动度；③尽可能延长气泡在铝液中上升浮游的路程，以增加气泡在铝液中的停留时间，也即增加气泡带走氢气的时间。④采用高纯度惰性气体或不溶于铝液的活性气体除气与真空除气，改善除气条件等。

2. 铝液精炼工艺

目前常用的精炼方法按其机制可分为吸附法和非吸附法两大类。吸附法依靠精炼剂产生吸附氧化夹杂的作用，同时清除氧化夹杂及其表面依附的氢气，达到净化铝液的目的。非吸附法依靠其他物理、化学作用来达到净化铝液的目的。吸附法的精炼作用只发生在吸附界面上，非吸附法则同时作用于整体铝液。

（1）吸附精炼　吸附精炼依靠精炼剂产生吸附氧化夹杂的作用，同时清除氧化夹杂及其表面依附的氢气，达到净化铝液的目的。精炼作用仅发生在吸附界面上，具体又可分为浮游法、溶剂法和过滤法等。

1）浮游法。浮游法是向铝液中通入气体（通常为氮、氩、氯或盐类所产生的气体）产生大量气泡，由于气泡中氢的分压力为零，因此借助于铝液和气泡中氢分压之差，氢便扩散进入气泡，气泡浮出液面后氢即逸入大气；气泡表面所吸附的夹杂物（由于浸润性的差异，

夹杂物能自动吸附在与之接触的气泡上）也随之上浮而排除，从而达到除氢排杂的目的。根据精炼剂的不同，浮游法可以分为通氮精炼、通氩精炼、通氯精炼、氯盐精炼、固体无公害精炼、喷粉精炼等。

由于氮气价格低廉，通氮精炼是最早采用的方法，但它存在明显不足：①为了避免生成大量氮化物夹杂（如 AlN、Mg_3N_2 等），精炼温度要求过低（710～720℃），从而限制了氢向气泡的扩散能力；氮气泡只能吸入约为本身容积 0.1 倍的氢，精炼效果不明显；②氮气质量要求严格，含微量的氧和水分都会极大地降低精炼效果，如含氧 0.5%（质量分数）即可使除气效果降低 40 %。通氩精炼的温度可提高到 760℃，有利于增强氢的扩散能力，同时由于氩的密度比氧大，可富集在铝液表面，防止铝液与炉气发生反应，因此精炼效果较好（接近 C_2Cl_6的精炼效果）。通氯精炼的效果较好，但由于氯的剧毒性，已经不大被采用。$ZnCl_2$、$MnCl_2$、C_2Cl_6等氯盐或氯化物可与铝液中的元素发生反应，产生浮游气泡起到精炼作用。但这些固体精炼剂具有严重的污染，其应用受到限制。20 世纪 80 年代，出现了一些所谓无公害固体精炼剂，但其精炼效果不佳，且有无污染问题尚在争议中。

2）溶剂法。溶剂法的机理在于通过吸附溶解于铝液中的氧化夹杂及吸附其上的氢，上浮至液面进入炉渣中，达到除气的目的，净化效果好。溶剂一般由碱金属或碱土金属卤盐的混合物组成，加入铝液后，利用接触相之间润湿性的差异，吸附、溶解铝液中的氧化夹杂及吸附其上的氢，上浮至液面而进入炉渣，达到除杂排气的目的。对溶剂的要求：①不与铝液发生化学反应，也不相互溶解；②熔点低于精炼温度，流动性好，容易在铝液表面形成连续的覆盖层保护铝液，最好熔点高于浇注温度，便于扒渣清除；③能吸附、溶解、破碎 Al_2O_3 夹杂；④来源丰富、价格便宜。溶剂的工艺性能包括覆盖性能、分离性能、精炼性能，它们都决定于溶剂的表面性能。由于溶剂价格低廉，这种方法使用较广，但是对悬浮微细夹杂的去除能力较差。

3）过滤法。依靠过滤介质的机械阻碍作用和（或）吸附作用捕获夹杂物，同时截除吸附在夹杂物上的氢而达到精炼的目的，这是排除夹杂物的有效方法之一。过滤器可分为网状过滤器、颗粒状过滤器和多孔陶瓷过滤器。

过滤精炼由于净化效果好，对于重要的铝铸件，采用过滤精炼是发展方向。过滤剂分为两类：一类是非活性过滤剂，如石墨块、镁屑砖等，依靠机械作用清除铝液中的非金属夹杂物；另一类是活性过滤剂，如 NaF、CaF_2 等，除机械作用外，主要通过吸附、溶解 Al_2O_3的作用清除氧化夹杂。过滤法去除夹杂物效果显著，但除气效果较差。

（2）非吸附精炼法　非吸附精炼法包括真空处理法、超声波处理法、压力结晶法、直流电法、钛屑处理法、旋转电磁场法、稀土元素储氢法等。除后者外，这些方法普遍设备复杂、成本高，生产中没有得到广泛应用。稀土元素储氢法又称化学固氢法，利用稀土元素（La、Y、Ce 等）与氢的强大亲和力，生成稳定的高熔点化合物（REH_2）弥散质点，以固体形式吸收铝液中大量的氢，降低含氢量。

【任务实施】

一、炉料组成

炉料由新金属、中间合金和回炉料组成。

1. 新金属

国家标准中可查到新金属的牌号、等级、纯度及用途，是炉料的主要组成。其纯度高，可用来稀释回炉料中带入的杂质含量。

2. 中间合金

为了便于加入某些难熔合金元素，如铜、锰、硅等，或成分严格控制的元素，如锑、银、稀土等，需预先与纯铝制成中间合金。对中间合金的要求是熔点和铝液温度接近，合金元素比例尽可能高，化学成分均匀，冶金质量好，易于破碎等。熔制中间合金的方法有直接熔化法和铝热法。后者用合金元素的氧化物作原料，成本可降低，但熔炼温度高，夹杂物多，劳动条件差。

3. 回炉料

回炉料可分三类。第一类包括成分合格的报废铸件、浇冒口等，可直接使用；第二类包括小毛边、浇口杯中剩余金属、冲压车间的边角料等，需经重熔成再生合金锭方能使用；第三类包括炉渣、切屑、炉底残渣及化学成分不合格又无法调整的废金属（如含铁量过高），需经专业化的冶金厂重熔成再生合金锭。

回炉料具有遗传性。遗传的内容有“纯度遗传”和“组织遗传”两种。纯度高、晶粒细的炉料遗传质量高，熔制的合金质量也会高，有时比等级较低的新金属熔制的合金质量更好。

铝液中潜在的结晶核心，即具有近程有序排列的原子团存在，是组织遗传的原因，在恒定温度下经长期保温，甚至超声波处理后仍能保留组织遗传性，说明这些原子团是相当稳定的。

如把铝液过热到液相线以上 200～300℃，甚至更高，使原子团消失，然后与另一份温度较低的铝液相混合，快速浇注，能细化合金组织，改善力学性能，这种工艺称为“温度加工”或“速热处理”。

二、配料计算

配料计算的任务是按照指定的合金牌号，计算出每一炉次的炉料组成及各种熔剂的用量。计算的依据是：新金属料、回炉料、中间合金的化学成分和杂质含量，各元素的烧损率，每一炉次的投料量等。下面介绍配料计算方法。

1. 按投料量计算

先计算包括烧损量在内的各元素的需要量，再计算各种中间合金的数量，最后计算应补加的新金属料及合格的回炉料质量。

用这种算术计算方法简单易行，但算得的补加新金属料质量不可能是铝锭质量的整数倍，因此需切割铝锭以满足要求。

2. 按铝锭质量即新金属质量计算

这种算法能以现有铝锭质量直接投料，不必切割铝锭，可节省工时，计算公式为

$$X=\frac{A+A_1\left(1-\sum\frac{E}{B}-\sum F\right)}{1-\sum\frac{C}{B}-\sum D} \tag{4-4}$$

$$X' = \frac{A}{1 - \sum \frac{C}{B} - \sum D} \tag{4-5}$$

$$Y = \frac{XC - A_1 E}{B} \tag{4-6}$$

$$Y' = \frac{X'C}{B} \tag{4-7}$$

$$Z = XD - A_1 F \tag{4-8}$$

$$Z' = X'D \tag{4-9}$$

式中　A——已知铝锭的总质量，单位为 kg；

B——各种中间合金内所含合金元素的百分数，不带百分号；

C——以中间合金形式加入的合金牌号所要求的合金元素百分数，不带百分号；

D——牌号要求的以纯金属形式加入的合金元素百分数，带百分号；

A_1——初步确定的回炉料质量，单位为 kg；

E——回炉料成分中以中间合金形式加入的合金元素的百分数，不带百分号；

F——回炉料中以纯金属形式加入的合金元素的百分数，带百分号；

X，X'——每一炉次投料总量，单位为 kg，待求；

Y，Y'——各种中间合金配料量，单位为 kg，待求；

Z，Z'——以纯金属形式加入的合金元素质量，单位为 kg，待求。

式（4-4）、式（4-6）和式（4-8）用于有回炉料时，式（4-5）、式（4-7）和式（4-9）用于无回炉料时。

三、计算举例

已知 ZL104 合金的目标成分为 $w_{Si}=9\%$，$w_{Mn}=0.4\%$，$w_{Mg}=0.35\%$，中间合金成分分别为 Al-Si 合金锭 $w_{Si}=20\%$，Al-Mn 合金锭 $w_{Mn}=8\%$。

1. 没有回炉料用重 16.6kg 的铝锭配制 ZL104 合金

将已知数值分别代入式（4-5）、式（4-7）和式（4-9）中得

总量：
$$X' = \frac{16.6\text{kg}}{1-\left(\frac{9}{20}+\frac{0.4}{8}\right)-0.35\%} = 33.43\text{kg}$$

$$\text{Al-Si：}Y'_1 = \frac{33.43\text{kg}\times 9}{20} = 15.04\text{kg}$$

$$\text{Al-Mn：}Y'_2 = \frac{33.43\text{kg}\times 0.4}{8} = 1.67\text{kg}$$

$$\text{Mg：}Z' = 33.43\text{kg}\times 0.35\% = 0.117\text{kg}$$

2. 有回炉料时的计算法

回炉料成分为 $w_{Si}=7.6\%$，$w_{Mn}=0.42\%$，$w_{Mg}=0.4\%$，初步确定使用 5kg 回炉料，分别代入式（4-4）、式（4-6）和式（4-8）中得

总量：
$$X = \frac{16.6+5\times\left(1-\frac{7.6}{20}-\frac{0.42}{8}-0.4\%\right)}{1-\left(\frac{9}{20}+\frac{0.4}{8}\right)-0.35\%}\text{kg} = 39.1\text{kg}$$

$$\text{Al-Si}：Y_1 = \frac{39.1\text{kg} \times 9 - 5\text{kg} \times 7.6}{20} = 15.69\text{kg}$$

$$\text{Al-Mn}：Y_2 = \frac{39.1\text{kg} \times 0.4 - 5\text{kg} \times 0.42}{8} = 1.69\text{kg}$$

$$\text{Mg}：Z = 39.1\text{kg} \times 0.35\% - 5\text{kg} \times 0.4\% = 0.117\text{kg}$$

算得各种炉料组成的质量后，应再验算一下杂质总量是否超标。

上述两种计算过程人工约需 1h，还容易出错，因此可编成程序利用计算机计算，从输入数据、运算到打印结束，只需要 2min。其优点是除不用切割铝锭外，还能在短时间内算出几种方案供人选择。

四、ZL104 合金熔炼工艺

300kg 以下熔化量在电阻坩埚炉中熔炼，先按牌号要求进行配料，算出炉料、熔剂数量，熔炼工具清理干净并预热。用新坩埚时，先空炉加热到 600～700℃，呈暗红色，保持 30～60min，烧去铁坩埚内壁的水分及可燃杂质，然后冷却至200℃左右，喷上涂料。如能熔化一次 ZL104 合金的回炉料或杂铝后再正式熔炼，则更为理想。对旧坩埚，则应将内壁清理干净，用小锤轻敲，凭声音判断有无裂纹出现。检查后，将坩埚加热至 200℃左右，喷涂料。常用涂料成分、配比及用途见表 4-3。涂料由填充剂、粘结剂和适量水或酒精组成。使用涂料时要根据具体用途选择合适的填充剂和稠度。常用的填充剂有白垩粉、滑石粉、氧化锌、石棉粉等。

表 4-3　常用涂料成分、配比及用途

组成（%）	No1	No2	No3	No4	No5	No6	No7	No8
白垩粉 $CaCO_3$	15	—	—	—	90	—	—	—
滑石粉 $3MgO \cdot 4SiO_2 \cdot H_2O$	—	—	15	90	—	—	—	—
刚玉粉 Al_2O_3	—	—	—	—	—	—	—	250g
氧化锌	—	15	—	—	—	23	20	—
石棉粉	—	—	—	—	—	—	—	—
水玻璃	3	3	3	10	10	2	15	硅溶胶 100ml
水（H_2O）	82	82	82	适量	适量	75	适量	酒精 15ml
用途	工具	工具	工具	坩埚	坩埚	金属型型腔	金属型浇冒口	工具、坩埚

白垩粉遇铝液将发生以下分解反应

$$CaCO_3 \rightarrow CaO + CO_2 \tag{4-10}$$

故用 No1 涂料喷涂的工具取铝液时，起初有 CO_2 气泡产生，但 CaO 仍能粘附在工具或坩埚上，不易脱落。

用氧化锌作填充剂时，与铝液发生以下反应

$$3ZnO + 2Al \rightarrow Al_2O_3 + 3Zn \tag{4-11}$$

反应结果，ZnO 被还原，涂料容易剥落。但氧化锌也有优点，当工具预热至 350℃左右时，涂料由白色转为杏黄色，可借以估计工具的温度，判断工具表面是否吸附水汽；其次，氧化锌涂料不会分解出气态产物。因此，常用 No1、No2 涂料喷涂熔炼工具，用 No4、No5 涂料喷涂坩埚，用 No6 或 No7 涂料喷涂金属型型腔或浇冒口。No8 涂料即不分解，也不会被还原，非常稳定，寿命长，不污染铝液，缺点是价格贵，因此只在重要场合使用。

涂料的稠度由涂料层厚度决定，涂料层越厚，稠度要求越大。坩埚与高温铝液长时间接触，在浇注过程中无法补涂，因此熔炼前要涂厚一些，涂料的稠度要大。

金属型的浇冒口要求有良好的保温作用，故用 No7 涂料。涂料层要厚，稠度要大。熔炼工具的涂料层要薄，即使有剥落，也可以补涂。如涂得太厚，则受急冷急热时，涂料剥落后会落入铝液中，成为夹渣。

当锌作为合金中的杂质且含量控制很严时，最好不用氧化锌作涂料。

坩埚喷好涂料后，升温至 500 ~ 600℃，呈暗红色时，开始装料。炉料预热温度为 300 ~ 400℃。预热温度越高，熔化速度越快。但温度过高会使炉料失去强度，装料不便。严禁把冷料直接加入铝液中，否则会使铝液飞溅甚至爆炸。

传统的加料次序是先加熔点较低的回炉料，Al-Si 合金锭，再加熔点较高的铝锭，Al-Mn 合金锭，待全部炉料熔清后，再加回炉料将温度降至 680 ~ 700℃，加入镁锭，搅拌均匀后，即可进行精炼、变质，炉前质量检测合格后，浇注试棒，浇注铸件。

近年来推荐直接加硅、加锰，其具有一定的优点。加料次序改为先投铝锭，升温至 700 ~ 730℃，把预热至 600 ~ 700℃的结晶硅或电解锰直接加入铝液中，同时吹氮精炼，搅拌铝液，加速结晶硅、电解锰的熔化。全部熔清后，用回炉料降温后加镁，搅拌均匀后即可进行变质。

此法省去了熔制中间合金的工时、能源，免去了熔制中间合金的高温操作，对提高冶金质量有利。此法的关键是要创造良好的合金化条件，保证铝液和结晶硅、电解锰的表面直接接触，直至熔清。不宜随便翻动液面上的结晶硅、电解锰，防止在表面生成 SiO_2 或 MnO 膜，外包一层 Al_2O_3，隔断铝液和结晶硅、电解锰的接触，阻止合金化过程，这样熔炼就会失败。

五、废料、切屑重熔

先清理废料、切屑表面油污。除油燃烧时应缩短在 500 ~ 640℃高温下的时间，使之快速熔化，汇入熔池，防止氧化损失。除水汽时应在还原性炉氛中烘烤，以免氧化。

废、碎料表面的氧化膜妨碍铝液滴的熔合。炉内应先加入熔剂，熔化后加入大块废料，待形成熔池后，再分批把废料压入熔池下，强烈搅拌，在搅拌和熔剂的作用下，废料表面氧化膜破裂，铝液相互熔合，待一批废料熔化后再加下一批。为了减少熔耗，熔炼温度不宜高于 700℃。当炉渣积聚过多时，即可扒除，补加新熔剂，经精炼、炉前质量检测合格后，浇注成锭。

重熔合金锭一般含有较多的氧化夹杂，只适用于不重要的铸件。如在重熔的流程中用精炼熔剂作为过滤介质进行过滤，有效地除渣、除气，则可获得质量良好的重熔锭，可用作重要铸件的炉料。

六、检测与评价

圆铸锭的检查一般包括如下内容。

1）化学成分。

2）尺寸偏差包括直径、长度、切斜度。空心锭还要检查内孔直径和壁厚是否均匀。

3）表面质量。其中包括以下几项要求。

①不车皮铸锭表面应清洁，无裂纹、油污、灰尘、腐蚀、成层、缩孔、偏析瘤等缺陷，不得超过有关标准的规定。

②车皮后的铸锭表面不得有气孔、缩孔、裂纹、成层、夹杂、腐蚀等缺陷，以及锯屑、油污、灰尘等脏物。

③车皮后的铸锭表面刀痕深度要符合有关标准的规定。

④直接铸造用铸锭应无顶针孔。

4）高倍检查。均匀化退火后的铸锭，应在其热端（高温端）切不少于两块高倍试样，检查是否过烧。

5）低倍与断口组织缺陷（如裂纹、夹杂、气孔、白斑、疏松、羽毛状晶、化合物、大晶粒、光亮晶粒）不应超过有关标准的规定；氧化膜试样要经锻造后再进行检查，且应符合订货合同要求。低倍断口组织及氧化膜首次检查不合格时，可切取复查试片进行复查。低倍试片的切取方法如图4-8所示，氧化膜试样的切取方法如图4-9所示。

6）铸锭端面必须打上合金牌号、炉号、熔次号、根号、毛料号，验收后的铸锭必须打上检印。

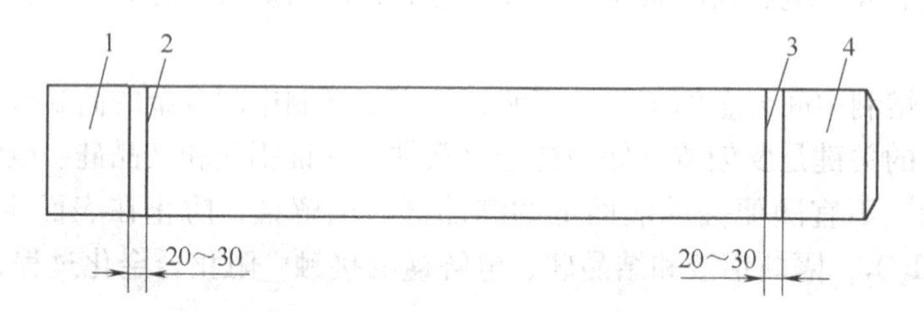

图4-8　低倍试片的切取方法

1—切头　2，3—低倍试片　4—切尾

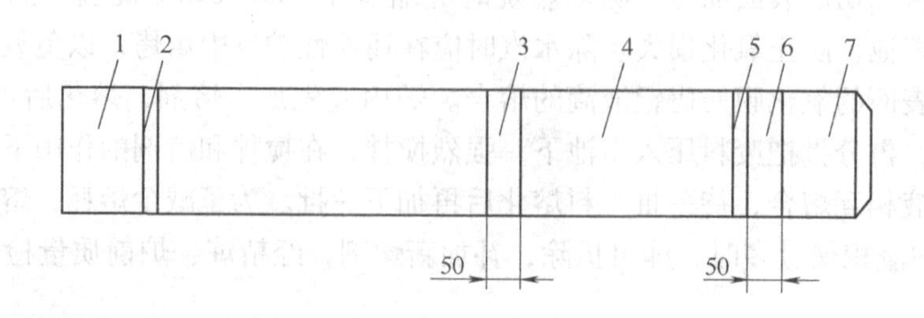

图4-9　氧化膜试样的切取方法

1—切头　2，5—低倍试片　3—备查氧化膜试样

4—底部毛料　6—氧化膜试样　7—切尾

任务二　铸造铜合金的熔炼

➢【学习目标】

1）掌握铸造铜合金的分类、组织性能的影响因素和牌号表示方法。

2）掌握铸造铜合金（ZCuSn10P1）的熔炼工艺。

➢【任务描述】

近现代，特别是十七世纪的产业革命及法拉第电磁感应定律发现以后，由于铜合金具有优良的导电、导热、耐蚀性，易于加工，外表美观，因而被大规模应用于现代工程技术领域。各种家用电器产品、工业装置等都离不开铜合金产品，因此它是国民经济中不可替代的重要工程材料。

铸造铜合金 ZCuSn10P1 硬度高，耐磨性极好，不易产生咬死现象，有较好的铸造性能和可加工性，在大气和淡水中有良好的耐蚀性，可用于制造高负荷（20MPa 以下）和高滑动速度（8m/s）下工作的耐磨零件，如连杆、衬套、轴瓦、齿轮、蜗轮等。

铜合金铸件的常见缺陷有力学性能不合格、气孔、夹渣、渗漏、偏析等，主要原因是熔炼工艺控制不当。

铜合金的熔炼工艺过程包括以下几个环节：熔炼前的准备工作（包括工具的准备、熔炉和熔炼、金属炉料、各种熔剂的准备、配料计算和称量）、投料熔化、脱氧、去气精炼、调整化学成分和温度、二次脱氧、扒渣浇注等。上述过程对每种合金并不完全相同，如锡青铜一般不进行精炼，而黄铜一般不需要脱氧。铜合金的熔炼工艺流程如图 4-10 所示。

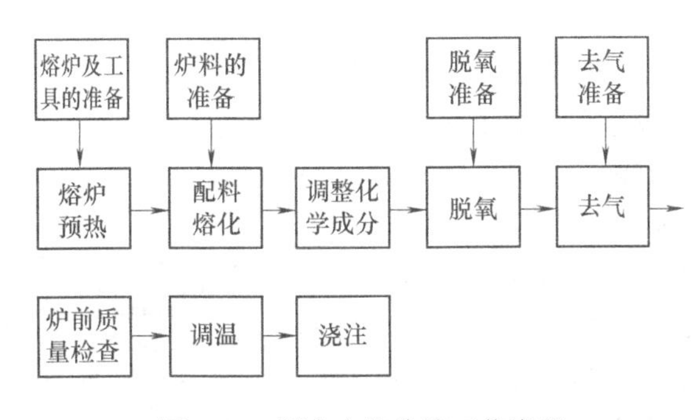

图 4-10　铜合金的熔炼工艺流程

➢【相关知识】

一、铸造铜合金概述

铸造铜合金是现代工业中广泛应用的结构材料之一。铜合金具有较高的力学性能和耐磨性能，很高的导热性和导电性。铜合金的电极电位高，在大气、海水、盐酸、磷酸溶液中均有良好的耐蚀性，因此常用作船舰、化工机械、电工仪表中的重要零件及换热器。

铸造铜合金可分为两大类，即青铜和黄铜。不以锌为主加元素的铜合金统称为青铜，按主加元素不同又分为锡青铜、铝青铜、铅青铜、铍青铜等；以锌为主加元素的铜合金称为黄铜，按第二种合金元素的不同分为锰黄铜、铝黄铜、硅黄铜、铅黄铜等。

1. 铸造锡青铜

（1）Cu-Sn 二元合金的成分、组织　在 Cu-Sn 二元相图中，存在 α、β、γ、δ 几个相，其中 α 相是锡溶于纯铜中的置换型固溶体，面心立方晶格，故保留纯铜的良好塑性。β 相是以电子化合物 Cu_5Sn 为基体的固溶体，体心立方晶格，高温时存在，降温过程中被分解。γ 相是以 CuSn 为基体的固溶体，性能和 β 相相近。δ 相是以电子化合物 $Cu_{31}Sn_8$ 为基体的固溶体，复杂立方晶格，常温下存在，硬而脆。

以 $w_{Sn}=20\%$ 的合金为例，开始凝固时，从液相中析出 α 相，降至 799℃ 时发生包晶转变

$$\alpha + L \rightarrow \beta \tag{4-12}$$

随着温度继续降低，依次发生三个共析反应

$$\beta \xrightarrow{586℃} \alpha + \gamma \tag{4-13}$$

$$\gamma \xrightarrow{520℃} \alpha + \delta \tag{4-14}$$

$$\delta \xrightarrow{350℃} \alpha + \varepsilon \tag{4-15}$$

因此 $w_{Sn}=20\%$ 的锡青铜的平衡组织将由 α 固溶体 +（α + ε）共析体组成，但式（4-15）一般情况下并不发生，在铸造条件下出现的是 α +（α + δ）。锡的原子直径 $d_{Sn}=3.16\times10^{-10}$m，比铜的原子直径 $d_{Cu}=3.16\times10^{-10}$mm 大得多，锡原子在铜中的扩散速度极慢，发生式（4-15）的共析转变后，α 的成分不再变化。由于铜侧的 Cu-Sn 二元合金的凝固温度范围很宽，发生非平稳结晶的结果，相变将按照 Cu-Sn 二元实用相图进行，α 相区将随冷速增大而缩小。

锡青铜典型的铸态组织由树枝晶 α 和共析体 α + δ 组成。树枝晶 α 内部存在明显的晶内偏析，枝晶轴富铜，枝晶边缘富锡，经腐蚀后枝晶轴呈白色，枝晶边缘发暗。图 4-11 所示为 ZCuSn10P1 的铸态显微组织。由于不平衡结晶，$w_{Sn}=5\%\sim7\%$ 的合金就可能出现 α + δ 共析体。这种非平衡组织对塑性不利，可采用均匀化退火提高塑性，但对于要求耐磨性的零件却是理想的组织。

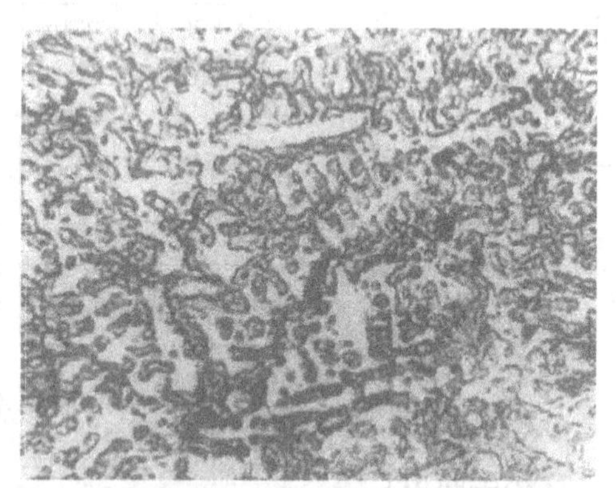

图 4-11　ZCuSn10P1 的铸态显微组织

（2）Cu-Sn 二元合金的性能及工艺特点　Cu-Sn 二元合金的力学性能取决于组织中 α + δ 共析体所占的比例，即含锡量及冷却速度决定合金的力学性能，如图 4-12 所示。从图中可知，$w_{Sn}=7\%\sim10\%$ 的合金具有最佳的综合力学性能。

锡青铜的结晶温度范围很宽，凝固速度较慢时，容易形成缩松，这是导致锡青铜铸件渗漏的主要原因。进行均匀化退火后，α 枝晶消失，能防止铸件渗漏。但是分布均匀的显微缩松能储存润滑油，对于耐磨零件是有利的。

锡青铜呈糊状凝固，枝晶发达，很快就在铸件内形成晶体骨架，开始了线收缩，此时凝固层较薄，高温强度又低，因此铸件容易发生热裂。

反偏析是锡青铜铸件中常见的缺陷，铸件表面会渗出灰白色颗粒状的富锡分泌物，俗称

“冒锡汗”。“锡汗”中富集δ相，造成铸件内外成分不均匀，降低合金力学性能，而且使组织更加疏松，引起渗漏。同时，表面富集坚硬的δ相，恶化可加工性，加工后的表面会出现灰白色斑点，影响表面质量。反偏析层一般有5mm左右，严重时可深入表皮下25～30mm。凝固速度越慢，反偏析越严重。

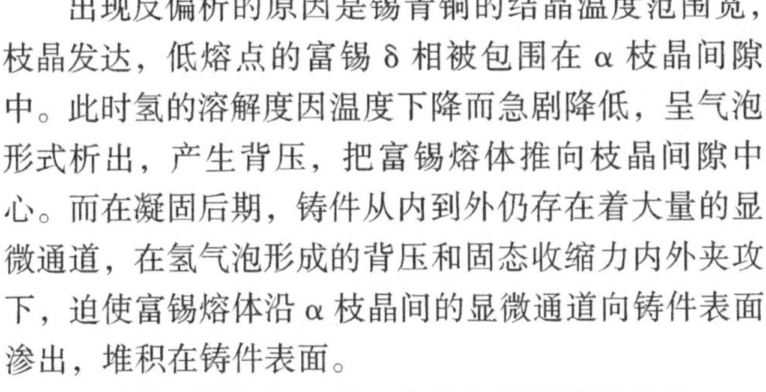

出现反偏析的原因是锡青铜的结晶温度范围宽，枝晶发达，低熔点的富锡δ相被包围在α枝晶间隙中。此时氢的溶解度因温度下降而急剧降低，呈气泡形式析出，产生背压，把富锡熔体推向枝晶间隙中心。而在凝固后期，铸件从内到外仍存在着大量的显微通道，在氢气泡形成的背压和固态收缩力内外夹攻下，迫使富锡熔体沿α枝晶间的显微通道向铸件表面渗出，堆积在铸件表面。

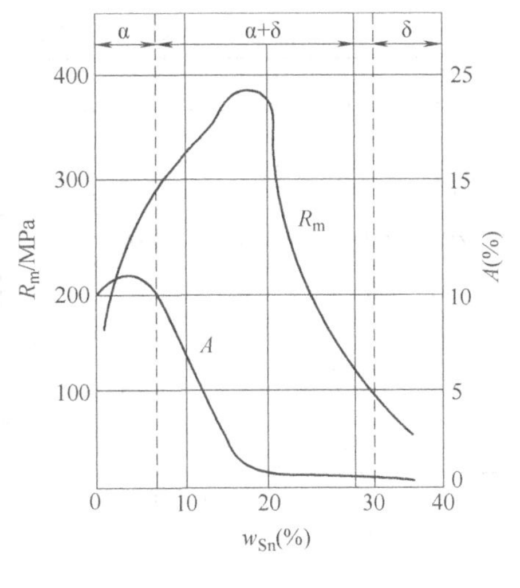

图4-12　含Sn量对锡青铜力学性能的影响

二元锡青铜如加入磷，将发生以下铸型反应

$$2P + 5H_2O = P_2O_5 + 5H_2 \tag{4-16}$$

产生大量的氢气，因此反偏析特别严重。

防止反偏析的工艺措施有以下几种。

1）放置冷铁，提高冷却速度，出现层状凝固。

2）调整化学成分，如加入锌，缩小结晶温度范围。

3）采取有效的精炼除气措施，减少合金中的含气量。

锡青铜中的主加元素锡不易氧化，不易蒸发，因此在各类青铜中锡青铜的氧化倾向小、熔炼工艺较简单，不需要设置复杂的挡渣系统，不用底注式浇注系统，一般采用雨淋式浇口。对于形状不复杂的中、小件，可用简单的压边浇口。缩松补偿部分体收缩，可不用专用冒口。

锡青铜的线收缩率约为1.2%～1.6%，是铜合金中最小的，所以铸造内应力小，冷裂倾向小，适用于铸造形状复杂的铸件或艺术铸造。

铸造锡青铜的合金牌号、名称、化学成分见表4-4，杂质限量见表4-5，力学性能见表4-6，主要特性和应用举例见表4-7。

表4-4　铸造锡青铜的合金牌号、名称、化学成分（GB 1176—1987）

合金牌号	合金名称	化学成分（质量分数,%）					
		锡	锌	铅	磷	镍	铜
ZCuSn3Zn8Pb6Ni1	3-8-6-1锡青铜	2.0～4.0	6.0～9.0	4.0～7.0	—	0.5～1.5	其余
ZCuSn3Zn11Pb4	3-11-4锡青铜	2.0～4.0	9.0～13.0	3.0～6.0	—	—	其余
ZCuSn5Pb5Zn5	5-5-5锡青铜	4.0～6.0	4.0～6.0	4.0～6.0	—	—	其余
ZCuSn10P1	10-1锡青铜	9.0～11.5	—	—	0.5～1.0	—	其余
ZCuSn10Pb5	10-5锡青铜	9.0～11.0	—	4.0～6.0	—	—	其余
ZCuSn10Zn2	10-2锡青铜	9.0～11.0	1.0～3.0	—	—	—	其余

表 4-5 铸造锡青铜的杂质限量（GB 1176—1987）

合金牌号	杂质限量，不大于（质量分数,%）										
	铁	铝	锑	硅	磷	硫	镍	锌	铅	锰	总和
ZCuSn3Zn8Pb6Ni1	0.4	0.02	0.3	0.02	0.05	—	—	—	—	—	1.0
ZCuSn3Zn11Pb4	0.5	0.02	0.3	0.02	0.05	—	—	—	—	—	1.0
ZCuSn5Pb5Zn5	0.3	0.01	0.25	0.01	0.05	0.10	2.5*	—	—	—	1.0
ZCuSn10P1	0.1	0.01	0.05	0.02	—	0.05	0.10	0.05	0.25	0.05	0.75
ZCuSn10Pb5	0.3	0.02	0.3	—	0.05	—	—	1.0*	—	—	1.0
ZCuSn10Zn2	0.25	0.01	0.3	0.01	0.05	0.10	2.0*	—	1.5*	0.2	1.5

注：1. 有“*”符号的元素不计入杂质总和。

2. 未列出的杂质元素计入杂质总和。

表 4-6 铸造锡青铜的力学性能（GB 1176—1987）

合金牌号	铸造方法	力学性能，不低于		
		R_m/MPa	$R_{r0.2}$/MPa	A（%）
ZCuSn3Zn8Pb6Ni1	S	175		8
	J	215		10
ZCuSn3Zn11Pb4	S	175		8
	J	215		10
ZCuSn5Pb5Zn5	S、J	200	90	13
	Li、La	250	100	13
ZCuSn10P1	S	220	130	3
	J	310	170	2
	Li	330	170	4
	La	360	170	6
ZCuSn10Pb5	S	195		10
	J	245		10
ZCuSn10Zn2	S	240	120	12
	J	245	140	6
	Li、La	270	140	7

表 4-7 铸造锡青铜的主要特性和应用举例（GB 1176—1987）

合金牌号	主要特性	应用举例
ZCuSn3Zn8Pb6Ni1	耐磨性较好，易加工，铸造性能好，气密性较好、耐腐蚀，可在流动海水下工作	在各种液体燃料以及海水、淡水和蒸汽（≤225℃）中工作的零件，压力不大于 2.5MPa 的阀门和管配件
ZCuSn3Zn11Pb4	铸造性能好，易加工，耐腐蚀	海水、淡水、蒸汽中，压力不大于 2.5MPa 的管配件

（续）

合金牌号	主要特性	应用举例
ZCuSn5Pb5Zn5	耐磨性和耐蚀性好，易加工，铸造性能和气密性较好	在较高负荷，中等滑动速度下工作的耐磨耐腐蚀零件，如轴瓦、衬套、缸套、活塞离合器、泵件压盖以及蜗轮等
ZCuSn10P1	硬度高，耐磨性极好，不易产生咬死现象，有较好的铸造性能和可加工性，在大气和淡水中有良好的耐蚀性	可用于高负荷（20MPa 以下）和高滑动速度（8m/s）下工作的耐磨零件，如连杆、衬套、轴瓦、齿轮、蜗轮等
ZCuSn10Pb5	耐腐蚀，特别对稀硫酸、盐酸和脂肪酸	结构材料，耐蚀、耐酸的配件以及破碎机衬套、轴瓦
ZCuSn10Zn2	耐蚀性、耐磨性和可加工性好，铸造性能好，铸件致密性较高，气密性较好	在中等及较高负荷和小滑动速度下工作的重要管配件，以及阀、旋塞、泵体、齿轮、叶轮和蜗轮等

（3）ZCuSn10P1 锡青铜　ZCuSn10P1 合金的名称为“10-1 锡青铜”，成分见表 4-4。磷的作用有三：一是生成 Cu_3P，硬度高，作为耐磨组织中的硬相，提高合金的耐磨性；二是脱氧；三是提高合金流动性，改善充型能力。铸态组织由 α 相加三元共析体 $\alpha+\delta+Cu_3P$ 所组成，耐磨性能比二元锡青铜更好。砂型试块力学性能不高（表 4-6）。ZCuSn10P1 常用来制造在重载荷、高转速、较高温度下受强烈摩擦的零件，如齿轮等。

为了防止铸型反应，应采用干型浇注。采用金属型时，表面必须处理干净。稍不注意就会发生铸型反应，冒口上涨，因此必须低温浇注，快速冷却，才能获得合格铸件。

（4）ZCuSn10Zn2 锡青铜　ZCuSn10Zn2 合金的名称为“10-2 锡青铜”，成分见表 4-4。锌的作用是缩小合金的结晶温度范围，提高充型、补缩能力，减轻缩松倾向，提高气密性；锌溶入固溶体中，强化合金。

根据 Cu-Sn-Zn 三元相图，ZCuSn10Zn2 的铸态组织为 α（Cu）＋二元共析体（$\alpha+\delta$）。共析体所占比例和 ZCuSn10P1 相同，即 2% 的锌引起的组织变化与 1% 的锡相当，故锌的锡当量为 0.5%。由于锌的沸点低，只有 910℃，蒸气压大，加入锌还有除气作用，锌的价格又较便宜，因此用锌取代一部分锡乃是一举两得。砂型试块力学性能见表 4-6。

α 相是软基体，镶嵌共析体 $\alpha+\delta$ 硬质点，是一种耐磨组织，因此 10-2 锡青铜常用作在蒸汽或流速不大的海水中工作的承受中等载荷的船用衬套、阀门及转速不高的蜗轮等。

（5）ZCuSn5Pb5Zn5 锡青铜　ZCuSn5Pb5Zn5 合金的名称为“5-5-5 锡青铜”，成分见表 4-4。铅的作用有三：一是以细小分散的颗粒均匀分布在合金基体上，具有良好的自润滑作用，能降低摩擦系数，提高耐磨性；二是在最后凝固阶段铅填补了 α（Cu）枝晶空隙，有助于消除显微缩松，提高耐水压性能；三是孤立分散的铅粒破坏了合金基体的连续性，切削加工时易断屑，可改善可加工性。

含铅量（质量分数）的上限为 6%，超过上限其作用不但不增加，合金的力学性能反而将明显下降。

5-5-5 锡青铜的组织与 $w_{Sn}=7.5\%$ 的二元锡青铜相当，由 α（Cu）枝晶及分布在 α（Cu）枝晶间隙中的共析体 $\alpha+\delta$ 和铅颗粒所组成，塑性较好，力学性能见表 4-6。由于耐磨性、铸造性能、可加工性均较好，能承受冲击载荷，故常用于制造承受中等载荷和转速的轴承、轴套以及螺母和垫圈等耐磨零件。

2. 铸造铝青铜

（1）Cu-Al 二元合金的成分、组织　在 Cu-Al 二元相图铝侧中，只存在 α、β、γ_2 三相。α 相具有铜的面心立方晶格，塑性高，并因溶入铝而强化，故单相 α 铝青铜用于冷、热压力加工成型材；β 相是以电子化合物 Cu_3Al 为基体的固溶体，体心立方晶格，在高温时稳定，降温过程中共析分解为

$$\beta \xrightarrow{586℃} \alpha + \gamma_2 \tag{4-17}$$

γ_2 相是以电子化合物 $Cu_{32}Al_{19}$ 为基体的固溶体，具有复杂的立方晶格，硬而脆，出现 γ_2 相后，合金的塑性下降。

在平衡的条件下，α 相区很宽，室温下铝在铜中的溶解度可达 9.4%，铸造条件下发生非平衡结晶，α 相区将缩至 w_{Al} = 7.5% 以下。

（2）缓冷脆性　缓冷脆性是铝青铜特有的缺陷。在缓慢冷却的条件下，共析分解式（4-17）的产物相呈网状在 α 相晶上析出，形成隔离晶体联结的脆性硬壳，使合金发脆，这就是"缓冷脆性"，也称为"自动退火脆性"。

消除缓冷脆性的工艺措施有以下几项。

1）加入铁、锰等合金元素，增加 β 相的稳定性，不使 β 相分解。

2）加入镍以扩大 α 相区，消除 β 相。

3）提高冷却速度。对于薄壁铸件，β 相将被过冷至 520℃进行有序转变：

$$\beta \xrightarrow{520℃} \beta_1 \tag{4-18}$$

325℃时又进行马氏体无扩散转变：

$$\beta_1 \xrightarrow{325℃} \beta' \tag{4-19}$$

β′是具有密排六方晶格的介稳定相，强度、硬度较高，塑性较低。当含有适量的 β′相且分布均匀时，合金有较高的综合力学性能。但 β′相超过 30% 时，合金变脆。

（3）Cu-Al 二元合金的性能　二元铝青铜的力学性能主要决定于含铝量，如图 4-13 所示。w_{Al} = 5.7% 处有伸长率的峰值，继续增加含铝量，伸长率开始下降，强度则继续升高，而在 w_{Al} = 10% 处强度达到峰值，此后随含铝量的增加，伸长率和强度均明显下降。因此，含铝量一般控制在 9% ~ 11%。

铝青铜的铸态组织由塑性好的 α（Cu）作基体，其上均匀分布有硬度较高的 β′相，因此是一种耐磨组织。但铝青铜的干摩擦系数比湿摩擦系数大 30 ~ 40 倍，因此不宜在干摩擦工况下工作。

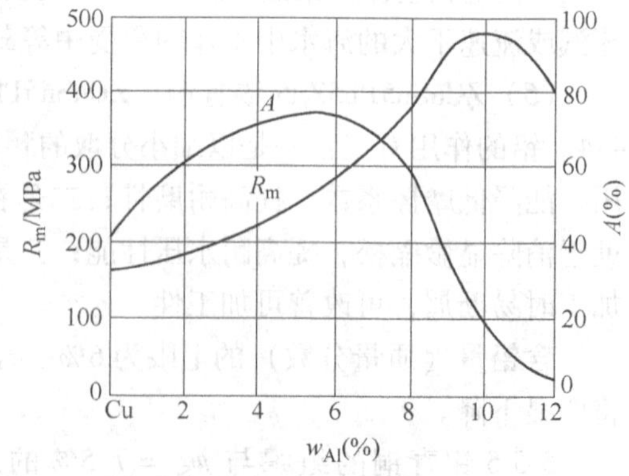

图 4-13　铝青铜力学性能（砂型）与含铝量的关系

铝青铜表面有一层致密的 Al_2O_3 惰性保护膜，在海水、氯盐及酸性介质中有良好的耐蚀性。但不许出现 γ_2 相，因为 γ_2 相可成为阳极，首先被腐蚀，形成许多腐蚀小空洞，空洞壁呈现纯铜色，称为脱铝腐蚀，使合金失去强度。加入质量分数为 4% 左右的镍，扩大 α 相区，消除 γ_2

相，能防止脱铝腐蚀。

铝青铜的结晶温度范围很小，流动性好，铸件组织致密，壁厚效应小，凝固时的体收缩率较大，达到4.1%左右，容易形成集中性大缩孔，因此必须设置大冒口，配以冷铁，严格控制顺序凝固，方能获得合格的铸件。

熔炼铝青铜时，液面大部分由Al_2O_3组成，如不排除，进入铸件中，将恶化力学性能，故可采用铝合金的精炼方法除渣除气。设计浇注系统时，必须设置严密的挡渣系统，如采用带过滤网、集渣包的先封闭后开放的底注式浇注系统，以防在型腔中生成二次氧化渣。

铝青铜的线收缩率大，如浇注系统设置不合理，型芯退让性差，浇注温度过高，杂质含量高等原因，都会在厚、薄壁的连接处或内浇口附近产生裂纹。设计浇注系统时应尽量使内浇口分散，避免热量集中，并采取相应措施消除上述因素。

铸造铝青铜的合金牌号、名称、化学成分见表4-8，杂质限量见表4-9，力学性能见表4-10，主要特性和应用举例见表4-11。

表4-8 铸造铝青铜的合金牌号、名称、化学成分（GB 1176—1987）

合金牌号	合金名称	化学成分（质量分数,%）				
		Ni	Al	Fe	Mn	Cu
ZCuAl8Mn13Fe3	8-13-3 铝青铜	—	7.0～9.0	2.0～4.0	12.0～14.5	其余
ZCuAl8Mn13Fe3Ni2	8-13-3-2 铝青铜	1.8～2.5	7.0～8.5	2.5～4.0	11.5～14.0	其余
ZCuAl9Mn2	9-2 铝青铜	—	8.0～10.0	—	1.5～2.5	其余
ZCuAl9Fe4Ni4Mn2	9-4-4-2 铝青铜	4.0～5.0	8.5～10.0	4.0～5.0	0.8～2.5	其余
ZCuAl10Fe3	10-3 铝青铜	—	8.5～11.0	2.0～4.0	—	其余
ZCuAl10Fe3Mn2	10-3-2 铝青铜	—	9.0～11.0	2.0～4.0	1.0～2.0	其余

表4-9 铸造铝青铜的杂质限量（GB 1176—1987）

合金牌号	杂质限量，不大于（质量分数,%）										
	Sb	Si	P	As	C	Ni	Sn	Zn	Pb	Mn	总和
ZCuAl8Mn13Fe3	—	0.15	—	—	0.10	—	—	0.3*	0.02	—	1.0
ZCuAl8Mn13Fe3Ni2	—	0.15	—	—	0.10	—	—	0.3*	0.02	—	1.0
ZCuAl9Mn2	0.05	0.20	0.10	0.50	—	—	0.2	1.5*	0.1	—	1.0
ZCuAl9Fe4Ni4Mn2	—	0.15	—	—	0.10	—	—	—	0.20	—	1.0
ZCuAl10Fe3	—	0.20	—	—	—	3.0*	0.3	0.4	0.2	1.0*	1.0
ZCuAl10Fe3Mn2	0.05	0.10	0.01	0.01	—	—	0.1	0.5*	0.3	—	0.75

注：1. 有“*”符号的元素不计入杂质总和。

2. 未列出的杂质元素计入杂质总和。

表 4-10 铸造铝青铜的力学性能（GB 1176—1987）

合金牌号	铸造方法	力学性能，不低于		
		R_m/MPa	$R_{r0.2}$/MPa	A（%）
ZCuAl8Mn13Fe3	S	600	270	15
	J	650	280	10
ZCuAl8Mn13Fe3Ni2	S	645	280	20
	J	670	310	18
ZCuAl9Mn2	S	390	—	20
	J	440	—	20
ZCuAl9Fe4Ni4Mn2	S	630	250	16
ZCuAl10Fe3	S	490	180	13
	J	540	200	15
	Li、La	540	200	15
ZCuAl10Fe3Mn2	S	490	—	15
	J	540	—	20

表 4-11 铸造铝青铜的主要特性和应用举例（GB 1176—1987）

合金牌号	主要特性	应用举例
ZCuAl8Mn13Fe3	具有很高的强度和硬度，良好的耐磨性和铸造性能，合金致密性高，耐蚀性好，作为耐磨件工作温度不大于 400℃，可以焊接，不易钎焊	适用于制造重型机械用轴套，以及要求强度高、耐磨、耐压零件，如法兰、阀体、泵体等
ZCuAl8Mn13Fe3Ni2	有很高的力学性能，在大气、淡水和海水中均有良好的耐蚀性，腐蚀疲劳强度高，铸造性能好，合金组织致密，气密性好，可以焊接，不易钎焊	要求强度高、耐腐蚀的重要铸件，如船舶螺旋桨，高压阀体，泵体，以及耐压、耐磨零件，如蜗轮、齿轮、法兰、衬套等
ZCuAl9Mn2	有高的力学性能，在大气、淡水和海水中耐蚀性好，铸造性能好，组织致密，气密性高，耐磨性好，可以焊接，不易钎焊	耐蚀、耐磨零件，形状简单的大型铸件，如衬套、齿轮、蜗轮，以及在 250℃以下工作的管配件和要求气密性高的铸件，如增压器内气封
ZCuAl9Fe4Ni4Mn2	有很高的力学性能，在大气、淡水和海水中均有优良的耐蚀性，腐蚀疲劳强度高，耐磨性好，在 400℃以下具有耐热性，可以热处理，焊接性好，不易钎焊，铸造性能尚好	要求强度高、耐蚀性好的重要铸件，是制造船舶螺旋桨的主要材料之一，也可用作耐磨和 400℃以下工作的零件，如轴承、齿轮、蜗轮，螺母、法兰、阀体、导向套管
ZCuAl10Fe3	具有高的力学性能，耐磨性和耐蚀性好，可以焊接，不易钎焊，大型铸件自 700℃空冷可以防止变脆	要求强度高、耐磨、耐蚀的重要铸件，如轴套、螺母、蜗轮以及 250℃以下工作的管配件
ZCuAl10Fe3Mn2	具有高的力学性能和耐磨性，可热处理，高温下耐蚀性和抗氧化性能好，在大气、淡水和海水中耐蚀性好，可以焊接，不易钎焊，大型铸件自 700℃空冷可以防止变脆	要求强度高、耐磨、耐蚀的零件，如齿轮、轴承、衬套、管嘴以及耐热管配件等

（4）ZCuAl10Fe3 铝青铜　ZCuAl10Fe3 合金的名称为“10-3 铝青铜”，成分见表 4-8。铸态组织由 α（Cu）及分布在 α（Cu）基体上的黑色点状 k 相 $FeAl_3$ 所组成。如果冷却速度较慢，可能出现少量的 $\alpha+\gamma_2$ 共析体。铁的作用如下：

1）生成异质核心，细化 α(Cu)。

2）阻滞三相共析转变

$$\beta \rightarrow \alpha + \gamma_2 + k \tag{4-20}$$

3）扩大 α(Cu) 相区，减少 β 相及其转变产物 $\alpha+\gamma_2$ 共析体，消除“缓冷脆性”。

铁的加入明显提高了合金的力学性能和耐磨性，但含量（质量分数）超过 4% 后，耐蚀性下降。

10-3 铝青铜可用作承受中等载荷，低转速的耐磨件，如蜗轮、轴套等。承受高载荷或发生摩擦时会出现“咬卡”现象。

由于铸件致密，耐水压，10-3 铝青铜也可用作高压阀门，工作温度可达 350℃。

10-3 铝青铜不含稀贵的合金元素，成本较锡青铜低，应用较广泛。为了改善力学性能，可进行热处理。

1）淬火加回火。加热至 950℃ 以上 3 ~ 4h，淬火后获得针状马氏体 β′ 相，再在 250 ~ 300℃ 回火 2 ~ 3h，这样强度、硬度都会大大提高。

2）合金的常化处理。先在 600 ~ 700℃ 保温 3 ~ 4h，然后空冷，能减少甚至消除 $\alpha+\gamma_2$ 共析体，提高合金的塑性。

（5）ZCuAl9Mn2 铝青铜　ZCuAl9Mn2 合金的名称为“9-2 铝青铜”，成分见表 4-8。锰能提高 β 相稳定性，降低 β 相共析转变温度，使共析体细化，消除“缓冷脆性”；锰溶入 α（Cu）中强化合金，塑性降低不多。砂型试块力学性能见表 4-10。和 10-3 铝青铜相比，强度较低，塑性较高。

9-2 铝青铜的耐海水腐蚀性及耐磨性都较好，不含稀贵元素，成本比锡青铜低，铸造性能和 10-3 铝青铜相近，可用作船用零件和化工机械中的高压阀门，也可用作承受中等载荷的耐磨件。

（6）ZCuAl8Mn13Fe3Ni2 铝青铜　ZCuAl8Mn13Fe3Ni2 合金的名称为“8-13-3-2 铝青铜”，成分见表 4-8。锰的含量虽比铝高，但从对组织、性能的影响来看，$w_{Mn}=1\%$ 仅相当于 $w_{Al}=0.16\%$，因此仍属于铝青铜。大量的锰稳定了 β 相。$w_{Mn}\geqslant 6\%$ 时。直至 0.02℃/s 的冷却速度也不会使 β 相分解。含锰量增加，β 相增加，强度直线上升，塑性则有所下降，合金熔点降低，改善铸造性能。最佳成分可按 $w_{Al}+0.16w_{Mn}\leqslant 10.5$ 来选择。根据统计，锰的最佳含量（质量分数）为 10% ~ 14%。镍溶入 α（Cu），扩大 α 相区，能提高耐蚀性，但镍量超过上限时会产生网状含镍化合物，使力学性能下降。铁形成 $FeAl_3$ 成为异质核心，细化晶粒和网状富镍化合物。细化晶粒所需的铁量随锰量的增加而减少，$w_{Mn}\leqslant 1.0\%$ 时至少要加 $w_{Fe}=3.5\%$，但当 $w_{Mn}>10\%$ 后，加 $w_{Fe}=3.0\%$ 就足够了。如果 $w_{Fe}>4\%$，则生成树枝状的富铁化合物，降低合金的耐蚀性，因此 w_{Fe} 应限制在 4% 以下。铸态组织由 α（Cu）+β+Cu_3Mn_2Al 及 k 相所组成，力学性能很高，见表 4-10。由于力学性能很高，铸造性能较好，在海水中耐蚀性、抗空泡溃蚀性好，是制造大型船、舰和高速快艇推进器的理想材料之一。但其缺点是抗海洋生物附着能力较差。

3. 铸造铅青铜

在Cu-Pb二元相图中，铅几乎不溶于铜中。当含铅量（质量分数）低于36%，降温时，先析出α相，然后在955℃发生以下偏晶反应

$$L_1 \rightarrow \alpha + L_2 \tag{4-21}$$

在955～326℃，富铅的L_2不断析出α相，在326℃处发生以下共晶反应

$$L_2 \rightarrow \alpha + Pb \tag{4-22}$$

α相可以看做纯铜，因此常温下的组织为树枝晶α及填满树枝晶间隙的Pb，如图4-14所示。软的铅均匀分布在铜的基体上，有自润滑作用，因此摩擦系数很小，耐磨性优良。

由于L_1、L_2与α相共存的温度范围宽，α相与液相之间的密度相差较大，凝固时会产生严重的密度偏析，引起铅相的聚集和球化，恶化合金的力学性能，因此必须采用水冷金属型，加快凝固，使铅相呈细小点状分布在铜基体上。采用金属型离心铸造时，要控制浇注速度，边浇边凝固，避免引起密度偏析，获得均匀的细晶粒组织。

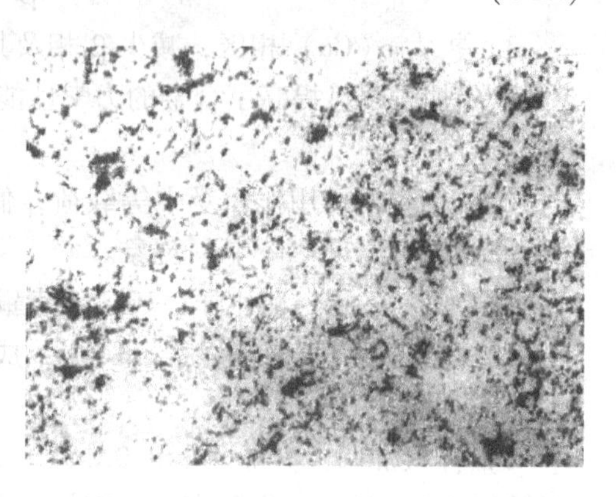

图4-14　ZCuPb30的显微组织

铸造铅青铜的合金牌号、名称、化学成分见表4-12，杂质限量见表4-13，力学性能见表4-14，主要特性和应用举例见表4-15。

表4-12　铸造铅青铜的合金牌号、名称、化学成分（GB 1176—1987）

合金牌号	合金名称	化学成分（质量分数,%）			
		Sn	Zn	Pb	Cu
ZCuPb10Sn10	10-10铅青铜	9.0～11.0	—	8.0～11.0	其余
ZCuPb15Sn8	15-8铅青铜	7.0～9.0	—	13.0～17.0	其余
ZCuPb17Sn4Zn4	17-4-4铅青铜	3.5～5.0	2.0～6.0	14.0～20.0	其余
ZCuPb20Sn5	20-5铅青铜	4.0～6.0	—	18.0～23.0	其余
ZCuPb30	30铅青铜	—	—	27.0～33.0	其余

表4-13　铸造铅青铜的杂质限量（GB 1176—1987）

合金牌号	杂质限量，不大于（质量分数,%）											
	Fe	Al	Sb	Si	P	S	As	Ni	Sn	Zn	Mn	总和
ZCuPb10Sn10	0.25	0.01	0.5	0.01	0.05	0.10	—	2.0*	—	2.0*	0.2	1.0
ZCuPb15Sn8	0.25	0.01	0.5	0.01	0.10	0.10	—	2.0*	—	2.0*	0.2	1.0
ZCuPb17Sn4Zn4	0.40	0.05	0.3	0.02	0.05	—	—	—	—	—	—	0.75
ZCuPb20Sn5	0.25	0.01	0.75	0.01	0.10	0.10	—	2.5*	—	2.0*	0.2	1.0
ZCuPb30	0.50	0.01	0.2	0.02	0.08	—	0.10	—	1.0*	—	0.3	1.0

注：1. 有“*”符号的元素不计入杂质总和。

2. 未列出的杂质元素计入杂质总和。

表 4-14　铸造铅青铜的力学性能（GB 1176—1987）

合金牌号	铸造方法	力学性能，不低于		
		R_m/MPa	$R_{r0.2}$/MPa	A（%）
ZCuPb10Sn10	S	180	80	7
	J	220	140	5
	Li、La	220	110	6
ZCuPb15Sn8	S	170	80	5
	J	220	100	6
	Li、La	220	100	8
ZCuPb17Sn4Zn4	S	150		5
	J	175		7
ZCuPb20Sn5	S	150	60	5
	J	150	70	6
	La	180	80	7
ZCuPb30	J	—	—	—

表 4-15　铸造铅青铜的主要特性和应用举例（GB 1176—1987）

合金牌号	主要特性	应用举例
ZCuPb10Sn10	润滑性能、耐磨性和耐蚀性好，适用双金属铸造材料	表面压力高，又存在侧压力的滑动轴承，如轧辊、车辆用轴承、负荷峰值 60MPa 的受冲击零件，以及最高峰值达 100MPa 的内燃机双金属轴瓦、活塞销套、摩擦片等
ZCuPb15Sn8	在缺乏润滑剂和用水质润滑剂条件下，滑动性和自润滑性能好，易切削，铸造性能差，对稀硫酸耐蚀性能好	表面压力高又有侧压力的轴承，可用来制造冷轧机的铜冷却管，耐冲击负荷达 50MPa 的零件，内燃机的双金属轴瓦，主要用于最大负荷达 70MPa 的活塞销套，耐酸配件
ZCuPb17Sn4Zn4	耐磨性和自润滑性能好，易切削，铸造性能差	一般耐磨件，高滑动速度的轴承等
ZCuPb20Sn5	有较高的滑动性能，在缺乏润滑介质和以水为介质时有特别好的自润滑性能，适用于双金属铸造材料，耐硫酸腐蚀，易切削，铸造性能差	高滑动速度的轴承及破碎机、水泵、冷轧机轴承，负荷达 40MPa 的零件，耐腐蚀零件，双金属轴承，负荷达 70MPa 的活塞销套
ZCuPb30	有良好的自润滑性，易切削，铸造性能差，易产生密度偏析	要求高滑动速度的双金属轴瓦，减磨零件等

（1）ZCuPb30　ZCuPb30 合金名称为“30 铅青铜”，成分见表 4-12，显微组织如图 4-14 所示。它的耐磨性很好，摩擦系数小，疲劳性能较高，在冲击下不易开裂，可用作承受高压、高转速并受冲击的重要轴套。它的导热性好，不易因摩擦发热而与轴颈粘连，工作温度

允许达300℃。

30铅青铜的主要缺点是力学性能很差，不能作单体轴承，只能镶铸在钢套内壁上，制成双金属轴承；其次，容易密度偏析，浇注时必须采用水冷金属型，控制浇注速度。

（2）ZCuPb20Sn5　为了改善30铅青铜的力学性能，常加入锡、锌等元素，它们还能减轻密度偏析，这就是牌号ZCuPb20Sn5，合金名称为“20-5铅青铜”，成分见表4-12。锡全部溶入α(Cu)中，因此铸态组织与30铅青铜相似，但力学性能（表4-14）比铅青铜高得多，同时还可以提高使用寿命。

4. 铸造黄铜

铸造黄铜是以锌为主加元素的铜合金，结晶温度范围小，充型能力强，锌的沸点低，有自发的除气作用，因而铸造性能好，锌的价格便宜，成本较低，力学性能却比锡青铜高得多，因此应用很广泛。

铸造黄铜的主要缺点是脱锌腐蚀。在海水或带有电解质的腐蚀介质中工作时，电极电位较低的富锌相β与富铜的α相之间产生相间电流，β相成为微电池的阳极而被腐蚀脱锌，最后只剩下铜的骨架，成为构件断裂的根源。使用时必须采取措施，防止脱锌腐蚀。

铸造黄铜的合金牌号、名称、化学成分见表4-16，力学性能见表4-17，主要特性和应用举例见表4-18。

表4-16　铸造黄铜的合金牌号、名称、化学成分（GB 1176—1987）

合金牌号	合金名称	化学成分（质量分数,%）						
		Zn	Pb	Al	Fe	Mn	Si	Cu
ZCuZn38	38黄铜	其余	—	—	—	—	—	60.0~63.0
ZCuZn25Al6Fe3Mn3	25-6-3-3铝黄铜	其余	—	4.5~7.0	2.0~4.0	1.5~4.0	—	60.0~66.0
ZCuZn26Al4Fe3Mn3	26-4-3-3铝黄铜	其余	—	2.5~5.0	1.5~4.0	1.5~4.0	—	60.0~66.0
ZCuZn31Al2	31-2铝黄铜	其余	—	2.0~3.0	—	—	—	66.0~68.0
ZCuZn35Al2Mn2Fe1	35-2-2-1铝黄铜	其余	—	0.5~2.5	0.5~2.0	0.1~3.0	—	57.0~65.0
ZCuZn38Mn2Pb2	38-2-2锰黄铜	其余	1.5~2.5	—	—	1.5~2.5	—	57.0~60.0
ZCuZn40Mn2	40-2锰黄铜	其余	—	—	—	1.0~2.0	—	57.0~60.0
ZCuZn40Mn3Fe1	40-3-1锰黄铜	其余	—	—	0.5~1.5	3.0~4.0	—	53.0~58.0
ZCuZn33Pb2	33-2铅黄铜	其余	1.0~3.0	—	—	—	—	63.0~67.0
ZCuZn40Pb2	40-2铅黄铜	其余	0.5~2.5	0.2~0.8	—	—	—	58.0~63.0
ZCuZn16Si4	16-4硅黄铜	其余	—	—	—	—	2.5~4.5	79.0~81.0

表4-17　铸造黄铜的力学性能（GB 1176—1987）

合金牌号	铸造方法	力学性能，不低于		
		R_m/MPa	$R_{r0.2}$/MPa	A（%）
ZCuZn38	S	295	—	30
	J	295	—	30

（续）

合金牌号	铸造方法	力学性能，不低于		
		R_m/MPa	$R_{r0.2}$/MPa	A（%）
ZCuZn25Al6Fe3Mn3	S	725	380	10
	J	740	400	7
	Li、La	740	400	7
ZCuZn26Al4Fe3Mn3	S	600	300	18
	J	600	300	18
	Li、La	600	300	18
ZCuZn31Al2	S	295	—	12
	J	390	—	15
ZCuZn35Al2Mn2Fe1	S	450	170	20
	J	475	200	18
	Li、La	475	200	18
ZCuZn38Mn2Pb2	S	245	—	10
	J	345	—	18
ZCuZn40Mn2	S	345	—	20
	J	390	—	25
ZCuZn40Mn3Fe1	S	440	—	18
	J	490	—	15
ZCuZn33Pb2	S	180	70	12
ZCuZn40Pb2	S	220	—	15
	J	280	120	20
ZCuZn16Si4	S	345	—	15
	J	390	—	20

表4-18 铸造黄铜的主要特性和应用举例（GB 1176—1987）

合金牌号	主要特性	应用举例
ZCuZn38	具有优良的铸造性能和较高的力学性能，可加工性好，可以焊接，耐蚀性较好，有应力腐蚀开裂倾向	一般结构件和耐蚀零件，如法兰、阀座、支架、手柄和螺母等
ZCuZn25Al6Fe3Mn3	有很高的力学性能，铸造性能良好，耐蚀性较好，有应力腐蚀开裂倾向，可以焊接	适用高强、耐磨零件，如桥梁支承板、螺母、螺杆、耐磨板、滑块和蜗轮等
ZCuZn26Al4Fe3Mn3	有很高的力学性能，铸造性能良好，在空气、淡水和海水中耐蚀性较好，可以焊接	要求强度高、耐蚀的零件
ZCuZn31Al2	铸造性能良好，在空气、淡水和海水中耐蚀性较好，易切削，可以焊接	适用于压力铸造，如电动机、仪表等压铸件以及造船和机械制造业的耐蚀零件

（续）

合金牌号	主要特性	应用举例
ZCuZn35Al2Mn2Fe1	具有高的力学性能和良好的铸造性能，在大气、淡水、海水中有较好的耐蚀性，可加工性好，可以焊接	管路配件和要求不高的耐磨件
ZCuZn38Mn2Pb2	有较高的力学性能和耐蚀性，耐磨性较好，可加工性良好	一般用途的结构件，船舶、仪表等使用的外形简单铸件，如套筒、衬套、轴瓦、滑块等
ZCuZn40Mn2	有较高的力学性能和耐蚀性，铸造性能好，受热时组织稳定	在空气、淡水、海水、蒸汽（小于300℃）和各种液体燃料中工作的零件和阀体、阀杆、泵、管接头，以及需要浇注巴氏合金和镀锡的零件等
ZCuZn40Mn3Fe1	有高的力学性能，良好的铸造性能和可加工性，在空气、淡水、海水中耐蚀性较好，有应力腐蚀开裂倾向	耐海水腐蚀的零件，以及300℃以下工作的管配件，制造船舶螺旋桨等大型铸件
ZCuZn33Pb2	结构材料，给水温度为90℃时抗氧化性能好，电导率约为10～14MS/m	煤气和给水设备的壳体、机器制造业、电子技术、精密仪器和光学仪器的部分构件和配件
ZCuZn40Pb2	有好的铸造性能和耐磨性，可加工性好，耐蚀性较好，在海水中有应力腐蚀倾向	一般用途的耐磨、耐蚀零件，如轴套、齿轮等
ZCuZn16Si4	具有较高的力学性能和良好的耐蚀性，铸造性能好，流动性高，铸件组织致密，气密性好	接触海水工作的管配件以及水泵、叶轮、旋塞和在空气、淡水、油、燃料，以及工作压力在4.5MPa和在250℃以下蒸汽中工作的铸件

（1）Cu-Zn二元黄铜

1）Cu-Zn二元黄铜的成分和组织。在平衡相图中，锌在α中的最大溶解度为39%，但在铸造条件下，由于非平衡结晶，在相同的温度456℃时，锌的最大溶解度降为32%左右。

黄铜不能热处理强化，因为从900℃起向下降温过程中，自β相中沉淀析出的二次α相，是一种软的晶体，没有强化作用。自456℃继续冷却时，由于温度过低，二次β相难以从α相中析出，因此固溶处理后，力学性能不能提高。只有对结构复杂的中、大型铸件可进行低温退火，消除内应力。

2）Cu-Zn二元合金的力学性能。Cu-Zn二元合金的力学性能与含锌量的关系如图4-15所示。含锌量（质量分数）低于32%时是α相单相组织。α相是以铜为基体的固溶体，面心立方晶格，塑性好。当含锌量增加时，强度、塑性均提高，在$w_{Zn}=30\%$附近有一伸长率的峰值。继续增大含锌量，伸长率开始下降，当

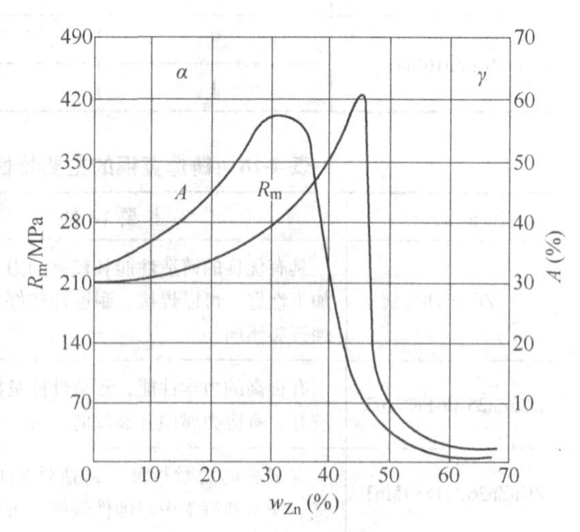

图4-15　Cu-Zn二元合金的力学性能与含锌量的关系

含锌量（质量分数）达32%～39%时，组织开始出现β相。β相是以电子化合物CuZn为基体的固溶体，体心立方晶格，在456～468℃发生序化转变

$$\beta \rightarrow \beta' \qquad (4\text{-}23)$$

高温无序的β相塑性好，可以承受压力加工，室温下的有序β′相塑性差，不能承受压力加工，但强度、硬度高，因此室温下的强度继续增加，直至$w_{Zn}=45\%$附近出现峰值。含锌量超过45%后，进入β′单相区，强度、伸长率均剧烈下降，已不适于作为结构材料。

铸造黄铜基本上都是α+β两相组织，可根据不同需要选择不同的α/β比例。确定最佳含锌量时，如需要高塑性时取大比值，需要高强度时取小比值。

3）Cu-Zn二元合金的铸造性能。Cu-Zn二元合金的结晶温度范围很小，只有30℃左右，液相线随含锌量增加而很快下降，流动性好，熔化温度比锡青铜低，但$w_{Zn}=40\%$的黄铜沸点只有1050℃，往往低于熔炼温度，故能带走铜液中的气体和夹杂；锌本身是脱氧剂，因此不用脱氧，熔铸工艺比较简单，适宜用金属型铸造和压铸，能获得致密的铸件。

黄铜的收缩率较大，容易生成集中缩孔，应按顺序凝固原则设计较大的冒口和冷铁相配合。

4）提高铸造黄铜性能的途径。

①合金化。加入铝、锰、硅、铅、镍等合金元素，通过固溶强化α相和β相，在保留良好铸造性能的同时，提高力学性能、耐蚀性和可加工性等。

②细化晶粒。加入铁或微量硼、钒、钛等元素，细化晶粒，提高力学性能，改善铸造性能。

③提高合金纯度。严格控制杂质铋、硫等的含量。当杂质含量超差时，可加铈、钙、锂等，使分布在晶界上的低熔点相转变为高熔点相，稀土作用最明显。

5）锌当量。二元黄铜中加入硅、铝、锰等元素后，缩小α相区，而加入镍、钴则扩大α相区。为了可靠地控制多元黄铜的组织和性能，通过实验定量测定了不同合金元素对组织的影响程度。硅的影响最大，$w_{Si}=1\%$对组织的影响相当于$w_{Zn}=12\%$左右，后面依次为铝、锡、铅、铁、锰。表4-19给出了合金元素锌当量系数。有了锌当量系数，就可以按下式求得多元黄铜的锌当量，利用Cu-Zn二元相图判断合金的组织和性能。

表4-19　合金元素锌当量系数

合金元素	Si	Al	Sn	Pb	Fe	Mn	Ni
当量系数	10～12	4～6	2	1	0.9	0.5	-1.3～-1.4

$$X=[A+\sum(C_i\eta_i)]/[A+B+\sum(C_i\eta_i)] \qquad (4\text{-}24)$$

式中　X——锌当量；

A——多元黄铜中的含锌量；

B——多元黄铜中的含铜量；

C_i——合金元素含量；

η_i——合金元素锌当量系数。

应当指出，锌当量系数是统计所得，只适用于合金元素含量（质量分数）不大于2%～5%的情况。合金元素含量过大时就不准确了，尤其是锌当量系数大的元素（如硅）更是如此。其中含铜量（质量分数）的适用范围为55%～63%。

（2）多元黄铜　国家标准中除牌号为ZCuZn38的“38黄铜”外，其余铸造黄铜都是多元黄铜。

1）ZCuZn16Si4。ZCuZn16Si4 合金名称为“16-4 硅黄铜”，成分见表 4-16，铸态组织由 α 固溶体和 α + γ 共析体组成。γ 相是以电子化合物 Cu_5Zn_8 为基体的固溶体，复杂立方晶格，室温下硬而脆，溶入硅的 γ 相比例要小，过多时会使合金变脆。硅溶入 α 相中起固溶强化作用，在铸件表面形成一层黑色的致密保护膜 SiO_2，能提高耐蚀性。硅降低熔点，明显缩小结晶温度范围，其铸造性能是铸造黄铜中最好的，容易获得合格的铸件。金属型试块力学性能见表 4-17。16-4 硅黄铜适合金属型铸造或压铸，用作复杂的船用泵壳、叶轮、水泵活塞、阀体等耐水压零件。

16-4 硅黄铜的含锌量低，熔炼时要防止吸气，防止浇注时冒口上涨。

2）ZCuZn26Al4Fe3Mn3。ZCuZn26Al4Fe3Mn3 合金名称为“26-4-3-3 铝黄铜”，成分见表 4-16。铝、锰均能溶入 α 相、β 相中，强化合金，铁生成富铁 k 相，细化晶粒。如取各元素含量的平均值，按式（4-24）算得锌当量为 44.55%。已知 $w_{Zn}=38\%$ 以下为 α 相单相区，$w_{Zn}=45.7\%$ 为 β 相单相区，根据杠杆定律，算得 α 相约占 15%，β 相约占 85%，力学性能很高，砂型试块力学性能见表 4-17。

26-4-3-3 铝黄铜表面有一层致密的 Al_2O_3 保护膜，在大气、海水中有良好的耐蚀性，力学性能很高，因此常用作船、舰用推进器。

26-4-3-3 铝黄铜的成分如控制不当，如除锌以外的合金元素都取上限，化学成分虽符合国家标准，但锌当量已等于 45.7% ~47.4%，组织全部由 β 相组成，甚至出现 γ 相，脱锌腐蚀严重，合金变脆，船、舰推进器很容易发生断桨事故。为了提高推进器的寿命，α 相最好占 20% ~25%。

3）ZCuZn25Al6Fe3Mn3。ZCuZn25Al6Fe3Mn3 合金名称为“25-6-3-3 铝黄铜”，成分见表 4-16，组织全部由 β 相组成。砂型试块力学性能见表 4-17。25-6-3-3 铝黄铜塑性很低，已不能用作船用推进器，但强度、硬度高，可用作重型机器上受摩擦、承受重载荷的大型齿轮、重型螺杆等。

4）ZCuZn40Mn3Fe1。ZCuZn40Mn3Fe1 合金名称为“40-3-1 锰黄铜”，成分见表 4-16。锰溶入 α 相和 β 相中，起固溶强化作用，还能提高在蒸汽或海水中的耐蚀性，防止脱锌腐蚀。显微组织由 α + β 两相组成。锌当量为 43% ~44% 时，综合力学性能最好。含锰量（质量分数）超过 4% 后，组织中将出现 ε 相，伸长率急剧下降。

二、铸造铜合金的熔炼

1. 铜合金的氧化和脱氧

（1）铜合金的氧化特性　铜在熔炼的高温下，很容易被空气中的氧氧化，在铜液表面进行下列氧化反应

$$4Cu + O_2 = 2Cu_2O \tag{4-25}$$

反应后生成氧化亚铜（Cu_2O），密度 $6g/cm^3$，熔点 1235℃。当温度低于熔点时是固态，呈黑色，覆盖膜是致密的，对铜液有保护作用。温度高于 Cu_2O 的熔点时呈液态，对铜液失去保护作用。氧化亚铜具有以下两个特点。

1）氧化亚铜能溶解于铜液中。氧化亚铜在铜液表面生成后，能不断溶解于铜液中。随着温度的下降，氧化亚铜和 α 相在 1066℃时形成 α + Cu_2O 共晶体，如图 4-16 所示。凝固时，先形成 α 相，降至共晶温度时，共晶体（α + Cu_2O）在 α 相晶粒连接处析出，分布在 α

相晶界上。

析出的Cu_2O对纯铜及锡青铜、铅青铜等具有很大的危害性，它比其他氧化物（如Al_2O_3、SiO_2、SnO_2等）对力学性能的破坏作用更大。如果合金中含有氢，则Cu_2O的危害性就更大了，这是因为Cu_2O与氢在凝固阶段同时大量析出，并在晶界处迅速产生如下化学反应

$$Cu_2O + H_2 = 2Cu + H_2O(气)\uparrow \tag{4-26}$$

反应生成水蒸气，在凝固过程中水蒸气的压力随着晶间压力的增大而增加。其一方面导致凝固时铸件膨胀，组织疏松，气孔大量产生；另一方面导致晶粒间产生大量显微裂纹，晶粒间结合力大大降低，从而使纯铜变得很脆。由于Cu_2O的存在并与氢反应而引起纯铜严重脆化的现象，又称为“氢脆”。

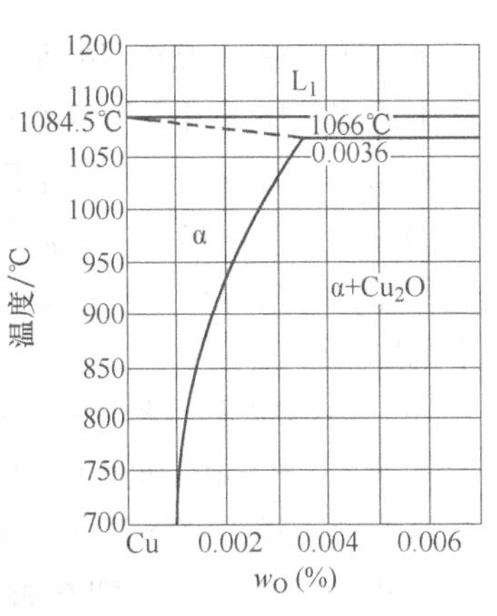

图4-16　Cu-O二元相图低氧部分

2）氧化亚铜具有很高的分解压力。Cu_2O的分解压力p_{O_2}比合金元素铝、镁、硅、锰的氧化物分解压力高得多。熔炼时，如果在脱氧消除Cu_2O之前加入这些合金元素，将发生下列反应

$$3Cu_2O + 2Al = Al_2O_3 + 6Cu \tag{4-27}$$

$$2Cu_2O + Si = SiO_2 + 4Cu \tag{4-28}$$

弥散状反应产物Al_2O_3、SiO_2将悬浮在铜液中，很难清除，会在铸件中形成夹杂，恶化力学性能，因此熔炼纯铜、锡青铜、铅青铜等必须彻底脱氧，清除Cu_2O后再加入合金元素。

（2）铜合金的脱氧

1）脱氧基本原理。所谓“脱氧”，就是使溶解在金属液中的氧化物还原的过程。铜合金的脱氧就是使铜液中的氧化亚铜还原的过程。加入一种与氧亲和力比铜与氧亲和力更大的元素，将氧化亚铜中的铜还原出来，生成的脱氧产物上浮至液面而被排除的过程，称为“脱氧”。加入铜液中能使其中氧化亚铜还原的物质，称为“脱氧剂”。

对铜合金脱氧剂提出以下要求。

①脱氧剂的氧化物分解压力应小于氧化亚铜。其氧化物分解压力值与Cu_2O分解压力值相差越大，脱氧反应进行得越完全、越迅速。

②加入的脱氧剂应对铜合金性能无害。加入的脱氧剂除了大部分与Cu_2O互相作用进行脱氧而消耗外，会有微量残留在铜液中。

③脱氧剂的反应产物应不溶解于合金液，易于凝聚、上浮而被除去。

④脱氧剂要价格便宜，来源广。

2）脱氧的方法。根据脱氧剂的不同性能，铜合金脱氧的方法有三种。

①沉淀脱氧。脱氧剂本身能溶解于铜液中，脱氧反应在整个熔池内进行。其优点是脱氧速度快，脱氧彻底。磷铜脱氧即是沉淀脱氧，铝镁脱氧也属于沉淀脱氧。脱氧产物不易清除是其缺点。

②扩散脱氧。有些脱氧剂不溶解于铜液中，脱氧反应仅在铜液界面上进行。由于Cu_2O需不断向界面扩散才能脱氧，故称为扩散脱氧。其缺点是脱氧速度较低，受Cu_2O的扩散速度所控制，但对铜液成分无影响，不会污染合金。脱氧剂有碳化钙CaC_2、硼化镁Mg_3B_2、硼渣$Na_2B_4O_6\cdot MgO$等。

③沸腾脱氧。所使用的脱氧剂能与氧作用，产生不溶解于铜液的 CO 气体。由于 CO 气体产生后能很快上升，因此会引起合金液激烈翻腾，故称为沸腾脱氧。沸腾脱氧又称“青木脱氧”，其方法是将新鲜树干插入铜液中，由于燃烧不完全，产生大量的 CO 及碳氢化合物 C_mH_n，上浮时引起铜液翻腾，发生一系列氧化还原反应，Cu_2O 被清除，反应产物 CO_2 呈气泡上浮，起精炼作用。H_2O 和 CO_2 一样不溶于铜液中，如不能从铜液中上浮排去，将带来不利影响。

（3）磷铜脱氧　除电工材料用的纯铜外，磷是应用最广泛的脱氧剂。磷以磷铜中间合金形式加入。P-Cu 二元相图中，在 $w_P=8.4\%$ 处形成 $Cu+Cu_3P$ 共晶，熔点为714℃。超过 $w_P=14\%$ 后，磷以蒸气形式逸出，故常用的磷铜的含磷量（质量分数）低于14%。当磷铜加入铜液后，脱氧反应即在整个精密仪器池内进行。脱氧第一阶段，磷蒸气（磷沸点为280℃）立即与铜液中的 Cu_2O 作用，即

$$5Cu_2O + 2P = P_2O_5\uparrow + 10Cu \tag{4-29}$$

反应生成的 P_2O_5 沸点为347℃，在铜液中呈气态，故生成后立即以气泡形式上升，一部分 P_2O_5 气泡逸至液面外，另一部分 P_2O_5 气泡在上升过程中继续与铜液中的 Cu_2O 起反应，进入脱氧第二阶段，即

$$Cu_2O + P_2O_5 = 2CuPO_3 \tag{4-30}$$

当 Cu_2O 含量较高，磷蒸气逸出较缓慢时，磷也可直接与 Cu_2O 作用生成偏磷酸铜（$CuPO_3$），即

$$6CuO + 2P = 2CuPO_3 + 10Cu \tag{4-31}$$

生成的 $CuPO_3$ 熔点低，密度小，在铜液中呈球状液体，很易聚集和上浮。

由于反应（4-29）较剧烈，产生大量 P_2O_5，总有部分 P_2O_5 未能进一步反应生成 $CuPO_3$ 逸出液面，污染环境。

脱氧所需磷铜加入量取决于铜液含氧量、磷铜的含磷量，也与铜液温度及操作工艺有着密切的关系。

图4-17所示为 ZCuSn10P1 脱氧时磷的加入量与铜液中残余含氧量之间的关系曲线。由图4-17可知，原始含氧量（质量分数）为0.02%时，加入微量磷，含氧量就急剧降低，加磷的质量分数为0.02%后，含氧量已降至0.003%以下，因而生产中磷的加入量（质量分数）一般控制在0.03%～0.06%范围内。

加入磷量过多，则铜液中残余含磷量过高，促使铜液与铸型中的水分反应，即

$$2P + 5H_2O = P_2O_5 + 5H_2 \tag{4-32}$$

反应产物 H_2 渗入铜铸件中，形成皮下气孔。因此，砂型铸造时残余含磷量（质量分数）应控制在0.005%～0.01%范围内，金属型铸造可适当放宽。

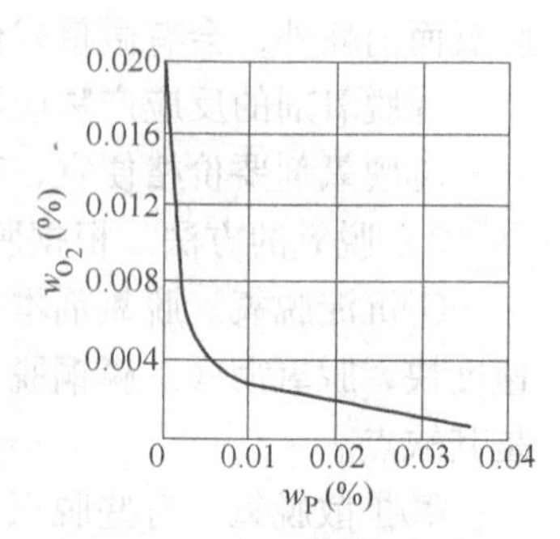

图4-17　ZCuSn10P1 脱氧时磷的加入量与铜液中残余含氧量之间的关系曲线

铜液中没有残余磷同样有害。此时铜液中必然残余氧，凝固时与极微量氢相遇就会反应生成水汽，在铸件中留下气孔。

磷明显降低铜液的表面张力，因而能提高流动性，对充型有利，故对薄壁小铸件可适当增加磷的加入量，防止浇不到。

电工器材用的高电导率铜不能用磷铜脱氧，避免剧烈降低

电导率。熔炼高电导率铜时，可先加 $w_P=0.03\%$ 进行预脱氧，然后加 $w_{Li}=0.03\%$ 进行终脱氧。锂以 Li-Ca 或 Li-Cu 中间合金形式加入，产生下列反应，能同时去氢去氧，即

$$2Li + H_2 + 2Cu_2O = 2LiOH + 4Cu \quad (4\text{-}33)$$

残余锂对电导率影响较少，故使用广泛，但锂的价格昂贵，仅在终脱氧时加入，加入量要严格计算好。

铜合金脱氧时，磷铜通常分两次加入。第一次是纯铜熔化后，加入2/3，使铜液中的 Cu_2O 还原，再依次加入合金元素。第二次是在浇注前加入剩余的磷铜，终脱氧并提高铜液的流动性，降低铜液粘度。此外，P_2O_5 还能与铜液中的 SiO_2、Al_2O_3 等夹杂物形成低熔点的复合化合物，如 $Al_2O_3 \cdot P_2O_5$、$SiO_2 \cdot P_2O_5$ 等，这些复合化合物的密度比铜液小，易于凝聚上浮。生产经验表明，浇注前加入磷铜后，铜液立即会清亮起来。

黄铜含锌量高，锌本身能脱氧。铝青铜、硅青铜中的铝、硅是强脱氧剂，因此都不必进行脱氧操作。

2. 铜液的吸气、除气

熔炼铜合金时炉气中的气体有氢、氧、氮、一氧化碳、二氧化碳、二氧化硫、水蒸气等。这些气体有的能使合金氧化（如氧、水蒸气等），有的（氢、氧、二氧化硫）能溶解在铜液中，使合金产生气孔。

（1）气体在铜合金中的溶解特性　熔炼铜合金时，炉气中各个组分与铜液之间的作用见表4-20。以下分别叙述几种主要气体在铜液中的溶解特性。

表4-20　炉气中各个组分与铜液之间的作用

气　体	气体与铜液之间的作用
N_2	对铜液呈中性，不溶于铜液中
H_2	原子态（H）大量溶于铜液中，有害
O_2	与铜液之间产生反应：$4Cu+O_2=2Cu_2O$，Cu_2O 溶于铜液中，使合金发脆
CO	与铜液中 Cu_2O 产生反应：$Cu_2O+CO=2Cu+CO_2$，CO 不溶于铜液中，有脱氧效果
CO_2	对铜液呈中性，不溶于铜液中
SO_2	与铜液反应：$6Cu+SO_2=2Cu_2O+Cu_2S$，SO_2 溶于铜液中，Cu_2S 进入铜液中，有害
H_2O	不溶于铜液中，但在凝固时因反应式（4-26）的发生，在铸件中形成气孔

1）氢。由图4-18和表4-21可知，氢在铜液中的溶解度很大，并随温度的升高急剧升高；冷却时溶解度下降，呈气泡形式析出，凝固后在铸件中形成气孔。

氢以原子状态溶入铜液中，氢的溶解和氢分压之间的关系服从 Sieverts 公式，即

$$[H] = K\sqrt{p_{H_2}} \quad (4\text{-}34)$$

式中　[H]——氢在铜液中的溶解度，单位为 mL/100g；

p_{H_2}——氢的分压，单位为 MPa；

K——与温度有关的常数。

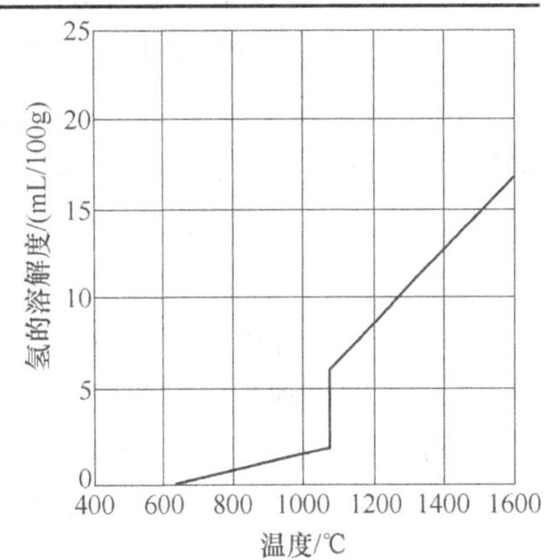

图4-18　氢在铜液中溶解度与温度的关系

铜在1084.5℃（液态）时，氢的分压p_{H_2}达到0.11大气压时就足够产生氢气泡的条件。如果气泡来不及逸出，即成为铜合金中的氢气孔，所以铜合金要贯彻“快速熔炼”的原则。

表4-21　氢在铜液中溶解度与温度的关系

温度/℃	p_{H_2}=0.1MPa时氢的溶解度/（mL/100g）	温度/℃	p_{H_2}=0.1MPa时氢的溶解度/（mL/100g）
400	0.06	1084.5	2.1（固态）
500	0.16		6.0（液态）
600	0.30	1100	6.3
700	0.49	1200	8.1
800	0.72	1300	10.0
900	1.08	1400	11.8
1000	1.58	1500	13.6

铜液中的氢除了直接来自燃料、炉料外，主要是由水汽分解所产生的。由燃料、炉料、熔剂及熔炼工具带入铜液中的水汽，遇到铝、硅、锰、锌等活泼元素时，这些元素被氧化，水被分解，产生氢并溶入铜液中。

不同合金元素对氢在铜液中的溶解度有不同的影响，如图4-19所示。铝和锡降低氢的溶解度，镍显著提高氢的溶解度。

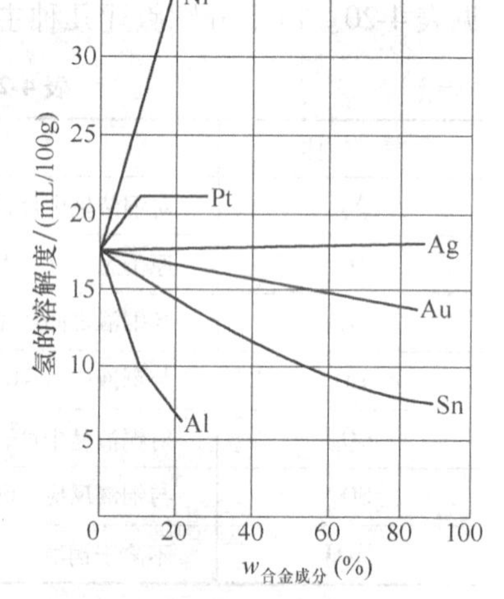

图4-19　铜合金中合金元素对氢溶解度的影响

2）水蒸气。水蒸气不能直接溶于铜液中，但在高温条件下，能产生下列反应

$$2Cu_{(L)} + H_2O_{(G)} = Cu_2O + 2[H]_{Cu} \quad (4\text{-}35)$$

$$2Cu_{(L)} + [O]_{Cu} = [Cu_2O]_{Cu} \quad (4\text{-}36)$$

由式（4-35）和式（4-36）得到综合平衡常数K为

$$K = [H]^2[O]/p_{H_2O} \quad (4\text{-}37)$$

式中　[H]——氢在铜液中的溶解度（%）；

[O]——氧在铜液中的溶解度（%）；

p_{H_2O}——炉气中水蒸气的分压，单位为kPa。

由式（4-37）可知，当熔炼温度一定，K值也一定时，铜液中$[H]^2[O]$值与p_{H_2O}成正比，p_{H_2O}越高，$[H]^2[O]$值越大；当p_{H_2O}为一定值时，随温度的提高，K值随之增大，$[H]^2[O]$也增大。

凝固过程中，K值随温度下降而变小，$[H]^2$值降低，过饱和的[H]和[O]结合成水蒸气分子，在铜液中以非常分散而均匀的气泡形式存在，如来不及逸出即成为气孔。

3）一氧化碳与二氧化碳。

CO、CO_2均不溶于铜液中，CO能使Cu_2O还原；CO_2使铜液中的铝、硅、锰、锌氧化，生成这些元素的氧化物，如Al_2O_3、SiO_2等，但能随CO_2气泡一起上浮而被除去，因此对铜液质量影响不大。

但在含镍的铜合金中，CO、CO_2 与镍产生下列反应，即

$$4Ni + CO = Ni_3C + NiO \tag{4-38}$$

$$Ni + CO_2 = NiO + CO \tag{4-39}$$

Ni_3C、NiO 均能溶解在铜液中，溶解度随温度下降而降低，Ni_3C、NiO 重新析出，促使反应向左进行，在凝固后期产生的 CO、CO_2 在铸件中成为气孔。

4）二氧化硫。二氧化硫能溶解在铜液中，并能与铜迅速作用生成硫化亚铜（Cu_2S），即

$$SO_2 + 6Cu \Leftrightarrow 2Cu_2O + Cu_2S \tag{4-40}$$

Cu_2S 在凝固时析出在晶界上，成为有害的夹杂物，导致合金热脆性的产生，如同时存在 Cu_2O，则生成 SO_2，如来不及逸出则成为气孔。

（2）铜液的除氢　常用的除氢方法有下列几种：氧化法除氢，沸腾法除氢，通惰性气体除氢，氯盐除氢，真空除氢等。后面三种方法和铝液除氢的工艺原理相似，不再赘述。

1）氧化法除氢。这种方法除氢的原理是利用式（4-37）的关系。当熔炼温度、炉膛压力不变，炉气中水蒸气浓度一定时，式（4-37）中的 K、p_{H_2O} 可作为常数，则 $[H]^2[O]$ 也为一常数，可作出图4-20所示的铜液中的 $[H]^2[O]$ 关系曲线。从图4-20中可知，氧的质量分数增加，则氢的质量分数降低，反之亦然。因此，铜液脱氧和除氢是两个互相制约、相互矛盾的过程，要除氢，需要铜液增氧。

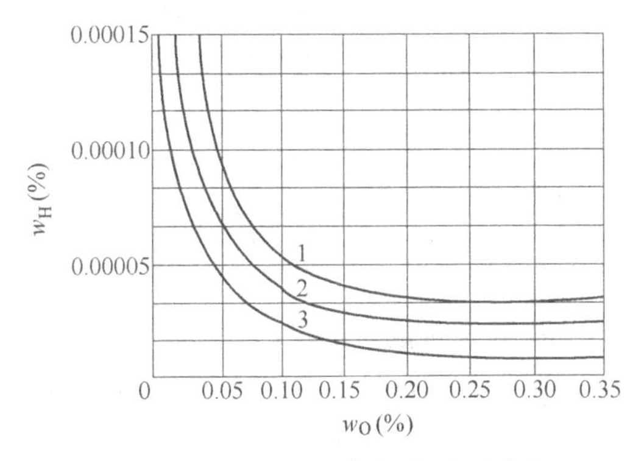

图4-20　铜液中的 $[H]^2[O]$ 关系曲线

1—1350℃　2—1250℃　3—1150℃

氧化法除氢先是使铜液氧化增氧，彻底清除氢，然后进行脱氧，脱氧后及时浇注，从而使除氢、脱氧这两个相互矛盾的过程在一定条件下得到统一，达到既除氢又脱氧的目的。

氧化法除氢只适用于纯铜、锡青铜、铅青铜等。如果熔炼铝青铜、硅青铜、锰青铜时，应在加入铝、硅、锰之前用氧化法除氢，然后用磷铜脱氧，再加入合金元素或回炉料。用合金锭熔炼时，不允许用氧化法脱氢，以防元素烧损。

铜液增氧方法有两种。一种是控制炉气为氧化性，提高炉气中氧的分压，增加铜液中氧的浓度。具体工艺措施是增加鼓风量以提高炉膛内氧的分压，对自然通风的焦炭炉可适当增加烟囱高度，加强通风，增强供氧；对于油炉应控制风量、油量，使燃油充分燃烧并有剩余氧。另一种为加入氧化性熔剂，使铜液增氧。

氧化性炉氛的特征为火焰呈强烈白光，并有淡绿色的透明焰冠。弱氧化性炉氛的特征是火焰光亮无烟。

通常的熔炼操作为先将纯铜在氧化性火焰中熔化，化清后用磷铜脱氧，脱氧后控制炉氛为微氧化，再加入其他合金元素。

采用氧化性熔剂增氧效果比较明显。常用的氧化性熔剂是一些高温下分解的高价氧化物，如 MnO_2、$KMnO_4$、CuO 等。熔剂装在坩埚底部，与炉料同时加热，高温下熔剂被分解，析出氧溶入铜液中，本身被还原为低价氧化物，具体反应为

$$2MnO_2 \xrightarrow{\triangle} 2MnO + O_2 \tag{4-41}$$

$$4KMnO_4 \xrightarrow{\triangle} 4MnO + 2K_2O + 5O_2 \quad (4\text{-}42)$$

$$4CuO \xrightarrow{\triangle} 2Cu_2O + O_2 \quad (4\text{-}43)$$

反应产物 Cu_2O 脱氧后被除去。K_2O、MnO 不溶于铜液中，进入炉渣中被扒去。熔炼有油污的废杂铜，化清后含氢量高，尤宜采用此法。

氧化性熔剂加入量占炉料重的 1% ~2%。脱氧时要加大磷铜加入量，具体数量由氧化程度来决定。一般情况下，在弱氧化性炉气中熔炼，加磷量（质量分数）为 0.04% ~ 0.06%，使用氧化性熔剂时，加磷量（质量分数）为 0.15% ~0.20%。

2）沸腾法除氢。锌的沸点只有 907℃，黄铜可采用沸腾法除氢。黄铜的蒸气压随含锌量增大、温度上升而增高。从表 4-22 中可知，含锌量（质量分数）高于 35% 的黄铜沸点低于 1130℃，黄铜的熔炼温度为 1150 ~1200℃，此时铜液已经沸腾，大量锌蒸气逸出，气体、夹杂也随之带去，从而净化铜液，不需要其他措施就能获得优质的铜液。对于含锌量较低的黄铜，在熔炼温度不沸腾，如 16-4 硅黄铜，含锌量最低，为了除氢，在熔炼后期，必须快速加热至沸点，使铜液短期沸腾后，再加入回炉料，快速降温，及时浇注。

表 4-22　黄铜含锌量与沸腾温度的关系

含锌量（质量分数,%）	10	20	30	35	40	100
沸点/℃	1600	1300	1185	1130	1080	907

3. 铜合金的熔剂

铜合金熔炼时所用的熔剂有覆盖剂和精炼剂两种。覆盖剂主要是为了防止铜合金中合金元素的氧化、蒸发和吸气。精炼剂主要是为了除去铜合金中各种氧化夹杂。

（1）覆盖剂　铜合金常用的覆盖剂有木炭、玻璃、硼砂、苏打等。

1）木炭。木炭是熔炼铜合金时应用最普遍的覆盖剂，主要作用是防氧化、脱氧和保温，但由于木炭是疏松多孔的物质，表面活性大，能强烈吸附水蒸气，因此使用前必须在 1000 ~1050℃高温下焙烧，除去吸附的水蒸气。

木炭在铜液表面燃烧，生成还原性气体 CO，形成保护气膜，阻止铜液进一步被氧化，同时还能扩散脱氧使 Cu_2O 还原，起辅助脱氧作用。木炭燃烧发热，因此又是良好的保温剂。对于熔池表面积大、浇注时间长的反射炉，浇注过程中应覆盖木炭，防止氧化和温度下降。只有含镍的铜合金不能用木炭作覆盖剂，否则将发生有害反应，析出 CO，在铸件中形成气孔，Ni_3C、NiO 形成夹渣。

当焦炭、重油等燃烧不完全，炉气呈还原性时，也不能用木炭覆盖，否则炉气中的氢将通过活性的木炭溶入铜液中。

废石墨坩埚碎块、碎石墨块不吸附水蒸气，代替木炭作覆盖剂，效果良好。草木灰价格便宜，来源充沛，浇注时覆盖在铜液表面，也有保温、保护作用，故中、小工厂使用较多。

2）玻璃。不宜用木炭覆盖时，可使用玻璃。玻璃是一种复合硅酸盐，分子式为 $Na_2O \cdot CaO \cdot 6SiO_2$，熔点为 900 ~1200℃，化学性能稳定，不与铜合金中任何元素发生化学反应，也不吸收炉气中的水蒸气，故同时具有氧化和保温作用。但由于熔点高，粘度大，扒渣较困难，炉渣和铜液相混，会增大熔耗，应加入 Na_2CO_3、CaO、Na_2B_4O 等碱性物质和玻璃形成低熔点的复合硅酸盐，提高流动性，以便于清除。

（2）精炼剂　铜合金中的精炼剂又称为精炼熔剂，其主要作用是除去铜液中不溶性氧化夹杂。铜液中常见的不溶性氧化夹杂有 Al_2O_3、SiO_2、SnO_2 等。它们的熔点高，呈弥散状分布在铜液中。

精炼原理：在铜合金中加入碱性熔剂造渣。由于碱性熔剂与酸性氧化物作用后生成低熔点的复盐，这些复盐不仅熔点低，而且密度小，易于聚集和上浮，因此很容易进入炉渣中被排除。

常用的碱性精炼剂有苏打、冰晶石（Na_3AlF_6）、碳酸钙（$CaCO_3$）、萤石及硼砂等。以下为各碱性熔剂在铜液中的精炼反应。

1）除去 Al_2O_3 氧化夹杂物。

$$Al_2O_3 + Na_2CO_3 = Na_2Al_2O_4 + CO_2\uparrow \tag{4-44}$$

生成的 $Na_2Al_2O_4$熔点较低，可上浮至液面，成为炉渣除去。

$$Al_2O_3 + 3CaF_2 = 2AlF_3\uparrow + 3CaO \tag{4-45}$$

CaO 上浮于炉渣中，AlF_3升华逸出铜液表面。

$$2Al_2O_3 + 2Na_3AlF_6 = 4AlF_3\uparrow + Na_2Al_2O_4 + 2Na_2O \tag{4-46}$$

Na_2AlO_4，Na_2O 上浮于渣中，AlF_3 升华逸出铜液表面。

2）除去 SiO_2 氧化夹杂物。可用 Na_2CO_3 清除 SiO_2，即

$$SiO_2 + 2NaCO_3 = Na_4SiO_4 + 2CO_2\uparrow \tag{4-47}$$

3）除去 SnO_2 氧化夹杂物。清除 SnO_2 可用 Na_2CO_3、$Na_2B_4O_7$、CaO、B_2O_3，精炼反应为

$$SnO_2 + Na_2CO_3 = Na_2SnO_3 + CO_2\uparrow \tag{4-48}$$

$$SnO_2 + 2Na_2CO_3 + B_2O_3 = Na_2B_2O_4 \cdot Na_2SnO_3 + 2CO_2\uparrow \tag{4-49}$$

$$SnO_2 + 2CaO + Na_2B_4O_7 = 2CaB_2O_4 \cdot Na_2SnO_3 \tag{4-50}$$

【任务实施】

一、熔炼设备的选择

铜及铜合金熔炼中突出的问题是合金元素易氧化，合金容易吸气。从获得含气量和氧化夹杂物少、化学成分均匀、合格的高质量合金液以及优质、高产、低消耗地生产铜及铜合金铸件和加工制品及材料出发，对其熔炼设备的要求如下：

1）有利于金属炉料的快速熔化和升温，熔炼时间短，元素烧损和吸气少，合金液纯净。

2）燃料、电能消耗低，热效率和生产率高，坩埚、炉衬寿命长。

3）操作简便，炉温便于调整和控制，劳动卫生条件好。

铜及铜合金的熔炼炉种类很多，每种熔炉在结构和熔炼工艺等方面各有特点，可在不同条件下使用。因此，在选用熔炼炉时，必须从热能来源、合金种类、质量要求、铸件的大小、批量、产量、操作条件和劳动条件等方面综合考虑、合理地选用，要因地制宜。在铜合金熔炼中应用最广泛的是有芯（无芯）感应炉和反射炉。

二、炉料管理及回炉料牌号判断

熔炼工段应设有专门的炉料仓库，由专门人员负责管理。

每批回炉料应按化验的成分归类分开存放，严防不同牌号的回炉料混放在一起。

迅速而准确地判断回炉料的牌号乃至化学成分，是炉料中的一项重要工作。根据回炉料表面状态、氧化皮色泽及高温下破断情况可大体上判断出不同的牌号，见表4-23。对成批成分不明的回炉料，则应进行化学成分分析。

表4-23　回炉料牌号判断方法

合金牌号	表面特征	加热后特征
ZCuZn40Mn3Fe1	冒口缩陷，表皮颜色黄里泛白	加热至暗红色仍不易敲碎，淬入水中后表皮发亮
ZCuZn26Al4Fe3Mn3	冒口缩陷，顶部氧化皮发红，下部氧化皮发黄，颜色分层	和ZCuZn40Mn3Fe1相同
ZCuZn16Si4	冒口微缩，表皮光滑	和ZCuZn40Mn3Fe1相同，铜液滴地成光滑的铜豆
ZCuAl8Mn13Fe3Ni2	冒口缩陷，表皮发白发亮，露天堆放一段时间后表皮发暗	韧性好，加热直至熔化前不易敲碎
ZCuSn10P1	冒口不缩，顶面上有黑色花斑，冒口根部发黑	加热至暗红色，一敲即碎
ZCuSn10Zn2	冒口不缩，顶部表皮光滑，微泛红色	加热至暗红色，一敲即碎
ZCuSn5Pb5Zn5	冒口微缩，顶面有黑色花斑，根部发黄泛红	加热至暗红色，一敲即碎
ZCuSn3Zn8Pb1Ni1	同ZCuSn5Pb5Zn5	加热至暗红色，一敲即碎
ZCuAl10Fe3	集中缩孔，冒口缩成喇叭形，表皮黄中泛红	韧性好，加热至熔化前不易敲碎
ZCuAl9Mn2	同ZCuAl10Fe3	韧性好，加热至熔化前不易敲碎

三、铜合金熔炼工艺要点

1. 纯铜的熔炼

纯铜铸件的熔炼、铸造难度很大，因为纯铜铸件要求高的导热性或导电性，故对杂质含量的控制特别严，尤其是磷，不可用磷铜终脱氧，对炉衬、坩埚、熔炼工具要求严，不能使用铁质工具，以防渗铁，降低导热、导电性能；其次，纯铜的熔点高，容易氧化、吸氢，凝固时发生反应，生成水蒸气气泡，浇注时浇、冒口会上涨，导致大量针孔；第三，纯铜的收缩率大，高温强度低，容易发生热裂。

所用的熔炼设备有中频感应电炉、热电偶、浇包和石墨坩埚等。

先将坩埚预热至暗红色，在坩埚底加一层厚度为30~50mm的干燥木炭或覆盖剂（质量分数为60%的硼砂+质量分数为37%的碎玻璃），再依次加入边角余料、废块和棒料，最后加纯铜。

补加的合金元素可放在炉台上预热，严禁冷料加入液态金属中。整个熔化过程中应经常活动炉料，以防搭桥。

熔炼纯铜一般在经焙烧的木炭、米糠或麸皮的严密覆盖下进行，以防氧化。覆盖剂应随纯铜料一起加入炉中，纯铜开始熔化就被严密覆盖。在熔炼过程中须随时补加覆盖剂，保持50~100mm的层厚。木炭应在800℃以上焙烧4h，边焙烧边使用，不允许在焙烧炉外放置24h以上。

用木炭覆盖容易形成还原性炉氛，可能使铜液大量吸入氢气，故应在弱氧化性炉氛中快速熔炼，使燃料燃烧完全。熔炼温度应控制在1180~1220℃，可先用磷铜预脱氧，出炉前

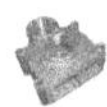

再加质量分数为0.03%左右的锂进行终脱氧，锂以Li-Ca或Li-Cu中间合金形式加入，脱氧反应为

$$2Li + Cu_2O = Li_2O + 2Cu \tag{4-51}$$

$$2Ca + Cu_2O = CaO + 2Cu \tag{4-52}$$

另外，在脱氧的过程中需不断搅拌，最后扒渣出炉，合金液的浇注温度一般为1100～1200℃

2. 青铜的熔炼

铸造青铜按成分可分为锡青铜和不含锡青铜。锡青铜是以锡为主要合金元素的铜基合金，具有良好的耐磨性、耐蚀性，较好的强度和塑性。不含锡青铜有铝青铜、铅青铜和硅青铜等，含有的主要元素不同，如铝青铜是以铝为主要合金元素的铜基合金。

（1）合金的配料及金属炉料要求　几种常用青铜合金熔炼配料成分见表4-24。

表4-24　常用青铜合金熔炼配料成分（质量分数,%）

牌　号	Sn	P	Pb	Al	Fe	Mn	Cu
ZCuSn10P1	10.5	1.12	—	—	—	—	余量
ZCuAl10Fe3	—	—	—	9.5	3.5	—	余量
ZCuAl10Fe3Mn2	—		—	10.5	3.2	1.9	余量

（2）炉料配比　新料成分占炉料总重量的≥30%，回炉料≤70%。

（3）熔炼前的准备　青铜熔炼前的准备工作与黄铜熔炼前的准备工作相同。木炭应装入密封的烘箱内，在不低于800℃烘烤4h，待用时要防止吸潮。草木灰应研碎成粉末状，除去水分，彻底烘干，待用时也要注意防潮。覆盖剂均要求干燥并去除其中的杂物。

（4）ZCuSn10P1的熔炼工艺过程

1）先将坩埚预热至暗红色，并在其底部加入20～40mm厚木炭。

2）加入纯铜，迅速升温熔化后再加入回炉料，同时补加木炭，以保证合金液面不暴露在空气中。

3）回炉料熔化后，加入磷铜（一般加炉料质量的0.5%，熔化磷锡青铜时使用的磷铜可全部加入）。

4）依次加入锡、铅（按配料成分），前一种炉料完全熔化后，再加入下一种，并不断搅拌合金液。

5）调整合金液温度为1100～1150℃。

6）出炉打渣，再加磷铜（一般加炉料质量的0.1%）。

7）进行脱氧，均匀搅拌，并在合金液表面上撒一层草木灰，调整合金液至工艺要求温度（一般为1130～1180℃）后，迅速出炉浇注。

（5）ZCuAl10Fe3和ZCuAl10Fe3Mn2的熔炼工艺过程

1）不能用熔化过其他牌号合金的坩埚熔化这两种合金。

2）把坩埚预热至暗红色，加入配制好的熔剂。熔剂成分为（质量分数）：20%冰晶石+20%氟化钙+60%氟化钠。

3）将预热至200℃左右的低碳薄钢片和回炉料同时加入，熔化后搅拌合金，升温至1150～1180℃。

4）加入合金质量0.3%的磷铜脱氧，并补加熔剂。

5）将预热至200℃的纯铝和纯锰按配料成分分批加入，每加入一批，即用搅拌棒将其压入，达到迅速熔融，并不断搅拌使成分均匀，最后调整合金液的温度为1120～1220℃。

6）用草木灰覆盖打渣，按工艺要求调整合金液温度（一般为1160～1200℃）后迅速出炉浇注。

3. 安全事项

安全生产是铸造行业的基本要求，纯铜及铜合金的熔炼都必须做到以下几点。

1）操作者应穿戴好防护用品，工作场地保持整洁，不允许有积水和杂物。

2）开炉前应检查所用设备是否完好，如有不安全因素应及时排除。

3）应仔细检查并确认炉料中无易爆及危险物后，方能进行预热。

4）熔炼浇注工具，如搅拌棒、铁勺、除渣工具等，未经预热不得与合金液接触。

5）浇注时剩余的合金液要倒入经过预热的锭模中，不允许直接浇在地面上或倒回炉中。

4. 熔炼中应注意的几个问题

1）熔炼时间的控制问题。从加料开始至熔化结束，合金出炉所用的时间称为熔化时间。熔化时间的长短不仅会影响生产率，而且会明显地影响浇注铸件的质量。因为熔化时间延长，会使合金元素的熔炼损耗增加，吸气的机会增加，因此应以最短的时间完成熔化工作。在允许的情况下，尽量提高炉料的预热温度，操作应紧凑，动作要迅速。

2）熔炼用搅拌棒的使用。铜合金中的某些元素，如铁、铅等，在熔化时是以机械混合物的形式存在的。还有些元素，由于密度不同，有产生密度偏析分层的趋势。实践证明，这些元素在熔炼和浇注的过程中，容易引起化学成分及力学性能不合格。要克服这种现象，必须借助搅拌的作用，这是熔化浇注不可或缺的环节。但在测温及降温期间，一般不需搅拌。所用搅拌物的材料成分，一般宜用石墨。这是因为如果使用其他的搅拌物，如铁棒，则在搅拌的过程中铁棒熔化，会使合金的化学成分受到影响。如果铁棒在炉内预热的温度较高或搅拌的时间较长，铁棒上的氧化物会进入合金液中成为杂质。如果铁棒预热的温度较低，合金在搅拌时要粘附在铁棒上，这在生产中是能观察到的。

3）熔炼时覆盖剂的使用。对于铜合金熔炼来讲，覆盖剂的用量一般为：用玻璃和硼砂时为炉料质量的0.8%～1.2%，以保持覆盖层的厚度达到10～15cm；用木炭时，用量约为炉料质量的0.5%～0.7%，以保持覆盖层厚度达25～35cm。覆盖剂的扒除一般在浇注前进行，太早会增加铜合金的氧化和吸气。如果是用木炭作覆盖剂，并且挡渣效果好时，也可以不扒除覆盖剂，使其在浇注的过程中起到挡渣作用，效果更为理想。

四、检测与评价

1. 化学成分的检测及控制

浇注重要铸件前应进行炉前化学成分分析。取样时铜液要搅拌均匀。当分析结果为成分不合格时，可按下列两种情况进行调整。

1）合金元素成分偏低，直接补加成分偏低的合金元素，计算公式为

$$X = \frac{P(B - A)}{100 - B} \tag{4-53}$$

式中　X——成分偏低合金元素补加量，单位为kg；

A——成分偏低合金元素炉前分析结果（%）；

B——成分偏低合金元素名义成分（%）；

P——炉料总质量，单位为 kg。

2）合金元素成分偏高，可补加纯铜调整，计算公式为

$$Y = \frac{P(B - A)}{B} \tag{4-54}$$

式中　Y——补加的纯铜量，单位为 kg；

A——成分偏高合金元素炉前分析结果（%）；

B——成分偏高合金元素名义成分（%）。

2. 含气量检测方法

（1）常压凝固法　黄铜中含有大量锌，能通过沸腾除气，除 16-4 硅黄铜外，不必检测含气量；铝青铜，16-4 硅黄铜，废杂铜重熔时，出炉前必须进行含气量检测。

含气量试样在干砂型中浇注。铸型的形状、尺寸如图 4-21 所示。铜液浇入干型后，刮去表面氧化皮，观察凝固状态。图 4-22 所示为不同含气量试样的收缩情况。图 4-24a 所示试样凝固后表面缩陷，含气量低，检测合格；图 4-24b 所示试样的表面平坦，含有较多的气体，检测不合格；图 4-24c 所示试样表面被气体拱起，有大量气体，必须采取有效的精炼措施，直至检测合格。

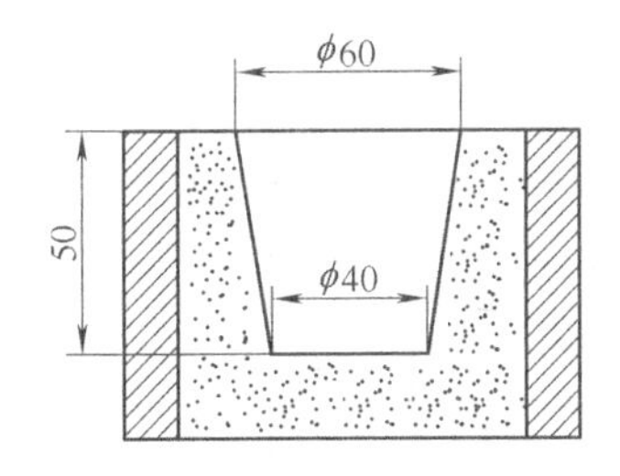

图 4-21　铸型的形状、尺寸

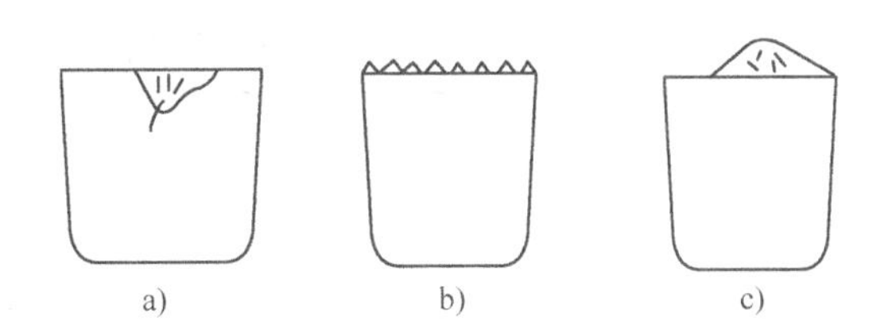

图 4-22　不同含气量试样的收缩情况
a）合格　b）有气体，不合格　c）有大量气体，不合格

常压凝固法简便易行，但灵敏度不高，有时即使试样收缩，铸件中仍会出现气孔。

（2）减压凝固法　减压凝固法测氢的依据是 Sieverts 公式：$[H] = K\sqrt{p_{H_2}}$，只要测得铜液中的 P_{H_2}、K，就可以计算出含氢量 [H]。

图 4-23 所示为减压测氢仪简图。检测时，将铜液倒入取样坩埚，放入测氢仪的压力室内。当试样表面凝固成一定厚度的硬壳时，进行调压，使试样表面呈凸起而不破裂的气包，如图 4-24 所示。图 4-24a 所示为减压过大，造成真空除气，表面破裂；图 4-24c 所示为减压过小，铜试样缩陷；图 4-24b 所示为试样表面凸而不破，此时的减压值就相对地代表铜液内的 P_{H_2}，和一定

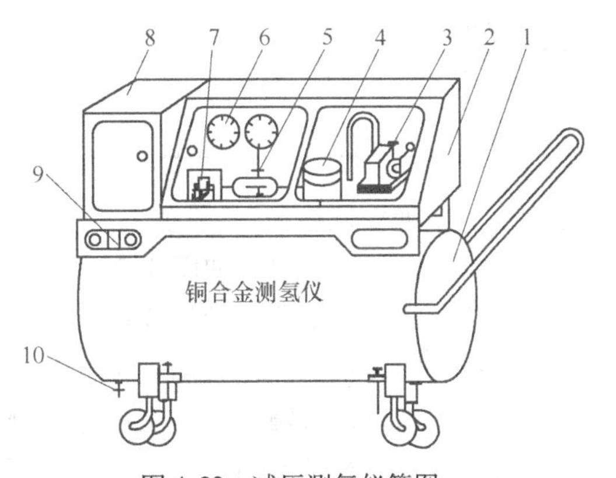

图 4-23　减压测氢仪简图
1—中间罐　2—仪器罩　3—真空泵　4—过滤罐　5—控制阀　6—真空表　7—压力室（包括盖，观察孔）　8—工具箱　9—控制开关　10—放水阀

的含氢量相对应。

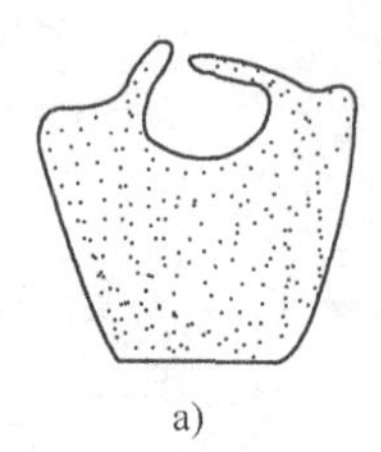
a)

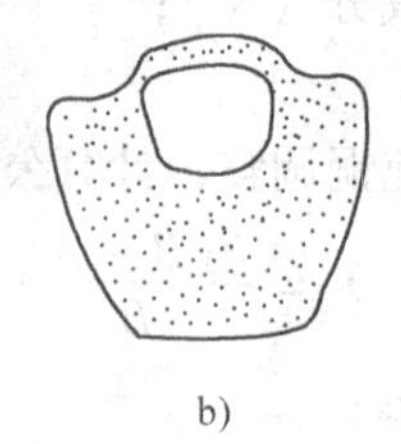
b)

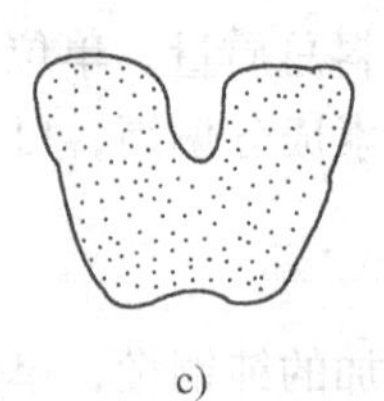
c)

图4-24 减压值对铜液试样表面的影响
a）减压过大 b）减压适中 c）减压过小

为了获得准确的定量数据，须严格控制压力室内的温度，保证试样在减压时有确定的凝固速度及固液比。经过长期测试，积累减压值数据，再与真空加热法、气相色谱法等定量测氢法进行平行对比试验，即可作出减压值与含氢量的对应值。表4-25给出了对反射炉中8-13-3-2铝青铜检测结果的对应值表。

减压测氢仪能随时取样快速测定铜液的含氢量，能及时控制、调整精炼过程，这样可以节省能源，提高生产率。根据积累的数据可知，减压值为5.33～6.67Pa时，相当于2.6～2.7mL/100g的含氢量，浇注大型8-13-3-2铝青铜船用推进器，也不会出现气孔缺陷。

表4-25 减压值与实际含氢量的对应值

序 号	取样坩埚	减压值 p/（×133.322Pa）	含氢量/（mL/100g）	铜液温度/℃	备 注
Ⅰ-1	45ml镍坩埚	16（mmHg）	2.50	1150	试验测定
Ⅰ-2		24	2.80	1150	
Ⅰ-3		43	3.53	1150	
Ⅰ-4		46	4.14	1150	
Ⅱ-1	120ml钢坩埚	40	2.63	1150	现场测定
Ⅱ-2		50	2.74	1160	
Ⅱ-3		110	4.20	1190	

3. 炉前弯曲试验

弯曲试样外形、尺寸如图4-25a所示。浇注试样前，金属型（图4-25b）必须清理干净，预热，放平。浇注后的试样应符合尺寸要求。铝青铜试样可空冷到550℃暗红色时淬火，黄铜、锡青铜试样淬火温度可低些。一般在浇注后20～30s内淬火，然后按图4-25c所示的试验位置进行锤击，直至试样击断为止。测定折断角α符合表4-26中的规定为合格。弯曲试验应在含气量、断口检查合格后进行。弯曲试样不可浇得太大，淬水温度也不能太高，以免影响测试的准确性。当折断角α过大时，应补加强化合金的元素；反之，折断角α过小，应补加纯铜。如果是黄铜，可过热片刻，使锌烧损一部分，直到检测折断角合格。

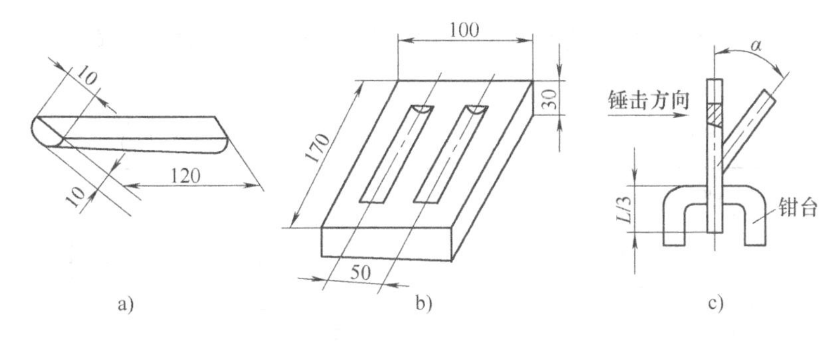

图 4-25 铜合金炉前弯曲试验

a）弯曲试样 b）浇注试样的金属型 c）试验位置

表 4-26 不同铜合金折断角 α 的规定范围

合金名称	折断角 α	锌当量 Zn 或铝当量 Al
5-5-5 锡青铜	30°～60°	
10-1 锡青铜		
8-13-3-2 铝青铜	50°～80°	Al＝9.3～10.0
9-4-4-2 铝青铜	40°～70°	Al＝9.3～10.0
9-2 铝青铜	60°～100°	Al＝8.5～9.6
	50°～80°	Al＝9.5～10.0
10-3 铝青铜	70°～80°	
16-4 硅黄铜	60°～90°	Zn＝39～42
25-6-3-3 铝黄铜	40°～60°	
40-2 锰黄铜	90°～135°	Zn＝40～42.5
	120°～180°	Zn＝39.5～41.5
40-3-1 锰黄铜	50°～80°	Zn＝42～44

4. 断口检查

断口检查应在弯曲试验之前进行。在干砂型中浇注工艺试样，敲断后观察断面组织，晶粒细、组织均匀、无偏析、无气体和夹杂为合格。不合格时，对锡青铜可补加磷铜脱氧，铝青铜可加氯盐或通惰性气体精炼，直至合格为止。

【拓展与提高】

以锌为主要合金元素的铜基合金为黄铜，分为普通黄铜和特殊黄铜两类。普通黄铜是铜和锌组成的二元合金，主要用于压力加工。在普通黄铜的基础上加入其他合金元素，如硅、铝、锰、铅、铁和镍等，便成为特殊黄铜。铸造黄铜大多是特殊黄铜。下面介绍黄铜的熔炼工艺。

一、合金的配料及其对金属炉料的要求

对于铜合金的化学成分，由于主要成分变化范围较大，因此在配料计算的过程中，应根据其性能要求，选择适当的配料成分。合金的化学成分应符合 GB 1176—1987 的规定。几种

常用的黄铜熔炼的配料化学成分见表4-27，并要求炉料应干燥、清洁，有污物锈蚀时应进行吹砂清理。

表4-27 常用的黄铜熔炼的配料化学成分（质量分数，%）

牌号	Cu	Pb	Al	Si	Zn
ZCuZn38	61	—	—	—	余量
ZCuZn40Pb2	59	1.3	—	—	余量
ZCuZn31Al2	66.5	—	2.4	—	余量
ZCuZn16Si4	79.5	—	—	3.5	余量

二、炉料配比

按照一般的配料惯例，新料成分占炉料的总质量应≥30%，回炉料≤70%。但在实际生产中，考虑到铜合金的回炉料较多，在炉料的配比时回炉料的质量分数≥90%时，熔化质量依然很好，化学光谱分析证明铸件的成分合格，但回炉料较多时需考虑合金中的杂质是否超标。

三、熔炼前的准备

1. 金属炉料的准备

回炉料是同牌号的废铸件、浇冒及重熔铸锭，需要具有明确的化学成分。入炉前吹砂清除表面污物，经预热后装炉，首批冷炉熔化可随炉预热。

纯铜经吹砂去除污物，在500～550℃预热去除水分后才能装炉，首批冷炉熔化可随炉预热。

纯金属元素入炉前可在炉边预热。金属炉料的最大块度不应超过坩埚直径的1/3，长度不应超过坩埚深度的4/5。

2. 坩埚和熔炼设备及工具的准备

坩埚使用前应无裂纹和影响安全的其他损伤。新坩埚必须经过低温缓慢加热处理，以防产生裂纹。旧坩埚应将内表面的炉渣清理干净。

用新石墨坩埚及更换熔炼合金种类时，熔炼前坩埚应熔化同牌号系列合金进行洗炉。

用耐火材料及石墨做成的搅拌棒必须彻底清理掉残余涂料和锈迹，并涂敷一层耐火材料或刷涂料后烘干待用。

锭模在使用前必须彻底清理干净，涂敷涂料后预热至100～150℃待用。

3. 覆盖剂及熔剂的准备

1）木炭应装入密封的烘箱内，在不低于800℃烘烤4h，待用时要防止吸潮。

2）覆盖剂由63%（质量分数）硼砂+37%（质量分数）碎玻璃组成，也可用干燥木炭作覆盖剂，但均要求干燥并去除其中的杂物。

4. 合金熔炼工艺过程

1）先将坩埚预热至暗红色，并在其底部加入20～40mm厚的木炭。

2）加入纯铜并在迅速升温熔化后，按先熔点高、后熔点低的顺序加入中间合金（如有

配入时)，最后再加回炉料，同时应补加木炭，以保证合金液面不暴露在空气中。

3）熔炼黄铜一般也需要进行脱氧。待铜全部熔化后，温度达到1150～1200℃时加入磷铜（以P占铜液质量的0.04%～0.06%计算）进行脱氧。经脱氧与不脱氧的实践对比，脱氧后的铸件表面质量要优于不脱氧的铸件。

4）按各合金牌号成分要求分别补加合金元素。在1100～1120℃加入铝铜中间合金；在1100～1150℃停电分批加入纯锌、纯铝并搅拌。熔化硅黄铜时应先加硅再加锌，熔化铅黄铜时应先加锌再加铅。应控制锌元素的加入温度，加锌后若温度降低可以中间送电。当合金液温度高于1200℃时，不允许加锌。

5）出炉扒渣，调整合金液至工艺要求温度后，迅速出炉浇注。合金液的浇注温度是影响铸件性能的重要因素。一般ZCuZn38、ZCuZn40Pb2、ZCuZn31Al2和ZCuZn16Si4铜合金液的出炉温度分别为1100～1130℃、1080～1100℃、1120～1140℃和1100～1140℃。

6）熔炼两种不同牌号的合金，其化学成分有影响时，中间应进行洗炉。例如，用熔炼过铝青铜的坩埚和工具再来熔化锡青铜，因为坩埚和工具中会含有铝元素，虽然铝在铝青铜里是合格的成分，但在锡青铜里却是最有害的元素。

一般的铜合金经过脱氧后，即可获得合格的铸件。但对于铝青铜、铝黄铜、硅青铜等，易氧化生成高熔点氧化物Al_2O_3、SiO_2，使铸件形成夹渣，故需经过精炼才能去除。常用精炼剂为：60%氯化钠+40%冰晶石或20%冰晶石+20%萤石+60%氟化钠（质量分数）。

复习与思考题

1）铸造铝合金共分几类？各类合金的特点及在国家标准中的表示方法是什么？

2）提高Al-Si类合金力学性能有哪些途径？试举例说明。

3）Al-Si共晶合金变质前后有哪些变化？

4）为什么Al-Cu二元合金是耐热铝合金的基础？试以ZL201为例进行分析。

5）Al-Mg类合金的熔炼、铸造、热处理工艺的特点有哪些？

6）铸造铝合金最常用的热处理规范有哪几种？如何确定不同热处理工艺参数？试以ZL104、ZL301为例进行说明。

7）铝中的氢有几种析出形式？它们受哪些因素的影响？

8）铝液精炼工艺分几类？试举例说明，并比较不同精炼工艺的优缺点。

9）Al-Si共晶合金变质前后的组织、性能有何变化？

10）铝合金细化处理机理和共晶硅变质机理有何不同？最常用的形核变质剂有哪些？有几种加入方式？试述它们的优缺点及适用场合。

11）分析ZCuSn10Zn2的结晶过程，描述其铸态组织。常用的锡青铜有哪些优点？含锡量的范围是多少？为什么？

12）锡青铜的铸造工艺特点是什么？克服锡青铜阀体渗漏有哪些方法？试举例说明。

13）锡青铜中除锡以外的合金元素有哪些？它们各自的作用如何？常见的杂质元素是哪些？为什么会出现？

14）分析ZCuAl9Mn2的结晶过程，描述其铸态组织。什么叫做铝青铜的“缓冷脆性”？产生的原因是什么？有哪些克服“缓冷脆性”的措施？试举例说明。

15）分析ZCuZn38的结晶过程，描述其铸态组织，分析含锌量和力学性能之间的关系。

16）何谓锌当量系数、锌当量？有什么用途？使用锌当量要注意什么？

17）氧化亚铜Cu_2O有什么特点？

18）铜液有哪几种脱氧方法？各自的优缺点如何？

19）试述磷铜的脱氧原理及脱氧工艺要点。

20）锡青铜的熔炼原则是什么？和铝青铜、黄铜有什么区别？

21）锡青铜铸件中形成“锡汗”的主要原因是什么？为什么因水蒸气引起的气孔比因氢气引起的气孔更容易在锡青铜铸件中形成？试加以论述。

参考文献

[1] 李昂，吴密. 铸造工艺设计技术与生产质量控制实用手册 [M]. 北京：金版电子出版社，2003.
[2] 蔡启舟，吴树森. 铸造合金原理及熔炼 [M]. 北京：化学工业出版社，2009.
[3] 王晓江. 铸造合金及其熔炼 [M]. 北京：机械工业出版社，2011.
[4] 唱鹤鸣，等. 感应炉熔炼与特种铸造技术 [M]. 北京：冶金工业出版社，2002.
[5] 陆文华，等. 铸造合金及其熔炼 [M]. 北京：机械工业出版社，2004.
[6] 司卫华，王学武. 金属材料与热处理 [M]. 北京：化学工业出版社，2009.
[7] 邱汉泉. 中国蠕墨铸铁 40 年 [J]. 中国铸造装备与技术，2006 (1)：1-9.
[8] 王运炎，叶尚川. 机械工程材料 [M]. 2 版. 北京：机械工业出版社，2004.
[9] 中国机械工程学会铸造专业学会. 铸造手册：铸铁 [M]. 北京：机械工业出版社，1993.
[10] 中国机械工程学会铸造专业学会. 铸造手册：铸钢 [M]. 北京：机械工业出版社，1994.
[11] 董若璟. 铸造合金熔炼原理 [M]. 北京：机械工业出版社，1991.
[12] 宁海霞，等. 铸造工 [M]. 北京：化学工业出版社，2006.
[13] 劳动和社会保障部，中国就业培训技术指导中心. 金属热处理工 [M]. 北京：中国劳动社会保障出版社，2008.